AERONAUTICAL MATERIALS
AND HEAT TREATMENT

航空材料与热处理

赵新·主编

上海科学技术出版社

内 容 简 介

本书从化学成分、改性处理、显微组织、力学性能及其影响因素等方面阐述了航空材料的基本理论和基本规律,并着重介绍了金属材料的改性处理——热处理。全书由绪论作为铺垫,正文共分为三大部分、7章内容。第一部分(第1章)是航空材料的力学性能,包括强度、塑性、硬度、冲击韧性、断裂韧性、疲劳性能和高温蠕变性能等。第二部分(第2章)是金属热处理,包括热处理原理和常用热处理工艺。第三部分(第3~第7章)介绍航空材料,包括金属材料及热处理、陶瓷材料及改性处理、高分子材料及改性处理,以及复合材料。

本书可作为应用型本科院校材料学专业本科生教材,也可供航空材料行业工程技术人员参考。

图书在版编目(CIP)数据

航空材料与热处理 / 赵新主编. -- 上海 : 上海科学技术出版社, 2025.9. -- ISBN 978-7-5478-7207-9

Ⅰ. V250.7

中国国家版本馆CIP数据核字第2025969M6R号

航空材料与热处理
赵　新　主编

上海世纪出版(集团)有限公司
上海 科 学 技 术 出 版 社　出版、发行
(上海市闵行区号景路159弄A座9F-10F)
邮政编码 201101　www.sstp.cn
上海普顺印刷包装有限公司印刷
开本 787×1092　1/16　印张 13.5
字数：350千字
2025年9月第1版　2025年9月第1次印刷
ISBN 978-7-5478-7207-9/TB・24
定价：65.00元

本书如有缺页、错装或坏损等严重质量问题,请向工厂联系调换

前 言

2017年，教育部提出了新工科教育理念。本书就是在相关课程新工科教学改革经验的基础上编写而成的。

近年来，随着国家全面实施"中国制造2025计划"，航空装备制造业获得了跨越式发展。比如，中国商用飞机有限责任公司（简称"中国商飞"）研发的C919大飞机，机身包含上百万个零部件，带动了大量新材料的研发和应用。为适应航空制造业蓬勃发展的势头，高校教材亟需按照新工科教育理念进行持续改进。因此，本书在原有内部讲义"航空材料"的基础上进行了多项优化，主要包括：

1. 补充了材料改性内容

航空材料具有种类多、品种和规格繁杂的特点。在许多情况下，航空材料的用量还比较小，甚至达不到批量生产的要求，对现有材料做改性处理来满足航空装备使用要求，则是一种高效的解决途径。因此，材料改性技术在当前的航空企业中得到了广泛应用。针对航空制造业的发展需求，本书补充了一些材料改性内容，包括高分子材料和陶瓷材料的改性技术；同时更新完善了金属材料改性处理——热处理的知识体系。

2. 增加了交叉学科内容

计算机技术和人工智能等新技术的发展，对航空材料与改性技术产生了巨大的促进作用。本书部分章节专门介绍了一些有实用价值的交叉学科内容，比如2.8节"计算机技术在热处理中的应用"和7.7节"计算机技术在复合材料中的应用"等。

3. 更新了法律法规内容

本书涉及的国家标准等内容，均采用国家市场监督管理总局和国家标准化委员会发布的现行标准。这些内容可潜移默化地帮助学生建立起法律意识，实现课程思政润物细无声之效果。

本书编写分工如下：绪论和第2章由赵新编写，第1章由张梦雯编写，第3章3.1~3.6节由刘长红编写，第3章3.7节和第4章由陈占兴编写，第5章由关莉编写，第6章由邢秋玮编写，第7章由王旭磊编写。全书由赵新担任主编，负责统稿定稿。郭晓琴教授审阅了本书，并提出宝贵意见和建议，在此表示感谢。

限于水平，本书难免有不足之处，恳请读者指正。

编者

2025年3月

目 录

绪 论 1

    0.1 概述 ………………………………………………………………………………… 1
    0.2 航空材料的分类 ………………………………………………………………… 1
    0.3 航空材料的特点 ………………………………………………………………… 2
    0.4 材料改性与热处理 ……………………………………………………………… 4
    0.5 航空材料发展历程 ……………………………………………………………… 5
    0.6 中国大飞机的梦想与实践 ……………………………………………………… 7
    参考文献 …………………………………………………………………………… 9

第1章 航空材料的力学性能 10

    1.1 概述 ………………………………………………………………………………… 10
    1.2 材料在单向静拉伸载荷下的力学性能 ………………………………………… 10
    1.3 材料在其他静载荷下的力学性能 ……………………………………………… 15
    1.4 材料的硬度 ……………………………………………………………………… 17
    1.5 材料的断裂韧性 ………………………………………………………………… 19
    1.6 材料的冲击韧性 ………………………………………………………………… 22
    1.7 材料的疲劳性能 ………………………………………………………………… 23
    1.8 材料的高温蠕变性能 …………………………………………………………… 26
    参考文献 …………………………………………………………………………… 28

第2章 金属热处理 29

    2.1 概述 ………………………………………………………………………………… 29
    2.2 钢在加热与冷却时的转变 ……………………………………………………… 30
    2.3 钢的退火与正火 ………………………………………………………………… 37
    2.4 钢的淬火 ………………………………………………………………………… 40

2.5 钢的回火 ………………………………………………………… 45
2.6 表面热处理 ……………………………………………………… 48
2.7 固溶与时效处理 ………………………………………………… 51
2.8 计算机技术在热处理中的应用 ………………………………… 54
参考文献 ……………………………………………………………… 55

第3章 黑色金属材料　　56

3.1 概述 ……………………………………………………………… 56
3.2 钢的分类及编号 ………………………………………………… 57
3.3 结构钢 …………………………………………………………… 59
3.4 工具钢 …………………………………………………………… 76
3.5 不锈钢与耐热钢 ………………………………………………… 86
3.6 铸铁 ……………………………………………………………… 93
3.7 高温合金 ………………………………………………………… 98
参考文献 ……………………………………………………………… 102

第4章 有色金属材料　　103

4.1 概述 ……………………………………………………………… 103
4.2 铝及铝合金 ……………………………………………………… 104
4.3 钛及钛合金 ……………………………………………………… 111
4.4 镁及镁合金 ……………………………………………………… 119
4.5 铜及铜合金 ……………………………………………………… 129
4.6 金属间化合物 …………………………………………………… 138
参考文献 ……………………………………………………………… 143

第5章 高分子材料　　144

5.1 概述 ……………………………………………………………… 144
5.2 常用高分子材料及特性 ………………………………………… 145
5.3 高分子材料共混改性技术 ……………………………………… 161
5.4 高分子材料化学改性技术 ……………………………………… 167
5.5 高分子材料表面改性技术 ……………………………………… 168
参考文献 ……………………………………………………………… 171

第6章 陶瓷材料　　172

6.1 概述 ……………………………………………………………… 172
6.2 先进陶瓷 ………………………………………………………… 173
6.3 先进陶瓷的制备方法 …………………………………………… 174

6.4 先进陶瓷增韧技术 ··· 177
6.5 航空航天用结构陶瓷 ·· 182
6.6 航空航天用功能陶瓷 ·· 184
参考文献 ·· 187

第7章 复合材料 188

7.1 概述 ·· 188
7.2 复合材料增强体材料 ·· 190
7.3 增强体的结构形式 ··· 194
7.4 聚合物基复合材料 ··· 194
7.5 金属基复合材料 ·· 200
7.6 陶瓷基复合材料 ·· 202
7.7 计算机技术在复合材料中的应用 ·· 205
参考文献 ·· 208

绪 论

0.1 概述

材料是用来制造有用器物的物质，是人类生活和生产的物质基础。历史学家根据材料的使用情况，将人类生活的时代划分为石器时代、青铜器时代和铁器时代，这说明人类社会的发展伴随着材料的发明和发展。如今人类已跨进航空航天的新时代，新材料产业呈现爆发式增长。通常，人们将应用于航空工程领域的材料称为航空工程材料，简称航空材料。

0.2 航空材料的分类

如图0-1所示，按照材料内部结合键的特性，可将航空材料分为金属材料、陶瓷材料、高分子材料和复合材料四大类。

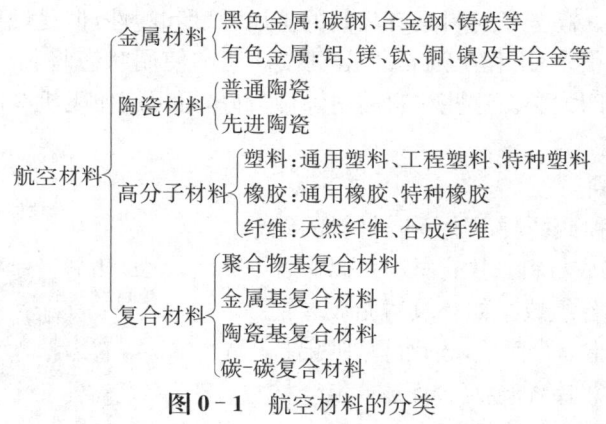

图 0-1 航空材料的分类

0.2.1 金属材料

金属材料是最重要的航空材料，包括金属及其合金。最简单的金属材料是纯金属。周期表中的金属元素分为简单金属和过渡族金属两类：凡是内电子壳层完全填满或完全空着的元素，均属于简单金属；凡是内电子壳层未完全填满的元素，均属于过渡族金属。简单金属的结合键完全为金属键；过渡族金属的结合键为金属键和共价键的混合键，但以金属键为主。所以，以金属为主体的工程金属材料，其原子间的结合键基本上为金属键，一般为金属晶体材料。

工业上把金属及其合金分为两大部分：①黑色金属材料：铁和以铁为基的合金（如钢、铸铁和铁合金）；②有色金属材料：黑色金属以外的所有金属及其合金。应用最广的是黑色金属材料。以铁为基的合金材料占整个结构材料和工具材料的90%以上。黑色金属的工程性能比较优越,价格也比较便宜,是最重要的工程金属材料。按照性能特点,有色金属材料可分为轻金属、易熔金属、难熔金属、贵金属、铀金属、稀土金属和碱土金属等,它们是重要的特殊用途材料。

金属材料具有较高强度和韧性,相关机械零部件的设计理论也是成熟可靠的,因此金属材料是目前普遍使用的结构材料。比如,钛合金具有优异的比强度(即强度与密度之比)和耐高温性能,大量应用于中国国产五代机J-20和美国五代机F-22等战斗机。

0.2.2 陶瓷材料

陶瓷是指由一种或多种金属元素和一种非金属元素组成的金属氧化物和金属非氧化合物。金属氧化物中氧原子同金属原子化合时形成很强的离子键,同时也存在一定成分的共价键。例如,MgO晶体中,离子键占84%,共价键占16%;也有一些特殊陶瓷以共价键为主。共价键和离子键都是强键,所以陶瓷材料的硬度很高,但脆性很大。

陶瓷材料属于无机非金属材料。按照成分和用途,航空用陶瓷材料可分为两类:①普通陶瓷(或传统陶瓷):主要由硅、铝氧化物组成的硅酸盐材料;②先进陶瓷(或新型陶瓷):主要由高熔点氧化物、碳化物、氮化物、硅化物等组成的烧结材料。

中国是陶瓷的故乡,许多古代瓷器都名扬海内外。现代陶瓷用途更为广泛,例如,经过特殊工艺烧结的透明陶瓷,可以用作航天飞船的观察窗等。

0.2.3 高分子材料

高分子材料是指相对分子质量为10 000以上的有机化合物。它是以聚合物为基本组分的材料,因而又称聚合物或高聚物材料。高分子材料大分子内的原子之间由共价键结合而成,而大分子与大分子之间由范德华力结合。由于大分子链很长,大分子之间的接触面比较大,特别是当分子链交缠时,大分子之间的结合力是很大的。当分子中存在氢原子时,氢键还会加强分子间的相互作用力。高分子材料具有较高的抗压强度和塑性,但是硬度较低。

高分子材料种类很多,工程上通常根据机械性能和使用状态将其分为工程塑料、合成纤维、合成橡胶、胶黏剂四大类。这些材料的耐蚀性较好,可以用作飞机客舱的内部装饰,如行李舱、壁板和座椅面料等。

0.2.4 复合材料

复合材料是指两种或两种以上不同材料的组合材料,其性能优于组成材料。复合材料可以由各种不同种类的材料复合组成。如环氧树脂玻璃钢由玻璃纤维与环氧树脂复合而成,碳化硅增强铝基复合材料由碳化硅细粒与铝合金复合而成。复合材料的强度、刚度和耐蚀性比单纯的金属、陶瓷和高分子材料都优越,在航空航天领域得到了广泛的应用。

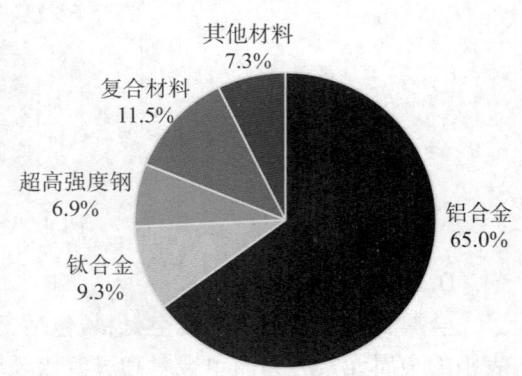

图0-2 中国商飞C919使用的材料分类统计

上述四种航空材料各有特点,同时应用到一架飞机上可以相互取长补短。图0-2是中国商飞C919使用的材料分类统计。

0.3 航空材料的特点

早期航空器的飞行高度和飞行速度都较低,对航空材料的要求不高,大量使用了木材、蒙布和金属丝等常见工程材料。随着航空工业的发展,现代航空器的服役环境变化很大,例如飞行高度超过 10 km、飞行速度超过 2 马赫(1 马赫≈340.3 m/s)、发动机工作温度超过 1 000 ℃等。因此,为了满足不断提升的使用要求,航空材料逐渐形成了如下特点。

0.3.1 高性能

为了克服不断恶劣的服役环境,航空材料的使用性能不断提高,主要表现在以下几点。

1) 比强度和比刚度

比强度(R_m/ρ)是材料的强度(R_m)与密度(ρ)之比。比刚度(E/ρ)是材料的刚度(E)与密度之比。材料的比强度和比刚度高,说明在给定强度与刚度条件下可以减轻构件的重量。减轻航空器结构重量,则可以增加航程和运载能力,提高机动性,减少燃油消耗。因此,高的比强度和比刚度是航空材料的标志性特性。如图 0-3 所示,目前飞机上使用的铝合金、钛合金、镁合金以及复合材料等普遍具有这些特性。

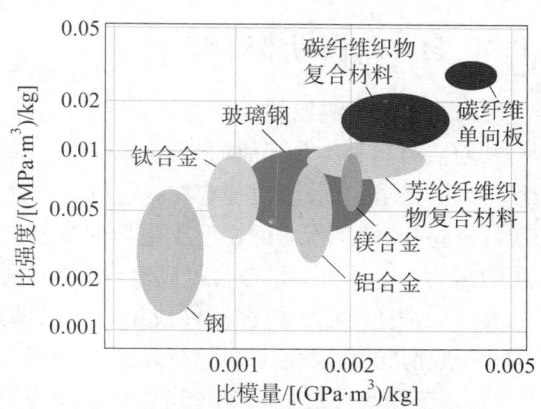

图 0-3　常用材料的比强度和比刚度

2) 疲劳强度

疲劳强度是指材料在无限多次交变载荷作用下而不会产生破坏的最大应力。大量事实说明:在飞机、发动机所发生的失效事件中,80%以上是由各种形式的疲劳损伤所引起的。航空材料的抗疲劳性能是关系航空产品使用可靠性和使用寿命的一项非常重要的性能指标。

3) 蠕变强度

蠕变强度是指材料在某一温度下,经过一定时间后,蠕变量不超过一定限度时的最大允许应力。蠕变强度对于航空发动机等长时间使用的高温结构件来说,是最基础、最重要的材料特性。如图 0-4 所示,大部分航空涡轮发动机的燃烧室温度可以超过 1 000 ℃,有些甚至超过 1 600 ℃,对构件的蠕变强度要求极高,只有专用的高温合金材料才能满足要求。

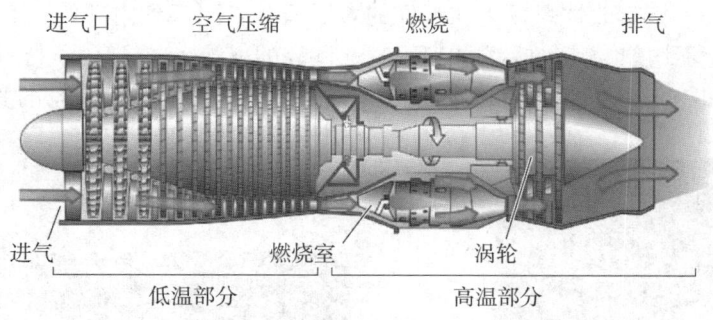

图 0-4　涡轮发动机结构示意图

0.3.2 高质量

对于民用客机来说,乘客的生命安全是必须保证的。在民用客机的使用期限内,对其可靠性和安全性有着极其严格的要求。因此,对使用的航空材料要进行严格的质量控制,对某些特殊航空材料还要进行专门的质量认证。

对于军用飞机来说,服役环境会更恶劣,可靠性要求更高。为应对战场上飞机受损情况,要求使用材料具有一定的损伤容限能力和更高的可靠性。

0.3.3 高成本

航空材料要求高性能和高质量,生产制造的技术难度大、品种多而批量小,这些因素都会导致成本的上升。所以,材料成本在航空产品中占有很大的比重。

0.4 材料改性与热处理

0.4.1 材料改性

航空材料种类多,品种和规格繁杂。在许多情况下,航空材料的用量还较小,甚至达不到批量生产的要求。因此,对现有材料进行改性处理来满足航空器使用要求是一种高效的解决途径。通常,材料改性是指通过物理或化学方法改进材料的某些性能,以达到预期的目的,满足实际应用的需要。金属材料的改性处理经常发生在制件成型之后,比如齿轮淬火;而陶瓷和高分子材料的改性处理还可以安排在制件成型过程之前或过程中,比如高分子材料的共混改性或交联改性等。一般情况下,改性处理后材料的成分改变是有一定限度的,超出限度得到的就是复合材料了。

1) 按照改性过程中是否发生化学反应分类

可将材料改性分为物理改性和化学改性两大类。

(1) 物理改性。指在整个改性过程中不发生化学反应或只发生极小程度化学反应的一类改性方法,包括钢的退火、正火、淬火和回火,陶瓷的物理沉积,聚合物之间的共混改性以及聚合物的形态控制等。物理改性方法简单、方便、快捷、经济、可操作性强,是采用最多的一种改性方法。

(2) 化学改性。指在改性过程中发生了化学反应的一类改性方法,包括钢的渗碳和渗氮、陶瓷的化学沉积、高分子材料的接枝反应等。化学改性的改性效果持久,但难度较大,成本较高。

2) 按照整体或局部改性分类

可将材料改性分为整体改性和表面改性两大类。

(1) 整体改性。指改性在制件的内部及表层都发生的一类改性。这类改性的特点为性能变化均匀性好。其包括钢的退火、正火、淬火和回火,高分子材料的共混改性、交联改性及形态控制改性等。如图 0-5 所示为大型轴的整体淬火。

(2) 表面改性。指其改性只发生在制件的表层而并未深入到内部的一类改性。表面改性的特点为性能变化不均匀。其包括钢的表面淬火、陶瓷的离子注入、高分子材料的表面电晕处理等。与整体改性相比,表面改性具有成本低的优点。如图 0-6 所示为齿轮的激光表面淬火。

图 0-5 大型轴的整体淬火

图 0-6 齿轮的激光表面淬火

0.4.2 热处理

热处理是一种重要的材料改性方法,在机械制造工业中占有十分重要的地位。例如,在现代机床工业中,60%~70%的工件要经过热处理;在汽车、拖拉机工业中,有70%~80%的工件要进行热处理;而滚动轴承和各种工模具,则几乎百分之百地要进行热处理。

热处理是根据材料在固态下组织转变的规律,通过不同的加热、保温和冷却,以改变其内部组织结构、达到改善性能的一种热加工工艺。热处理工艺种类很多,根据加热、冷却方式及获得组织和性能的不同,可将热处理工艺分为整体热处理(退火、正火、淬火和回火)、表面热处理、化学热处理及特殊热处理(形变热处理和真空热处理等)。根据热处理在零件生产工艺流程中的位置和作用,又可将热处理分为预备热处理和最终热处理。热处理工艺易于实现,成本较低,应用广泛,本书第2章将着重介绍这种材料改性方法。

0.4.3 材料改性技术的发展方向

材料改性技术发展是日新月异的。下面介绍其三个重要研究方向。

1) 数值模拟方向

2010年以来,许多企业和高校都十分重视数值模拟的研发工作。例如,上海交通大学潘健生院士创建了材料改性与数值模拟研究所,其前身可追溯到上海交通大学在20世纪50年代成立的金属热处理教研室。该研究所以热处理复杂工艺过程中的温度、相变、应力/应变、浓度、流体、电磁等多场量耦合的数值模拟技术为核心,从事高端材料热处理创新工艺的开发、热处理装备的计算机辅助设计、热处理过程的智能控制技术等方面的研究,并延伸至材料的热力学行为与相变行为多尺度分析领域的基础研究。同时,该研究所培养的科研人才促进了数值模拟技术在材料改性行业的应用。

2) 脉冲改性方向

三束材料改性国家重点实验室(大连理工大学)长期从事激光束、电子束、离子束及低温等离子体的材料表面改性、薄膜材料合成以及材料改性新技术、新工艺的应用基础研究。该实验室提出了以脉冲技术为基础,发展强脉冲束流的材料表面深层改性技术、脉冲放电等离子体材料表面改性技术和薄膜制备技术;以及以多束混合思想为指导,发展具有多种复合功能的先进的材料改性技术和薄膜制备技术。

3) 纤维改性方向

天然纤维与合成纤维是重要的工业原材料。纤维材料改性国家重点实验室(东华大学)提出三个研究方向,分别是:应用现代化科技理论和方法,致力于化学纤维的改性研究,重点在化学纤维材料自身的改性,着眼于对成纤高聚物链结构、聚集态结构的理论研究;应用高分子共混、共聚等手段制备新型改性高聚物原料的研究;采用复合、混纤、异形、液晶纺丝和冻胶纺丝、环境无害化加工等新型工艺和新技术的研究等。该实验室致力于将这三方面的研究相结合,制取多种具有优异服用性能和其他不同特性的纤维材料。

0.5 航空材料发展历程

1900—1903年间,莱特兄弟第一次完成了载人飞行,这是航空科技发展的里程碑事件。从那时起,飞机机体结构材料经历了五个发展阶段。

第一阶段(1903—1919年):木、布结构。早期的飞机结构很简单,所用的材料主要是木材、蒙布、金属丝和钢索等。如图0-7所示世界上第一架载人飞机"飞行者一号"使用的材料中,木材占飞机整体用料的47%,其次是钢材(占35%)和布料(占18%)。"飞行者一号"采用木材、三合板做飞机骨架和大梁,采用亚麻布做机翼翼面,这就是所谓的飞机木布结构。

图0-7 世界上第一架载人飞机"飞行者一号"

第二阶段(1920—1949年):铝、钢结构。20世纪30年代,随着铝合金材料的发展,金属承力蒙皮逐渐成为普遍的飞机结构形式。到20世纪30—40年代,镁合金开始进入航空材料的行列。20世纪40—50年代,不锈钢成为航空结构材料。

第三阶段(1950—1969年):铝、钛、钢结构。到20世纪50年代中期,钛合金开始被用作航空结构材料,后来又被用于飞机的高温部位。20世纪60年代末期,高分子基先进复合材料成为航空结构材料,后来在碳、硼纤维高分子基复合材料的基础上,又出现了金属基复合材料。

第四阶段(1970年—21世纪初):铝、钛、钢、复合材料结构(以铝为主)。现代飞机大量采用新型材料。如F-14战斗机(美国,1970年试飞)的机体结构中,有25%钛合金、15%钢、36%铝合金、4%非金属材料和20%复合材料;而F-22战斗机(美国,1989年试飞)的机体结构中,钛合金的用量达到41%,复合材料的用量达到24%。

第五阶段(21世纪初至今):复合材料、铝、钛、钢结构(以复合材料为主)。由于复合材料比强度、比模量高和性能的可设计性,未来大型客机的结构材料必将是以复合材料为主,而金属铝、钢结构占比将进一步减小。如图0-8所示,波音787机身大量使用复合材料,达到整机重量的50%,使得飞机总重减少20%,可节能15%~20%,降低噪声60%,每年减少二氧化碳排放2700t,从而显著提升了飞机运营的经济效益和社会效益。

图0-8 波音787机身大量使用复合材料

0.6 中国大飞机的梦想与实践

早在 20 世纪之初,"中国航空之父"冯如先生就自行设计、制造了双翼机"冯如一号"(图 0-9)。1909 年,"冯如一号"试飞成功后,美国报纸报道"在航空领域,中国人把白人抛在后面"。中华人民共和国成立后,航空工业得到了快速发展。经过 70 余年的发展,中国航空工业完整经历了航空材料的五个阶段。

图 0-9 "冯如一号"模型

2024 年 10 月,中国商飞宣布 ARJ21 更名为 C909。从此,中国客机进入"家族化"发展新时代。中国商飞 C9X9 家族主要包括:已经量产并投入商业飞行的 C909 和 C919;正在研发设计的 C929 和 C939 等。

1) 中国商飞 C909

C909 原名 ARJ21,是中国自主研发的一款支线喷气式客机(图 0-10),拥有混合级和全经济级两种布局,混合级可容纳 78 座,全经济级则可容纳 90 座。2016 年 6 月,ARJ21-700 正式投入商业运营。目前,已交付中国国内航空公司 100 余架,并成功出口到东南亚等地。

图 0-10 中国商飞 C909 支线喷气式客机

2) 中国商飞 C919

中国商飞 C919 是中国商飞研制的窄体喷气式民用客机(图 0-11),对标法国空客 A320

和美国波音737。该机型于2023年5月28日开启首次商业飞行,是中国首款按照国际民航规章自行研制、具有自主知识产权的大型喷气式民用飞机。全机长38.9m,翼展35.8m,座级158~168座,航程4075~5555km,经济寿命80000飞行小时。中国商飞C919上有两款新型材料首次使用,一个是铝锂合金,另一个是T800高强度碳纤维复合材料。这些新材料可以显著降低中国商飞C919的重量,提升其运营效益。预计未来在中国商飞C929上,复合材料占比会进一步提高到50%,减重效果更明显。

图0-11 中国商飞C919窄体喷气式客机

3) 中国商飞C929

中国商飞C929是中国首款按照国际通行适航标准自行研制、具有自主知识产权的远程宽体喷气式客机(图0-12)。中国商飞C929基本型座级280座,航程12000km,可以广泛满足全球国际间、区域间航空客运市场需求。预计该机复合材料使用量达到50%,基本与波音787相当。2024年11月,中国国航与中国商飞就C929客机签订首家用户框架协议,成为C929宽体客机的全球首家意向用户。

图0-12 中国商飞C929宽体喷气式客机

2024年12月,在哈尔滨国际航空枢纽建设发展大会期间,中国商飞提到,比C929更大的C939型客机正在进行预研。可以预见,未来中国大飞机的梦想与实践还会不断结出令人惊喜的果实。

参考文献

[1] 梁文萍,王少刚. 航空航天工程材料[M]. 北京:北京航空航天大学出版社,2016.
[2] 谭娜,郝鹏,卢翔,等. 航空材料与工艺[M]. 北京:科学出版社,2022.
[3] 崔忠圻,覃耀春. 金属学与热处理[M]. 3版. 北京:机械工业出版社,2020.
[4] 李斌,吴悦梅. 航空工程材料[M]. 西安:西北工业大学出版社,2015.
[5] 张耀良. 航空材料学[M]. 哈尔滨:哈尔滨工程大学出版社,2002.
[6] 郭静. 高分子材料改性[M]. 北京:中国纺织出版社,2009.

第1章

航空材料的力学性能

1.1 概述

任何有关材料的研究,其最终目标大多为应用。而材料应用的最基本要求是其某一方面(或某几方面)的性能达到规定要求,以满足工程需要,并且在规定的服役期限内能安全可靠地供人们使用。这里提到的性能通常称为使用性能或使役性能。例如,受力机械零件需要采用刚度、强度、塑性较高的材料;接触零件需要耐磨性高的材料;刀具、刃具需要硬度高和有一定韧性的材料;桥梁、锅炉等大型构件需要韧性高的材料;在高温环境下工作的机件需要抗蠕变性能高和抗氧化性好的材料;在海水、化学环境下工作的构件需要耐腐蚀性高的材料;传输电需要电导率高的材料;加热炉既需要发热率高的加热元件,也需要防止热散失的低导热材料等。

另外,在使用性能满足工程需要的同时,也要考虑经济性,即尽可能低的设计、制造与维修费用,使产品具有价格竞争力。涉及材料制备、加工中的性能一般称为工艺性能。以金属材料为例,包括提纯性、可锻性、可热处理性(如淬透性)、可焊性、可切削性等。这些工艺性能关乎材料是否能够经济、可靠地制造出来,因此材料工艺性能也是材料科学研究的核心问题之一。

材料的使用性能是指材料在实际使用过程中所表现出的性能,主要包括力学性能、物理性能和化学性能等,本章主要讲述在航空工程上应用较多的力学性能。

1.2 材料在单向静拉伸载荷下的力学性能

自 17 世纪意大利科学家伽利略为验证解析法求构件的安全尺寸而提出拉伸试验,并设计制造出第一台用砝码加载的试验机以来,单向静拉伸试验已经成为工业上最重要和应用最广泛的力学性能试验方法。这是因为通过该试验可以揭示材料在静载荷作用下常见的三种失效形式,即过量弹性变形、塑性变形和断裂,更重要的是可以标定出材料的基本力学性能指标,如屈服强度 R_e、抗拉强度 R_m、延伸率 A、断面收缩率 Z、弹性模量 E 等。这些性能指标不但是结构设计、选材的基本依据,也是材料研发、工艺评定的主要依据。

1.2.1 单向静拉伸试验

单向静拉伸试验是指在室温、大气环境中,对长棒状试样(横截面可为圆形或矩形)沿轴向缓慢施加单向拉伸载荷,使其伸长变形直到断裂的过程。

对试样加载的试验机有多种类型,一般带有载荷传感器、位移传感器和自动记录装置,可把作用于试样上的力及所引起的伸长量自动记录下来,绘制载荷-伸长曲线,简称拉伸曲线。

当前较先进的有电子拉伸试验机和液压伺服材料试验机,它们都配有专门的控制系统、测试软件及专用应变计,除可得到载荷-伸长曲线外,还可直接绘出工程应力 R 与工程应变 e 的关系曲线,简称应力-应变曲线。应力-应变曲线是表征材料拉伸行为的重要资料,可由它获得基本的拉伸性能指标。

工程应力的定义为

$$R = F/S_0 \tag{1-1}$$

式中,F 为试样所承受的力;S_0 为试样工作段的原始横截面积。应力的法定计量单位为 MPa(MN/m^2)或 Pa(N/m^2)。

工程应变 e 的定义为

$$e = \Delta L / L_0 \tag{1-2}$$

式中,ΔL 为试样长度方向上的伸长量;L_0 为试样工作段的原始标距长度。

在试验机上,对试样加载可分别采取三种不同的控制模式,即位移控制、载荷控制和应变控制。进行拉伸试验一般只采用位移控制或载荷控制模式。

1.2.2 拉伸曲线

图 1-1 为退火低碳钢的工程应力-工程应变曲线。退火低碳钢拉伸时的力学响应大致分为弹性变形、塑性变形和断裂三个阶段。

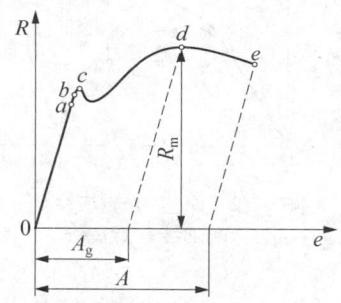

图 1-1 退火低碳钢工程应力-工程应变曲线

在 b 点以下,为弹性变形阶段,卸载后试样即可完全恢复原状。特别是在 a 点以下,为线弹性变形,应力与应变之间均呈正比。

从 b 点到 e 点为塑性变形阶段,在其中任一点卸载,试样都会保留一部分残余变形。例如在 d 点卸载,应力及延伸率沿平行于线弹性变形阶段的直线回落,将弹性变形量回复,而保留残余延伸率。

塑性变形还可细分为变形特征不同的几个阶段:①应力超过弹性极限不多时发生少量塑性变形(b 点到 c 点),塑性应变一般小于 1×10^{-4},故称之为微塑性变形。通常的拉伸试验,因应变测量精度不高,该阶段被掩盖。②当应力达到一定值时,曲线上突然有一较小的降落,随后出现平台或锯齿形态,表示在力不增加或略有减小的情况下试样仍然继续伸长,这种现象称为屈服。③从 c 点到 d 点为均匀塑性变形,在应力增加的同时,试样在工作标距内均匀伸长。这种随塑性变形增大,变形抗力不断增高的现象称为应变硬化,也称加工硬化。④从 d 点到 e 点为非均匀塑性变形,试样的某一部位截面开始急剧缩小,出现了颈缩,以后的变形主要集中在颈缩附近。由于颈缩处截面急剧缩小,致使力下降,所以,d 点为曲线最高点。最后,试样在 e 点发生断裂,应力沿平行于弹性段的虚线卸载,曲线保留断后的伸长率。

在拉伸过程中,试样的截面积和长度随拉伸力的增大而不断变化。如果以瞬时截面积 S 除其相应的拉伸力 F,则可得到瞬时真应力

$$\sigma = \frac{F}{S} \tag{1-3}$$

同样,当拉伸力 F 有一增量 dF 时,试样在瞬时长度 L 的基础上也有一增量 dL,于是应变的微分增量应该是 $d\varepsilon = dL/L$,则试样自 L_0 伸长至 L 后,总的真应变量为

$$\varepsilon = \int_0^\varepsilon d\varepsilon = \int_{t_0}^t \frac{dL}{L} = \ln\frac{L}{L_0} \qquad (1-4)$$

于是,工程应变 e 和真应变 ε 之间的关系为

$$\varepsilon = \ln\frac{L}{L_0} = \ln\left(\frac{L_0 + \Delta L}{L_0}\right) = \ln(1+e) \qquad (1-5)$$

显然,真应变总是小于工程应变,且变形量愈大,两者的差距也愈大。

在体积不变的假设下,可以推导出真应力与工程应力之间的如下关系:

$$\sigma = R(1+e) \qquad (1-6)$$

这说明拉伸过程中真应力总是大于工程应力。

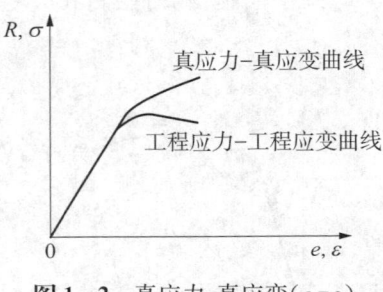

图 1-2 真应力-真应变(σ-ε)曲线示意图

以真应力 σ 和真应变 ε 为坐标绘制的曲线称为真应力-真应变曲线,如图 1-2 所示。在弹性变形阶段,由于试样的伸长和截面的缩小都很小,R-e 曲线和 σ-ε 曲线基本重合;但在塑性变形阶段,两曲线出现显著差异,R-e 曲线位于 σ-ε 曲线上方,变形量愈大时,两者的差别也愈大。特别是在颈缩阶段,工程应力是连续下降直到断裂,而真应力则是连续上升直到断裂。因此,真实断裂强度是大于工程断裂强度 R_k 以及抗拉强度 R_m 的。

在工程应用中,多数构件的变形量限制在弹性变形或微塑性变形范围内,两者的差别可以忽略,同时工程应力和工程应变容易测量和计算,因此工程设计和材料选用中一般以工程应力和工程应变为依据。但在金属材料的大变形量塑性加工中,真应力与真应变将具有重要意义。

1.2.3 单向静拉伸基本力学性能指标

1) 弹性模量

多数固体材料在静拉伸的最初阶段都会发生弹性变形,表现为正应力 R 与正应变 e 成正比:

$$R = Ee \qquad (1-7)$$

此式即为胡克定律。式中,比例系数 E 即为正弹性模量,简称弹性模量,又称杨氏模量,其几何意义是指应力-应变曲线上直线段的斜率,而物理意义是指产生 100% 弹性变形所需的应力,其单位与应力相同。

在工程中,常把 E 称为材料刚度,把 ES 称为构件的刚度(S 为构件的截面积)。刚度表征材料或构件对弹性变形的抗力,其值愈大,在相同应力条件下产生的变形愈小。在机械零件或建筑结构设计时,为了保证不产生过量的弹性变形,都要考虑所选用材料的弹性模量达到规定要求。因此,弹性模量是结构材料中最重要的力学性能之一。

2) 规定塑性残余强度

比例极限是指能保持应力与应变成正比关系的最大应力,即在应力-应变曲线上刚开始偏

离直线时的应力。对那些在服役时需要严格保持应力-应变线性关系的构件,如测力弹簧等,比例极限是重要的设计参数和选材的性能指标。

弹性极限是指材料发生可逆的弹性变形的上限应力值。应力超过此值时,材料开始发生塑性变形。对工作条件不允许产生微量塑性变形的零件,其设计或选材的依据应是弹性极限。例如,如果选用的弹簧材料弹性极限较低,弹簧工作时就可能产生塑性变形,尽管每次变形可能很小,但时间长了,弹簧的尺寸将发生明显变化,导致弹簧失效。

理论上,比例极限会低于弹性极限。对于大多数工程材料而言,比例极限接近或略低于弹性极限。但若材料具有非线性弹性特性,则比例极限会比弹性极限低很多。

在常规的拉伸试验中,很难精确确定开始偏离直线的点(比例极限点)和开始产生塑性变形的点(弹性极限点)。采用逐级加载-卸载法,虽能确定相应的极限点,但步骤较烦琐,在生产实践中很不方便。所以,现在倾向于采用规定塑性残余强度 R_p 的概念来表征,即能产生规定残余应变时所对应的应力。

规定的残余应变视要求而定,一般情况下,比例极限规定的残余变形稍小,为 0.001%~0.01%,对应的规定塑性残余强度记为 $R_{p0.001}$ 和 $R_{p0.01}$;弹性极限规定的残余变形稍大,为 0.005%~0.05%。按照规定塑性延伸率的概念,比例极限和弹性极限都可以认为是抵抗微塑性变形的抗力,现行国家标准中已用规定塑性残余强度取代了比例极限和弹性极限。

3) 屈服强度

材料的屈服强度定义为应力-应变曲线上屈服平台的应力,常用符号 R_e 表示:

$$R_e = \frac{F_e}{S_0} \tag{1-8}$$

在许多塑性材料的应力-应变曲线上还可以观察到上屈服强度(R_{eH})和下屈服强度(R_{eL})。上屈服强度是指在拉伸试验过程中,试样发生屈服,而力首次下降前的最高应力。在应力-应变曲线上表现为从弹性阶段过渡到屈服阶段时,出现的第一个峰值应力。例如,对于一些低碳钢,当拉伸力逐渐增加时,材料刚开始屈服时达到的那个较高的应力值就是 R_{eH}。它可以帮助确定材料在开始出现明显塑性变形时所能承受的最大应力,对于一些对变形要求严格的结构设计,了解 R_{eH} 很重要。如果材料所受应力超过 R_{eH},就意味着材料已经开始进入屈服阶段,会产生不可恢复的塑性变形。

下屈服强度是指在屈服期间,不计初始瞬时效应时的最低应力。在应力-应变曲线中,当材料经过上屈服点后,应力会有一个下降过程,下降过程中出现的最低应力值就是 R_{eL}。通常在材料测试标准中,对于没有明显屈服平台的材料,会采用规定塑性残余强度(如 $R_{p0.2}$)等来代替 R_{eL} 作为屈服强度的表征。R_{eL} 是材料屈服阶段的一个关键指标,它比 R_{eH} 更稳定。在工程应用中,很多情况下是以 R_{eL} 来衡量材料的屈服特性。因为 R_{eL} 值相对更具重复性,更能反映材料在屈服阶段的基本性能,可用于设计和评估材料在承受载荷时的安全裕度等情况。

如图 1-3 所示,对于没有明显屈服现象的材料,产生 0.2% 的规定塑性延伸率的应力为条件屈服强度($R_{p0.2}$)。在拉伸试验中,通过引伸计测量试样的延伸率,当延伸率达到规定的塑性延伸率(这里是 0.2%)时对应的应力就是条件屈服强度。在实际工程应用中,条件屈服强度能够有效地评估材料的屈服性能。因为很多现代高性能材料没有明显的屈服平台,采用

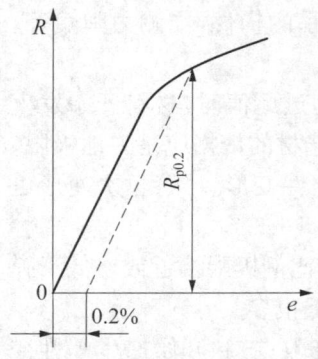

图 1-3 铸铁的工程应力-工程应变曲线示意图

条件屈服强度可以统一标准,方便材料的选用和设计。例如在汽车制造、航空航天等领域,使用条件屈服强度来设计零部件,能够确保在一定的塑性变形范围内材料的安全性和可靠性。

屈服强度也是工程技术上最为重要的力学性能指标之一。因为在生产实际中,绝大部分的工程构件和机器零件在其服役过程中都要求处于弹性变形状态,不允许有塑性变形产生,因此屈服强度是进行结构设计和材料选择的基本参数。一般机器结构件如机座、机架、普通车轴等,用 $R_{p0.2}$ 作为屈服强度;高压容器用的紧固螺栓由于保持气密的关系不允许有微小的残留变形,因此要采用 $R_{p0.01}$ 甚至 $R_{p0.001}$ 作为屈服强度;反之,桥梁、一般容器、建筑物构件等允许的残余变形量则较大,相应的条件屈服强度可采用 $R_{p0.5}$ 甚至 $R_{p1.0}$。

对于高分子材料,由于残余塑性变形量不容易区分,故一般把其应力-应变曲线上刚开始屈服降落的应力定义为屈服强度。

对于脆性很大的材料,如陶瓷、玻璃、硬玻璃态聚合物等,单向拉伸时在弹性阶段或仅发生极微量的塑性变形时就发生了断裂,此时将不存在屈服强度值。

4) 抗拉强度

抗拉强度 R_m 是由试样拉断前最大载荷所决定的条件临界应力,即试样所能承受的最大载荷 F_m 除以原始截面积 S_0:

$$R_m = \frac{F_m}{S_0} \tag{1-9}$$

对于塑性很好的韧性材料来说,塑性变形最后阶段会产生颈缩,致使载荷下降,所以最大载荷就是指拉伸曲线上的峰值载荷。虽然断裂时试样断裂面上所承受的真应力高过抗拉强度,但工程界更关心的是抗拉强度。对于脆性材料,断裂前仅发生弹性变形或少量塑性变形,不会颈缩,故最大载荷就是指断裂时的载荷,此时抗拉强度就是断裂强度。

虽然对于韧性材料,工程设计采用的主要参数是屈服强度而非抗拉强度,但后者也有意义:首先,抗拉强度比屈服强度更容易测定,试验时不需要应变参数;其次,抗拉强度表征了材料在拉伸条件下所能承受载荷的最大应力值,低于抗拉强度,材料有可能变形失效,但不会发生断裂;再次,抗拉强度也是成分、结构和组织的敏感参数,它可用来初步评定材料的强度性能以及各种加工、处理工艺质量;最后,对于脆性材料,抗拉强度也是结构设计的基本依据。

5) 伸长率和断面收缩率

材料在断裂前发生塑性变形的能力称为塑性。虽然表示材料塑性变形能力的参数有很多,但在工程上,一般用材料断裂时的最大相对塑性变形来表示,即延伸率 A 和断面收缩率 Z。

延伸率(A)是断裂后试样标距长度的相对伸长量:

$$A = \frac{L_u - L_0}{L_0} \tag{1-10}$$

式中,L_0 为原始标距长度;L_u 为断裂后标距长度。

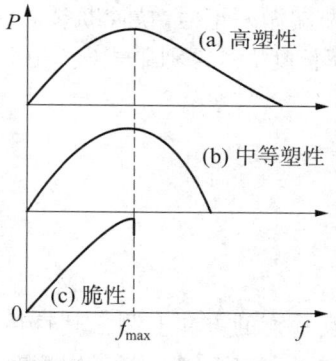

图1-5 三种材料弯曲曲线示意图

在三点弯曲试验中,通过记录载荷 P 及试样跨距中心处的挠度 f 得到载荷-挠度曲线,简称弯曲曲线。图1-5为三种不同塑性材料的弯曲曲线。对于塑性较好的材料,载荷达到最高点时仍不发生断裂,如图1-5中曲线(a)和(b)所示,进一步弯曲所需载荷逐步下降,曲线可以延续很长而不断裂,因此弯曲试验难以测定塑性材料的破坏强度;对于脆性材料,可根据弯曲曲线[见图1-5中曲线(c)]求得抗弯强度

$$R_b = \frac{M_b}{W} \tag{1-14}$$

式中,M_b 为试样断裂时的弯矩,对三点弯曲:$M_b = P_b L/4$;对四点弯曲:$M_b = P_b L/2$;P_b 为断裂时最大载荷。W 为试样截面抗弯系数,对直径为 d 的圆柱试样:$W = \pi d^3/32$;对宽为 b、高为 h 的矩形截面试样:$W = bh^2/6$。

弯曲试验不受试样偏斜的影响,可以稳定地测定脆性材料和低塑性材料的抗弯强度;同时用挠度表示塑性,能明显地显示脆性材料和低塑性材料的塑性。故弯曲试验常用于评定陶瓷材料、硬质合金、工具钢以及铸铁的力学性能。虽然弯曲试验不能破坏塑性很好的材料,不能测定其抗弯强度,但是可用于比较一定弯曲条件下不同材料的塑性,如进行弯曲工艺性能试验。弯曲试验时,试样截面上应力分布不均匀,表面应力最大,可以较灵敏地反映材料的表面缺陷情况,用于检查材料的表面质量。

1.3.3 扭转

扭转试验一般采用长圆柱形试样在扭转试验机上进行。试样两端分别被夹持在试验机的两个夹头中,由两个夹头相对旋转(或一个夹头固定,另一个夹头旋转)对试样施加扭矩 T,同时测量试样标距长度 L_0 两端截面之间的相对扭角 ϕ,可绘制出扭矩-扭角曲线。图1-6为退火低碳钢的扭矩-扭角曲线,它也存在弹性变形阶段和塑性变形阶段,与拉伸曲线不同的有两点:其一是不存在屈服;其二是不存在颈缩,即扭转塑性变形时,扭矩不会下降,而是一直升高,直至断裂。

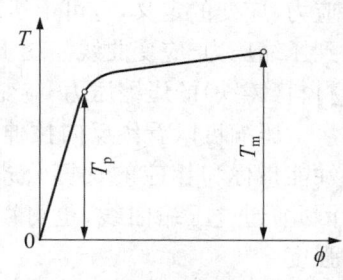

图1-6 退火低碳钢的扭矩-扭角曲线

根据扭矩-扭角曲线和材料力学知识,可以确定一系列扭转性能指标。

1) 剪切模量

$$G = \frac{\Delta T L_e}{\Delta \phi I_p} \tag{1-15}$$

式中,T 和 ϕ 的取值一定要在线弹性范围内;I_p 为极惯性矩,对于圆柱形试样:$I_p = \frac{\pi d^4}{32}$。

2) 规定塑性扭转强度

$$\tau_p = \frac{T_p}{W} \tag{1-16}$$

伸长率的测定方法是：试验前，在试样的工作段标距长度 L_0 两端做好记号，拉伸断裂后，将断裂的两截试样在断口处细致地吻合对接，然后再测量出标距间长度 L_u，再利用式(1-10)计算延伸率。

断面收缩率(Z)是断裂后试样截面的相对收缩率：

$$Z = \frac{S_0 - S_u}{S} \times 100 \qquad (1-11)$$

式中，S_0 为原始截面积；S_u 为断裂后的最小截面积，一般在颈缩处。

断面收缩率的测定对圆柱形试样比较简单，在缩颈处两个相互垂直的方向上测量其直径（需要时，应将断裂的两截试样在断裂面处对接起来），用两者的算术平均值计算。对于矩形截面试样，用缩颈处的最大宽度 b_1 乘以最小厚度 a_1 来定出断裂后的截面积。试验表明，断面收缩率与试样尺寸无关。

1.3 材料在其他静载荷下的力学性能

1.3.1 压缩

压缩试样采用圆柱形，分为短圆柱和长圆柱两大类。短圆柱试样供破坏试验用，为保持稳定性，试样长径比 L/d 不能太大，一般为 1.0～2.0；长圆柱试样供测量弹性性能和微量塑性变形抗力用。压缩试样的两个端面是直接承受压力载荷的面，要求两端面平行并与长轴线垂直。

压缩试验时，材料抵抗外力变形和破坏的情况可用压力和位移的关系曲线来描述，称之为压缩曲线。同样，根据工程应力、应变的定义，也可由压缩曲线换算或直接由试验系统得到压缩压力-应变曲线。图1-4为塑性材料（低碳钢）和脆性材料（铸铁）的压缩压力-应变曲线。

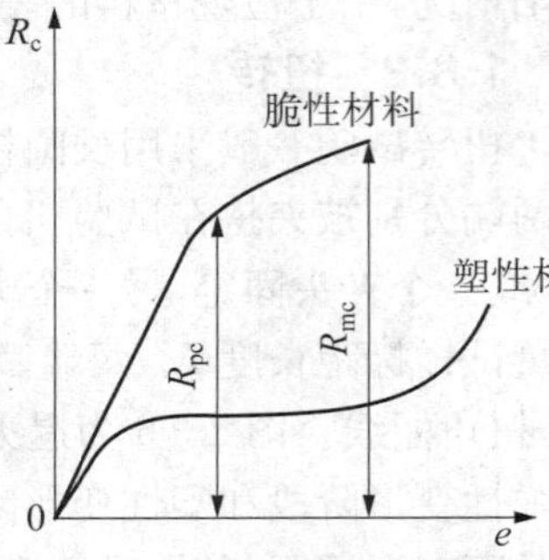

压缩可以看作反向拉伸，拉伸试验时所定义的各个力学性能指标和相应的计算公式，在压缩试验中基本上都适用。因此，通过压缩曲线，也可以计算规定塑性压缩强度和抗压强度。

图 1-4 压缩压力-应变曲线

规定塑性压缩强度

$$R_{pc} = \frac{F_{pc}}{S_0} \qquad (1-12)$$

抗压强度

$$R_{mc} = \frac{F_{mc}}{S_0} \qquad (1-13)$$

式中，F_{pc} 为规定塑性压缩力；F_{mc} 为最大实际压缩力。

1.3.2 弯曲

弯曲试验采用圆柱形试样或矩形截面长条试样，在万能试验机上进行。加载方式分为三点弯曲和四点弯曲两种。采用四点弯曲，在两加载点之间为等弯矩，因此试样通常在该长度内具有组织缺陷的地方发生断裂，可以较好地反映材料的缺陷(特别是表面缺陷)性质，并且试验结果也较准确，但四点弯曲试验时必须注意加载的均衡；三点弯曲试验时，试样总是在加载中心线(最大弯矩处)断裂，该法试验操作简单易行，故常采用。

式中,T_p 为扭转曲线上开始偏离直线时的扭矩。采用作图法确定 T_p 的方法是:在偏离直线不久后的曲线段上寻找一点,使该点的切线与纵坐标轴夹角的正切值比扭转曲线的直线段与纵坐标轴夹角的正切值大 50%,则该点对应的扭矩即为 T_p。式(1-16)中的 W 为截面系数,对于圆柱形试样 $W = \dfrac{\pi d^3}{16}$。

3) 抗扭强度

$$\tau_m = \frac{T_m}{W} \quad (1-17)$$

式中,T_m 为试样断裂时的最大扭矩。应注意,这里 τ_m 是按弹性状态下的公式计算的,它比真实的抗扭强度要大,故称为条件抗扭强度,也可称为抗剪强度。工程设计时更关心的是条件抗扭强度而非真实抗扭强度。

对于塑性材料和脆性材料来说,都可在扭转力下发生破断,但断口特征不同。塑性材料为切断,其断面与试样轴线垂直,有回旋状塑性变形痕迹,这是切应力作用的结果,属于韧性断裂;脆性材料为正断,断面与试样轴线约成 45°角,呈螺旋形状或斜劈形状,这是正应力作用的结果,属于脆性断裂。扭转时也可能出现第三种断口,呈层状或木片状。一般认为这是由于金属锻造或轧制过程中使夹杂或偏析物沿轴向分布,降低了轴向切断抗力,形成纵向和横向的组合切断断口。

1.4 材料的硬度

硬度是表征材料软硬程度的一种力学性能指标。测定硬度的试验方法有多种,大体可分为压入法和刻划法两大类。在压入法中,根据加载速度不同又分为静载压入法和动载压入法,后者又称弹性回跳法。静载压入法的基本原理是:利用机械装置将标准压头在规定载荷下压入待测材料表面,保持一定时间后卸载,然后测量残留在材料表面压痕的某一几何量,如压痕面积、压痕深度或压痕对角线长度等,用其来表征材料的软硬。显然,压痕面积或压痕深度愈大,材料硬度愈低。

硬度的物理意义随试验方法不同,其含义也不同。例如,压入法的硬度代表了材料表面抵抗另一物体压入时所引起塑性变形的能力;刻划法的硬度表示材料抵抗表面局部断裂的能力;弹性回跳法的硬度是代表金属弹性变形功的大小。所以硬度值实际上不是一个单纯的物理量,它是表征着材料的弹性、塑性、形变强化、强度和韧性等一系列不同物理量组合的一种综合性能指标。

目前工业实践中,静载压入法应用最广。这是因为:第一,它能测量大部分材料标志塑性变形抗力的硬度;第二,试验方法简单易行,不损坏部件,适于产品成批检验以及评价材料加工、处理特别是表面处理工艺质量的好坏;第三,在一定条件下与材料的抗拉强度有正比关系,可以由硬度大致推测出材料的强度水平。

1.4.1 布氏硬度

布氏硬度试验是目前最常用的硬度试验方法之一。在做布氏硬度试验时,以一定大小的载荷 P(kgf 或 N)将直径为 D 的球形压头压入试样表面,经规定保持时间后卸除载荷,根据压痕的表面积 A(mm²),计算单位面积上所承受的载荷来表征硬度,用符号 HB 表示,计算公式如下:

$$HB = \frac{P}{A} = \frac{P}{\pi Dh} \tag{1-18}$$

在实际试验时,由于测量压痕直径 d 比压痕深度 h 方便,因此将式(1-18)中的 h 换算成 d 的表达式。因此,当载荷单位为 kgf 时,有

$$HB = \frac{2P}{\pi D(D-\sqrt{D^2-d^2})} \tag{1-19}$$

式中,只有 d 是变数,试验时只要测量出压痕直径 d(mm),就可通过计算或查布氏硬度表得到 HB 值。

根据待测材料不同,压头可选用淬火钢球和硬质合金球两大类,硬度符号分别以 HBS 和 HBW 区别表示。前者适用于硬度值在 450 以下的材料,后者适用于硬度值为 450~650 的材料。

布氏硬度的特点是压痕面积较大,故不宜在成品件上直接进行检验,另外,硬度不同的材料需要更换压头直径和载荷,压痕直径的测量较麻烦。但优点在于,布氏硬度值能反映材料在较大区域内各组成相的平均性能,试验数据稳定,重复性高。特别是对于很多材料尤其是金属材料,布氏硬度值与抗拉强度值有正比关系,即

$$R_m = k \cdot HB \tag{1-20}$$

式中,k 为比例系数。对于不同的金属,k 值不同;对于同一种金属,热处理不改变 k 值,但冷变形使 k 值变化。

1.4.2 洛氏硬度

洛氏硬度也是最常用的硬度试验方法之一。洛氏硬度也属于压痕法,但与布氏硬度不同的是,它是以残余压痕的深度而非面积来表征硬度的,用 HR 表示。

洛氏硬度试验采用的压头有两种:其一是圆锥角 $\alpha = 120°$、尖端曲率半径为 0.2 mm 的金刚石圆锥体,适用于淬火钢等硬度较高的材料;其二是直径为 1.588 mm 或 3.175 mm 的淬火钢球,适用于有色金属等硬度较低的材料。试验时首先对压头施加初载荷 P_0,使其压入试样一定深度 h_0,作为测量压痕深度的基线。随后再施加主载荷 P_1,压痕深度的增量为 h_1,其中也包括了弹性变形。经规定保持时间后卸除 P_0,则发生弹性恢复,在试样上留下由 P_1 所造成的残余压痕深度 e。e 值越大,硬度越低。为了适应人们习惯上数值越大硬度越高的概念,人为规定用一个常数 k 减去 e 表示硬度值,并规定每 0.002 mm 为一个洛氏硬度单位,则洛氏硬度值可用下式计算:

$$HR = \frac{k-e}{0.002} \tag{1-21}$$

可见洛氏硬度是一个量纲为 1 的量(往往称无量纲量)。对金刚石压头,k 取 0.2 mm;对淬火钢球压头,k 取 0.26 mm。在洛氏硬度计中,压痕深度已经换算成标尺刻度,根据具体试验时指针所指的位置,可直接读出硬度值,比较方便,免去了布氏硬度需先人工测量、再计算或查表的麻烦。

为了能用一种硬度计测定从软到硬的材料硬度,采用不同的压头和总载荷,构成了一系列不同标尺。国家标准规定了 A、B、C、D、E、F、G、H、K、L、M、P、R 和 S 共 14 种标尺,其

中最常用的有 A、B、C 三种，其硬度值分别以 HRA、HRB、HRC 表示，表 1-1 给出了其试验规范。

表 1-1 洛氏硬度试验规范

标尺	测量范围	初载荷/N(kgf)	主载荷/N(kgf)	压头类型	k/mm
HRA	60～85	98.1(10)	490.3(50)	金刚石圆锥体	0.2
HRC	20～67	98.1(10)	1 373(140)	金刚石圆锥体	0.2
HRB	25～100	98.1(10)	882.6(90)	钢球	0.26

洛氏硬度压痕小，不损坏工件，操作简便，适合于批量检验。硬度值范围广，从软到硬均可测，各种厚度工件也均可测。但易于引起操作误差，试验值较分散，特别是各种标尺的硬度值不能直接比较和换算。

1.4.3 维氏硬度

维氏硬度是为了克服布氏硬度只能测定硬度值小于 450 的较软材料和洛氏硬度标尺太多且不能直接换算的缺点而提出的又一种硬度试验法。它也是根据压痕单位面积上的载荷表征硬度的，但与布氏硬度不同的是，它的压头只有一种，为金刚石正四棱锥体，其两相对面间夹角为 136°，这是为了在较低硬度时，其硬度值与布氏硬度值相等或相近。

维氏硬度试验时，在载荷 P 的作用下，试样表面压出一个四方棱形的压痕，测量压痕对角线长度 d，借以计算压痕的表面积 A，以 P/A 值表征试样的硬度，用符号 HV 表示。

当载荷单位为 kgf 时，维氏硬度

$$\text{HV} = \frac{P}{A} = \frac{1.854\,4P}{d^2} (\text{kgf/mm}^2) \tag{1-22}$$

根据试样大小、厚薄和其他条件，载荷 P 可在 0.5～120 kgf 范围内选择，但最常用的是 0.5、1、5、10、30 等（单位：kgf）。

与布氏硬度和洛氏硬度相比，维氏硬度具有很多优点：它不存在布氏硬度试验那种载荷与压头直径比例关系的约束，也不存在压头变形问题；由于角锥压痕轮廓清晰，采用对角线长度计量，精确可靠；维氏硬度不存在洛氏硬度的硬度级无法统一的缺点，而且比洛氏硬度能更好地测定极薄试样的硬度。维氏硬度试验的缺点是需要测量对角线长度，然后计算或查表，效率不够高。

1.5 材料的断裂韧性

工程材料和构件，特别是由高强度材料制成的构件或中、低强度材料制成的大型构件，常常发生名义应力远低于屈服强度的所谓低应力脆断，这是用传统的经典强度设计理论无法解释的。通过对这类现象多年的大量研究，现已取得共识，即这类低应力脆断是由构件在使用前即已存在的裂纹类缺陷所导致的。由于裂纹的存在，在平均外载荷（远场名义应力）并不大的情况下，在裂纹尖端附近区域产生的高度应力集中就可能达到材料的理论断裂强度，引发局部开裂，致使裂纹扩展，并最终导致整体断裂。基于此，发展出了新的断裂力学设计方法，作为对经典强度设计理论的补充。目前对重要的或大型的受力构件，均需采用这两种强度设计方法，以保证构件的安全服役。

断裂力学的基本假设,是所研究对象存在固有裂纹,其中心任务是对裂纹体的不均匀分布的应力场进行分析,提出描述裂纹体应力场强的力学参量和计算这些参量的方法,建立裂纹几何(包括形状、取向、尺寸等)、材料本身抵抗裂纹扩展能力、裂纹扩展引起结构破坏时的(名义)应力水平等之间的关系,确定适用的表征材料抵抗裂纹扩展能力的指标和测试方法。

1.5.1 裂纹类型

裂纹可分为三种类型,如图1-7所示。

(1) 张开型裂纹(Ⅰ型)。外力垂直于裂纹面,在拉应力作用下,裂纹尖端张开,并沿与外力垂直的方向扩展。拉板上垂直于拉力方向的贯穿裂纹,压力容器或受内压的管道壁上的纵向裂纹,飞轮上的径向裂纹等属于此类情况。

(2) 滑开型裂纹(Ⅱ型)。受面内切应力作用,其上的切应力垂直于向前扩展的裂纹前缘,故又称为前后剪切型裂纹。轮齿或花键根部沿切线方向的裂纹,受扭转作用薄壁圆管上环向贯穿裂纹,受剪力作用铆钉的剪切面内的裂纹等属于此类情况。

(3) 撕开型裂纹(Ⅲ型)。外载荷是裂纹面内平行于裂纹前缘的剪力,裂纹在其自身平面内沿垂直于剪应力的方向扩展,又称为横向剪切型裂纹。受扭转作用圆轴上的环形切槽和表面环形裂纹属于此类。

由于裂纹存在三种扩展方式,其相应的应力强度因子也会不同,为加以区别,分别以 $K_Ⅰ$、$K_Ⅱ$、$K_Ⅲ$ 表示。在工程构件中,张开型扩展是最危险的,材料对这种裂纹扩展的抗力最低。因此,即使是其他形式的裂纹,也常按Ⅰ型处理,这样会更安全。本书后续讨论中除特别指出以外,均指这种类型。

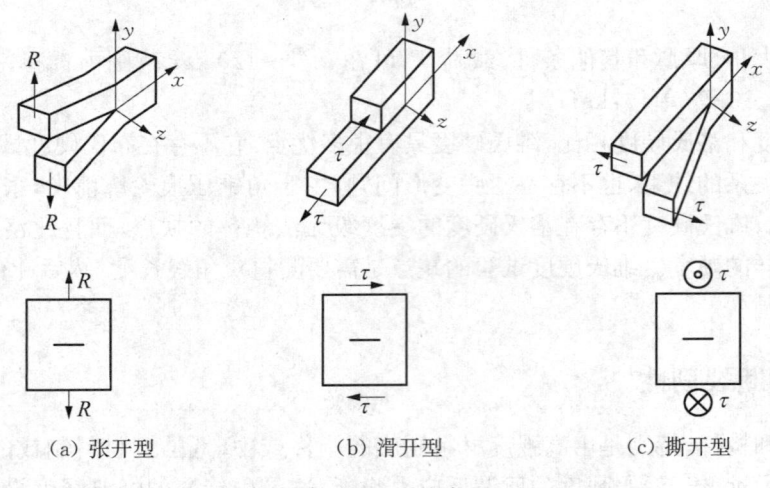

(a) 张开型　　(b) 滑开型　　(c) 撕开型

图1-7　裂纹类型

1.5.2 裂纹尖端应力场

图1-8所示为含 $2a$ 长度中心穿透裂纹的无限大平板在垂直于裂纹面的方向上受均匀拉伸应力 R 的情况。这种裂纹情况比较简单,根据弹性力学理论可以推导出裂纹尖端前方任意一点应力的解析表达式为

$$\left.\begin{aligned}R_x &= \frac{K_\mathrm{I}}{\sqrt{2\pi r}}\cos\frac{\theta}{2}\left(1-\sin\frac{\theta}{2}\sin\frac{3\theta}{2}\right) \\ R_y &= \frac{K_\mathrm{I}}{\sqrt{2\pi r}}\cos\frac{\theta}{2}\left(1+\sin\frac{\theta}{2}\sin\frac{3\theta}{2}\right) \\ R_z &= \nu(R_x+R_y),\text{平面应变状态} \\ R_z &= 0,\text{平面应力状态} \\ \tau_{xy} &= \frac{K_\mathrm{I}}{\sqrt{2\pi r}}\left(\sin\frac{\theta}{2}\cos\frac{\theta}{2}\cos\frac{3\theta}{2}\right)\end{aligned}\right\} \quad (1-23)$$

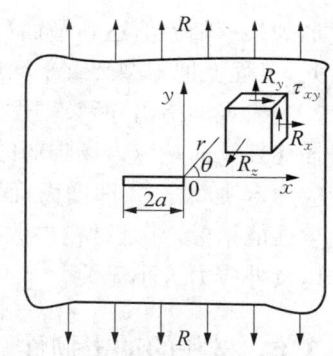

图1-8 含中心穿透裂纹的无限大平板应力分析模型

由式(1-23)可见,距离裂纹尖端愈近,各应力分量愈大,当 $r\to 0$ 时,各应力分量 $\to\infty$,即裂纹尖端应力场有奇异性。一般更关心裂纹面延长线的应力及垂直于裂纹面的应力分量 R_y,此时有

$$\left.\begin{aligned}R_y &= \frac{K_\mathrm{I}}{\sqrt{2\pi r}} \\ \tau_{xy} &= 0\end{aligned}\right\} \quad (1-24)$$

另外,由式(1-23)还可看出,当板材较薄而近似为平面应力状态时,裂纹尖端前沿受两向拉应力状态;而当板材厚度较大近似为平面应变状态时,裂纹尖端前沿受三向拉应力状态。这表明,平面应变的应力状态脆性断裂倾向较大,属于比较危险的情况。

式(1-23)中各应力分量表达式中均有一个共同的参数 K_I,它的表达式为

$$K_\mathrm{I} = R\sqrt{\pi a}\,(\mathrm{MPa\cdot m^{1/2}}) \quad (1-25)$$

对于裂纹前端的任意给定点,其坐标 r,θ 都有确定值,这时该点的应力大小完全决定于 K_I。换句话说,K_I 表示在名义应力 R 作用下,含裂纹体处于弹性平衡状态时裂纹前端应力场的强弱程度,也就是应力强度因子。

应该指出,由式(1-25)表示的 K_I 表达式仅适用于图1-8所示情况。对于更一般的裂纹形式,应力强度因子表达式可修正为

$$K_\mathrm{I} = YR\sqrt{a} \quad (1-26)$$

式中,Y 为裂纹形状系数;a 为中心裂纹的半长或对边裂纹的裂纹全长。

1.5.3 断裂韧性的计算

由式(1-26)可知,应力强度因子 K_I 是取决于名义应力 R 和裂纹尺寸 a 的复合参数,当 R 和 a 单独或者共同增大时,K_I 和裂纹尖端各应力分量也随之增大。当 R 增加到临界值 R_c 或 a 增大到临界值 a_c 时,K_I 达到某一临界值 K_Ic,此时裂纹尖端前沿足够大的范围内应力达到材料的解理断裂应力,裂纹便失稳扩展而导致材料断裂。这个对应于裂纹失稳扩展的临界应力强度因子 K_Ic 表征了材料抵抗断裂的能力,由于它具有能量的量纲,故又称为断裂韧性。因此,裂纹体断裂的判据可写为

$$K_\mathrm{I} \geqslant K_\mathrm{Ic} \quad (1-27)$$

值得注意的是,对于同样的材料,当板材厚度不同时,其临界应力强度因子是不同的,表现为在板厚较薄而为平面应力状态时,随板厚增加,临界应力强度因子先增加后降低;当厚度增

加到某一临界值达到平面应变状态以后,临界应力强度因子就保持不变,成为材料常数。因此,工程上把Ⅰ型裂纹平面应变状态下的临界应力强度因子作为断裂韧性。

应强调指出,断裂韧性 K_{Ic} 是应力强度因子 K_I 的临界值,两者的物理意义不同。K_I 是描述裂纹前端应力场强弱的力学参量,它与裂纹及物体的大小、形状、外加应力等参数有关,如应力 R 加大,K_I 即增大;而断裂韧性 K_{Ic} 是评定材料阻止宏观裂纹失稳扩展能力的一种力学性能指标,它是材料常数,只与材料成分、热处理及加工工艺有关,而与裂纹本身大小、形状以及外应力大小无关。

1.6 材料的冲击韧性

许多机器零件及工程结构在工作时要受到冲击载荷的作用,如空间飞行器受陨石的撞击,炮弹和子弹对装甲的穿透,飞机降落时起落架与地面的碰撞,汽车驶过凹坑和凸起,经受锻造、爆炸焊接、爆炸加工成型的构件等;也有很大一部分是利用冲击能量来工作的机件,如锻锤、冲床、凿岩机、铆钉枪等。材料在承受高速冲击载荷后,其变形、断裂行为以及性能指标的表征方法有别于准静态。目前常用于表征材料冲击性能和行为的试验方法有三种:第一种是大能量一次冲击试验;第二种是小能量多次冲击试验;第三种是冲击拉伸试验。大能量一次冲击试验通常又称为夏比缺口冲击试验,可测定材料的冲击韧度,可评定材料的韧脆性质,且试验非常简单,故在生产上很常用。小能量多次冲击试验测定材料的多冲抗力,材料的破坏是在多次冲击下由损伤累积、发展而导致的,变形和断裂行为类似于疲劳。冲击拉伸试验可测定材料在高速加载下的应力-应变曲线和相应的强度、塑性指标,能分析材料对高速载荷的力学响应特征,但试验装置复杂,试验较困难,故多用于理论研究,工程实践中很少应用。

1.6.1 夏比缺口冲击试验

夏比缺口冲击试验将欲测定的材料先制备成带缺口的标准试样,然后放置在试验机支座上,将质量为 G 的摆锤举至一定高度 h,使其获得位能 Gh,再将摆锤释放,摆锤下落至最低位置时冲断试样,剩余的动能会将摆锤再扬起一定高度 h',即冲断试样后摆锤剩余的能量为 Gh'。冲断试样所用的能量称为冲击功,以 A_k(单位 N·m)表示:

$$A_k = G(h - h') \tag{1-28}$$

将冲击功除以试样缺口处截面积 A_0 的值定义为冲击韧度,以 α_k(单位 N·m/m²)表示:

$$\alpha_k = \frac{A_k}{A_0} \tag{1-29}$$

试样带缺口的目的是,在缺口附近造成应力集中,使塑性变形局限在缺口附近不大的区域内,并保证在缺口处发生破断以便正确测定材料承受冲击载荷的能力。同一种材料,缺口越深、越尖锐,塑性变形的体积就越小,冲击功也越小,材料表现脆性越显著。正因如此,不同类型和尺寸试样的冲击韧性是不能相互换算和直接比较的。另外,对于脆性很大的材料,如球墨铸铁、工具钢、陶瓷等,常采用不带缺口的试样。

1.6.2 冲击试验的应用

冲击试验主要应用于以下几个方面:

(1) 作为材料承受大能量冲击时的抗力指标或作为评定某些构件寿命与可靠性的结构性能指标。对于某些特殊条件下服役的机件如炮弹、装甲板等,均承受大能量冲击,这时 A_k 值就是一个重要的抗力指标。对于一些服役时可能承受大能量冲击的构件如船用钢板，A_k 值也可作为一个结构性能指标，以防发生脆断。应该指出，α_k 或 A_k 指标不能直接用来进行结构设计和计算，只能根据试验和经验作为选材的依据。比如，大飞机 C919 的起落架使用的是 300M 超高强度钢，占到全机总重量的 4.5% 左右。300M 曾用于战斗机起落架，具有强度高、韧性良好、固有疲劳强度高、横向塑性高、断裂韧性高、疲劳性能优良及抗应力腐蚀性能好等特点，其抗拉强度高达 1 960～2 100 MPa，能够满足大飞机起落架在起降过程中承受上百吨重量以及巨大的风阻和振动的要求。

（2）评定原材料的冶金质量以及材料热加工后的产品质量。原材料的宏观和微观缺陷，如夹杂、气泡、严重分层、偏析等，以及锻造和热处理所造成的缺陷，如过热、过烧、白点、回火脆性、淬火及锻造裂纹等，将严重影响材料的质量，而冲击韧性对组织缺陷非常敏感，因而通过测定冲击韧性可以间接地评定冶金缺陷和热加工缺陷存在的严重程度。

（3）确定应变失效敏感性。钢铁材料尤其是低碳钢板经过冷加工变形后长期处于较高温度下工作时，其塑性和韧性会下降，而屈服强度升高，这一现象称为应变时效。应变时效敏感性用材料时效前后的冲击功之差与时效前的冲击功之比的百分数表示为

$$时效敏感性 = \frac{A_{k前} - A_{k后}}{A_{k前}} \times 100\% \quad (1-30)$$

（4）评定材料在不同温度下的韧脆性转化趋势。由于冲击试验过程非常快，可以将试样在所需要的温度（包括低温、高温）下保持一段时间后达到规定的温度，然后迅速将试样放置在试验机支座上（室温），在试样温度还来不及变化时就将试样冲断，便可得到冲击功与温度的关系，这样的试验称为系列冲击试验。工程上常用的韧脆转变温度 FATT50 是指冲击试样断口面上，结晶状断面占面积 50% 时的温度。一般需要对材料进行一系列的低温夏比冲击试验，冲击试样在低温状态被打断后，对每组试样进行对比评定测算断口，得出脆性断面率。根据每组脆性断面率进行数据处理，绘制脆性断面率-试验温度的关系曲线，进而求出 FATT50 的值。

FATT50 指标能准确反映材料在不同温度下的韧性变化。若 FATT50 过高，在低温环境或受到冲击时，材料可能会突然发生脆性断裂，引发严重的安全事故；而较低的 FATT50 则意味着材料在更宽的温度范围内具有良好的韧性，能有效避免脆性断裂，保障设备和人员的安全。了解超高强度钢的 FATT50 指标，结合实际使用环境中的温度变化、载荷情况等因素，可以更准确地预测材料在服役过程中的性能变化和寿命。例如，泰坦尼克号船板冲击试样断口平齐，边缘无剪切唇，是典型的脆性断口，呈结晶状，断裂前几乎无明显的塑性变形，金属光泽明显。这是由于泰坦尼克号船板含有较多的硫、磷等杂质，且其生产工艺和质量控制水平有限，导致钢板的韧性较差，韧脆转变温度较高，在当时冰山撞击的低温环境下，钢板很容易发生脆性断裂。而现代船板钢冲击试样断裂前有明显的塑性变形，断口无光泽，呈灰色纤维状，断口边缘通常有剪切唇，为韧性断口。这是因为现代炼钢技术和质量控制体系能够精确控制钢中的化学成分，降低有害杂质含量，同时添加各种合金元素来改善钢的性能，使船板钢具有良好的韧性和较低的韧脆转变温度，能在更宽的温度范围内保持良好的抗冲击性能。

1.7 材料的疲劳性能

在工程界，疲劳特指材料或构件在应力或应变反复作用下发生损伤和断裂的现象。疲劳

断裂的研究一直受到结构设计工作者和材料科学工作者的极大关注,并已成为材料强度科学研究的重要领域。这是因为:第一,在诸如轴、齿轮、弹簧等机械零件以及飞机、铁轨、桥梁、锅炉等大型构件中,疲劳断裂是最常见的破坏形式。统计表明,在各类机件破坏中有80%~90%属于疲劳断裂。第二,疲劳断裂通常发生在远低于材料静强度的变动应力条件下,并且破坏前一般不发生明显塑性变形,难以检测和预防,因此会造成很大的经济损失甚至灾难性事故。

疲劳断裂可能以许多不同的形式出现,包括:仅有外加变动载荷造成的机械疲劳;变动载荷与高温联合作用引起的蠕变-疲劳;机件温度变化导致热应力交变而引起的热疲劳;外加载荷及温度共同变化引起的热机械疲劳;在存在侵蚀性化学介质或致脆介质的环境中施加变动载荷引起的腐蚀疲劳;由两个部件循环接触引起的磨损疲劳(包括接触疲劳、微动疲劳),等等。在上述不同疲劳形式中,循环应力的存在是共同的和最关键的因素。

1.7.1 循环应力

机件承受的变动应力是指应力大小或应力大小及方向随时间而变化的应力,通常分为周期变动应力和随机变动应力两大类。周期变动应力是大小和方向均随时间呈周期性变化的应力,又称循环应力或交变应力,如火车车轴和曲轴轴颈上的一点在运转过程中所受的就是循环应力;随机变动应力是大小和方向随时间呈无规则变化的应力,承受随机应力的构件很多,如汽车、拖拉机、挖掘机和飞机上的一些零件。

实际的循环应力波形可以很复杂,但材料的疲劳试验可以用正弦波形、三角波形或方波形来模拟,其中应用最多的是正弦波形,这是由于许多实际零件所承受的就是这种正弦波形应力,一些复杂的波形(包括随机波)也可由多种正弦波来叠加。循环应力的特征可由下列几个参数表征(图1-9)。

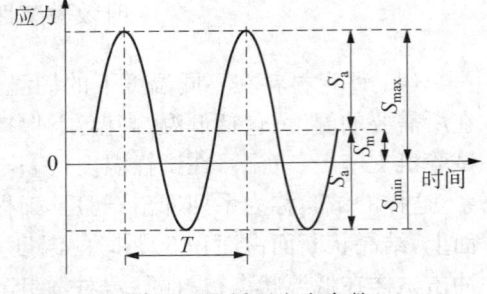

图1-9 循环应力参数

最大应力 S_{max}:循环应力中数值最大的应力;

最小应力 S_{min}:循环应力中数值最小的应力;

平均应力 S_m:循环应力中的应力不变部分,$S_m = \dfrac{S_{max}+S_{min}}{2}$;

应力半幅 S_a:循环应力中应力变动部分的幅值,$S_a = \dfrac{S_{max}-S_{min}}{2}$;

应力比 R_s:循环应力的不对称程度,$R_s = \dfrac{S_{min}}{S_{max}}$。

$S_m = 0$、$R_s = -1$ 时,为对称循环。大多数旋转轴类零件承受此类应力。疲劳试验也常采用对称循环应力加载,如常用的旋转弯曲疲劳试验。除此以外均为非对称循环,$S_m \neq 0$。其中 $R_s = 0$ 和 $R_s = \infty$ 两种情况分别为拉、压脉动循环,如齿轮的齿根及某些压力容器承受拉应力脉动循环,轴承则承受压应力脉动循环;$S_m > S_a$,$0 < R_s < 1$ 的情况称为波动循环,如发动机气缸盖、螺栓承受这种应力。

要综合考虑 S_a、S_m 和 R_s 三个循环特征参数,才能判断疲劳应力的强弱程度。如图1-10所示,在 S_{max} 相同的情况下,当应力循环不对称度越大时(曲线1),平均应力 S_m 越大,S_a 将越小,这表示交变幅度占最大应力的比例越小,因此对材料的疲劳损害也越小。反之,若循环不对称度减小(曲线2),则 S_m 变小,S_a 增大,对材料的疲劳损害将增大。

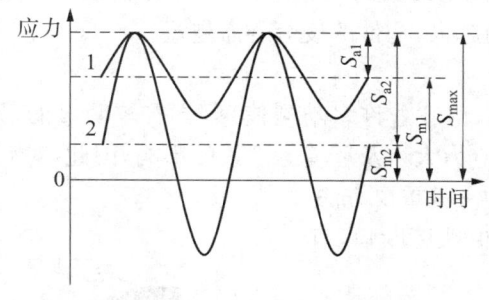
图 1-10 循环应力对称度的比较

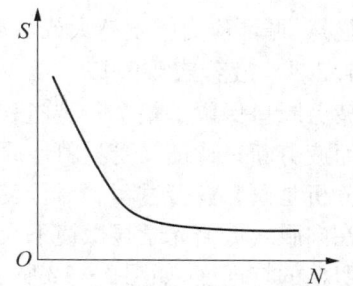
图 1-11 典型的低碳钢的疲劳 S-N 曲线

1.7.2 疲劳性能的表征

以失效时循环次数为横坐标,以应力幅值或者依赖于应力循环的其他应力值为纵坐标的平滑曲线成为 S-N 曲线,如图 1-11 所示。循环周次采用对数坐标,应力坐标轴采用线性或者对数坐标。它是描述材料在交变应力作用下疲劳强度与疲劳寿命关系的曲线,用于评估材料或结构在循环载荷下的耐久性。

根据材料特性不同,S-N 曲线可分为两类:一类是有疲劳极限的材料,如低碳钢、合金钢等,当应力低于某一临界值时,材料理论上可承受无限次循环(通常取 $10^6 \sim 10^7$ 次作为条件基准)。另一类是无疲劳极限的材料,如铝合金、复合材料等,即使应力很低,材料仍会因为循环载荷而最终失效。衡量疲劳性能常用条件疲劳强度 S_N 和疲劳寿命 N_f。

(1) 条件疲劳强度 S_N。指在规定应力比下试样具有 N 次循环的应力幅值。循环次数 N 通常取 $10^6 \sim 10^8$ 次作为条件基准,适用于有限寿命或特定工况。例如飞机起落架、发动机叶片等关键部件,需确保在特定循环次数内不发生疲劳失效。

(2) 疲劳寿命 N_f。指按规定的失效准则试验时达到的循环数。它是评估零部件耐久性的关键指标。常按破坏循环次数的高低将疲劳分为两类:①高循环疲劳(高周疲劳)。作用于零件、构件的应力水平较低,应力和应变呈线性关系,破坏循环次数一般高于 $10^4 \sim 10^5$ 的疲劳,如弹簧、传动轴等的疲劳。②低循环疲劳(低周疲劳)。作用于零件、构件的应力水平较高,材料处于塑性状态,破坏循环次数一般低于 $10^4 \sim 10^5$ 的疲劳,如压力容器、燃气轮机零件等的疲劳。很多构件在变幅循环应力作用下的实际疲劳既不是纯高循环疲劳也不是纯低循环疲劳,而是两者的综合。

1.7.3 疲劳破坏的特点

疲劳破坏具有下述基本特点:

(1) 疲劳断裂是在低应力下的脆性断裂。由于造成疲劳破坏的循环应力峰值或幅值可以远低于材料的弹性极限,材料或构件不会产生明显的塑性变形,断裂是突然的,没有预先征兆。这是工程界最为忌讳的失效形式。

(2) 疲劳断裂属于延时断裂。静载荷下,当材料所受应力超过抗拉强度时,就立即产生破坏。但疲劳破坏是长期的过程,在循环应力作用下,材料往往要经过几百次甚至几百万次循环才能产生破坏。因而对于疲劳寿命预测是十分重要的。

(3) 疲劳过程是一个损伤累积的过程。疲劳断裂从微观上看经历了裂纹萌生、裂纹稳态扩展和裂纹失稳扩展三个阶段。疲劳裂纹的萌生一般发生在构件的表面。疲劳裂纹萌生后,一般会经历一段稳态扩展阶段。当裂纹扩展到某一临界尺寸后,构件有效截面承受不了载荷时即发生裂纹失稳扩展,导致瞬时断裂。一般把裂纹失稳扩展前经受的循环次数称为疲劳寿命。显然,循环应力幅度越大或者最大循环应力越大,构件的疲劳寿命越短。

1.7.4 疲劳宏观断口

疲劳断口保留了整个断裂过程的所有痕迹,记载着许多断裂信息,具有较明显的形貌特征。而疲劳断口特征又受材料性质、加载方式、应力大小及环境等因素的影响,因此,对疲劳断口的分析是研究疲劳过程、分析疲劳失效原因的一种重要方法。

在肉眼或低倍光学显微镜下观察金属构件的疲劳断口,有三个明显的特征区,如图1-12所示。

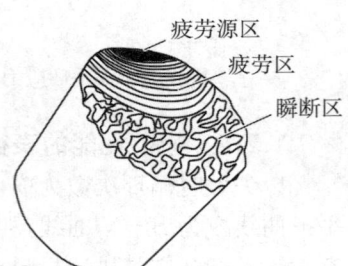

图1-12 疲劳宏观断口三个区域的示意图

(1) 疲劳源区。为疲劳裂纹策源地,是疲劳破坏的起始点,多出现于构件表面,常和缺口、裂纹、刀痕、蚀坑等缺陷相连。由于疲劳源区的裂纹表面受反复挤压、摩擦,故该区较光亮,硬度也较高。疲劳源可以是一个,也可以是多个,视加载状态而定。例如单向弯曲疲劳仅产生一个疲劳源,而双向反复弯曲则产生两个疲劳源。若断口中同时存在几个疲劳源,可根据每个疲劳源区的光亮程度确定各疲劳源产生的先后,源区较光亮的为先产生;反之,则产生得较晚。

(2) 疲劳区。为疲劳裂纹稳态扩展(亚临界扩展)形成的区域。它的典型特征是具有"贝壳"花样,称为贝纹线,也可称为海滩状条纹、疲劳停歇线或疲劳线。贝纹线是以疲劳源为中心的近乎平行的一簇向外凸的同心圆,它们是疲劳裂纹扩展时前沿线的痕迹,一般认为是由载荷大小或应力状态的变化、频率变化或机器运行中途停车、启动等原因造成裂纹扩展产生相应微小变化所导致的。因此,这种花样常出现在实际构件的疲劳断口上,在实验室进行的连续疲劳试验的试样断口上不存在贝纹线。

(3) 瞬断区。为疲劳裂纹失稳(快速)扩展直至断裂的区域。其形态与断裂韧度试样相近,靠近中心为平面应变状态的平断口,与疲劳裂纹扩展区处于同一个平面上;边缘则为平面应力状态的剪切唇。

疲劳宏观断口三个特征区的相对位置、形状及所占面积的比例,与构件的形状、载荷类型、载荷大小等因素有关。应该指出,以上讨论的是较低循环应力下疲劳断口的一种典型情况。在一个构件的疲劳断口上不一定能找到三个区域。由于加载条件、材料性能等原因,疲劳断口上某些区域可能很小,甚至可能消失。因此,分析具体疲劳断口时要从实际出发,不可绝对化。

1.8 材料的高温蠕变性能

在高温下工作的构件根据时间可以分为两类:一类是短时工作的,如火箭、导弹的发动机、高温变形加工件(锻造、热挤、热轧)、机加工刀具等;对这类构件材料,只需高温短时拉伸(也可称为高温瞬时拉伸)、高温硬度等常规力学性能试验方法和相应指标即可评定。另一类更重要的是长时间工作的,如高压锅炉、汽轮机、燃气轮机、柴油机、航空发动机以及化工炼油设备等部件,它们都是在高温下长期负载运行的;对此类构件材料,单纯用常温以及高温短时拉伸的性能来评定是不够的,需要考虑时间因素,因为长时间的蠕变变形甚至断裂会导致构件失效。例如,蒸汽锅炉及化工设备的一些高温高压管道,虽然所承受的应力小于工作温度下材料的屈服强度,但在长期使用过程中,则会产生缓慢而连续的塑性变形,使管径日益增大以致最终破裂。因此，对于高温长时间工作的材料，蠕变性能的研究和评定就是最重要的一环。

1.8.1 蠕变曲线

材料在长时间的恒载荷作用下，发生缓慢塑性变形的现象称为蠕变，由此导致的断裂称为蠕变断裂。发生蠕变所需的应力可以很低，甚至远低于高温屈服强度。而发生蠕变的温度则是相对的，蠕变在低温下也会产生，但只有在约比温度（T/T_m）高于0.3时才较显著，所以通常称为高温蠕变。例如，碳钢温度超过300℃、合金钢温度超过400℃时，就必须考虑蠕变的影响；陶瓷材料发生显著蠕变的温度高于金属材料；而高分子聚合物甚至在室温时也需考虑蠕变性能。

材料的蠕变特征可以由蠕变曲线表征。蠕变曲线是在恒载荷（或恒应力）作用下，应变量随时间发展的关系曲线。图1-13中曲线（b）为晶体材料（金属、陶瓷）的一条典型蠕变曲线，其中实线表示恒载荷作用下的情况；而虚线表示恒应力作用下的情况。恒应力蠕变曲线适合于进行理论研究、分析，而恒载荷蠕变曲线更接近实际工程条件。本节后面提到的蠕变曲线均为后一种情况。

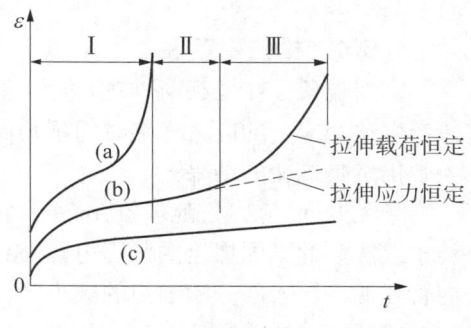

图1-13 典型的蠕变曲线

由图1-13可见，在施加恒载荷后，试样首先产生瞬时应变，包括弹性应变和塑性应变（如果施加的应力超过材料屈服应力的话），然后发生与时间相关的蠕变变形，典型的蠕变过程可以分为三个阶段：

第Ⅰ阶段为减速蠕变阶段，又称过渡蠕变阶段。这一阶段开始时的蠕变速率 $d\varepsilon/dt$ 很大，随时间延长蠕变速率逐渐减小，到此阶段终了时，蠕变速率达到最小值。

第Ⅱ阶段为恒速蠕变阶段，也称稳态蠕变阶段。其特征是蠕变速率基本保持恒定。一般所指的蠕变速率就是此阶段的蠕变速率值，它是衡量材料抗蠕变性能的重要指标。

第Ⅲ阶段为加速蠕变阶段，随时间延长，蠕变速率逐渐增大，直至蠕变断裂。

同一种材料的蠕变曲线随应力的大小和温度的高低而不同。当减小应力或降低温度时，蠕变第Ⅱ阶段延长，甚至不出现第Ⅲ阶段，如图1-13曲线（c）所示；当增加应力或提高温度时，蠕变第Ⅱ阶段缩短，甚至消失，试样经减速蠕变阶段后很快进入加速蠕变阶段而断裂，如图1-13曲线（a）所示。

1.8.2 蠕变极限

蠕变极限的定义有两种：

（1）在给定温度下，使试样在蠕变第Ⅱ阶段产生规定稳态蠕变速率的最大应力，记为 σ_ε^T。例如：$\sigma_{1\times10^{-5}}^{600} = 600$ MPa，表示在600℃下产生稳态蠕变速率 1×10^{-5}/h 的应力为600 MPa。

（2）在给定温度和时间条件下，使试样产生规定蠕变应变的最大应力，记为符号 $\sigma_{\varepsilon/\tau}^T$。例如：$\sigma_{1\%/10^5}^{600} = 100$ MPa，表示在600℃下，使试样在10万h产生1%的蠕变应变的应力为100 MPa。

1.8.3 持久强度

蠕变极限表征了材料抵抗蠕变变形的抗力，但不能反映断裂时的强度和塑性。与常温下的情况一样,材料在高温下的变形抗力与断裂抗力是两种不同性能的指标。因此,对于高温材料还必须测定其在高温长期载荷作用下抵抗断裂的能力,即持久强度。特别是对于某些在高温运转过程中不考虑变形量的大小,而只是考虑在承受给定应力下使用寿命的构件设计来说,材料的持久强度更是极其重要的性能指标。

持久强度是在给定温度 T 下,恰好使材料就能够过规定时间 t 发生断裂的应力值,记为 σ_t^T。这里所指的规定时间、温度是以设计要求而定的,对于锅炉、汽轮机等,设计寿命为数万至数十万小时;而航空发动机则为一千或几百小时。例如某材料在 700 ℃ 承受 300 MPa 的应力作用下,经 1 000 h 后断裂,则称这种材料在 700 ℃、1 000 h 的持久强度为 300 MPa,写成 $\sigma_{1\times10^3}^{700} = 300\ \text{MPa}$。

1.8.4 松弛稳定性

蠕变现象是在恒载荷(或恒应力)下发生的缓慢变形。反过来,如果给定一个恒应变,则初始产生这个应变的应力将随时间延长而降低,这就是应力松弛现象。所以从本质上来说,应力松弛仍然是蠕变的结果。

毫无疑问,应力松弛现象在高温结构部件中也是常发生的,例如燃气轮机、蒸汽轮机组合转子或法兰的紧固螺栓的紧固力,高温下使用的弹簧的弹力,热压部件的紧固压力,热交换器内管和端板压入部分紧固力的减小等。显然,为了维持正常工作,上述部件所用材料应具备高的抗应力松弛的能力。

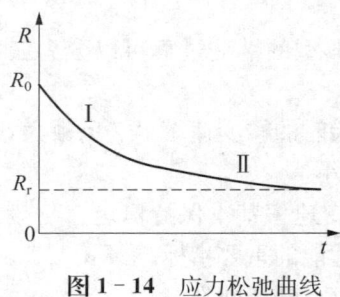

图 1-14 应力松弛曲线

不同的材料具有不同的抵抗应力松弛的能力。材料抵抗应力松弛的能力称为松弛稳定性,可通过应力松弛曲线评定。应力松弛曲线就是在给定温度和给定应变条件下试样中的弹性应力与时间的关系曲线。图 1-14 所示为典型的应力松弛曲线,由图可见应力松弛过程分为两个阶段:第 Ⅰ 阶段为应力急剧降低阶段;第 Ⅱ 阶段为应力缓慢降低阶段。对于不同的材料,在相同试验温度和初应力下,经时间 t 后,如果残余应力值愈高,说明该种材料松弛稳定性愈好。

参考文献

[1] 张帆,郭益平,周伟敏. 材料性能学[M]. 2 版. 上海:上海交通大学出版社,2014.
[2] 乔生儒,张程煜,王泓. 材料的力学性能[M]. 2 版. 西安:西北工业大学出版社,2021.
[3] 杜勤,梁波. 金属材料力学性能检测[M]. 北京:机械工业出版社,2021.

第 2 章

金属热处理

2.1 概述

金属热处理是一种重要的材料改性方法,它在机械制造工业中占有十分重要的地位。例如,在现代机床工业中,60%～70%的工件要经过热处理;在汽车、拖拉机工业中,有 70%～80%的工件要进行热处理;而滚动轴承和各种工模具,则几乎百分之百地要进行热处理。

2.1.1 热处理的概念

热处理是指根据金属在固态下组织转变的规律,通过不同方式的加热、保温和冷却改变其内部组织结构,以达到改善金属性能的一种热加工工艺。热处理一般是由加热、保温和冷却三个阶段组成的,其基本工艺过程可以用热处理工艺曲线来表示,如图 2-1 所示。

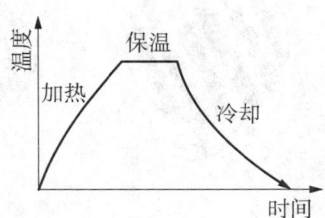

图 2-1 热处理工艺曲线

热处理工艺之所以能改变金属的力学性能,是因为在加热和冷却的过程中,金属内部的组织结构发生了变化。所以,要想正确制订热处理工艺规范,必须先研究金属相变原理,掌握其在不同的加热、冷却条件下的组织变化规律。

2.1.2 临界转变温度

多元合金的平衡相图是在无限缓慢加热和无限缓慢冷却条件下测定的,在工业生产中的快速加热和冷却条件下会发生一定变化,其中临界转变温度的变化对制订热处理工艺的影响较大,必须加以考虑。下面以铁碳合金为例,说明临界转变温度的变化规律。

如图 2-2 所示,钢在加热或冷却过程中,通过平衡相图的 PSK(A_1)线、GS(A_3)线、ES(A_{cm})线时,组织将发生转变。A_1、A_3、A_{cm} 点是组织转变的平衡临界温度,即在非常缓慢加热或冷却条件下钢发生组织转变的温度,可根据钢的含碳量分别由 PSK 线、GS 线和 ES 线来确定。

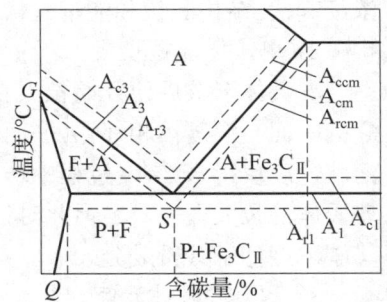

图 2-2 加热和冷却对临界转变温度的影响的示意图

在实际热处理时,加热和冷却速度较快,钢的组织转变并不在平衡临界温度发生,大多数都有不同程度的滞后现象,即在加热时需要一定程度的过热,冷却时需要一定程度的过冷,组织转变才能充分进行。通常把实际加热时的临界温度加注下标"c",即分别以 A_{c1}、A_{c3}、A_{ccm}

表示;把实际冷却时的临界温度加注下标"r",即分别以 A_{r1}、A_{r3}、A_{rcm} 表示,三者之间的相对位置如图 2-2 所示。必须指出,实际加热或冷却时的临界点不是固定不变的,而是随着加热或冷却速度不同而变化;加热或冷却速度越大,实际临界点的偏离程度也越大。

2.2 钢在加热与冷却时的转变

大多数热处理工艺(如正火、退火等)都要将钢加热到临界温度以上,以获得全部或部分奥氏体组织,然后再以适当方式(或速度)冷却,以获得所需要的组织和性能。通常把钢加热获得奥氏体的转变过程称为奥氏体化过程。加热时形成的奥氏体的成分均匀性及晶粒大小等对冷却转变过程及组织、性能有显著的影响。

2.2.1 钢在加热时的转变

钢的奥氏体形成过程包括碳原子的扩散重新分布和铁原子扩散,使铁素体向奥氏体的晶格重组,是一个形核、长大和均匀化的过程。下面以共析钢为例说明奥氏体的形成过程。如图 2-3 所示,共析钢由珠光体向奥氏体(A)转变的过程包括奥氏体形核、奥氏体晶核长大、剩余渗碳体溶解和奥氏体成分均匀化四个阶段。

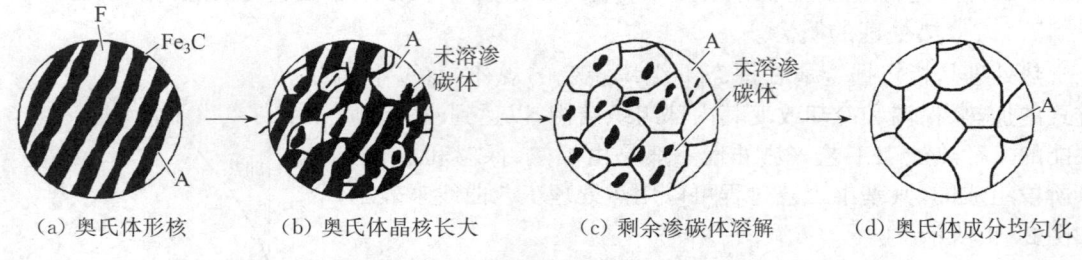

图 2-3 共析钢奥氏体化过程示意图

1) 奥氏体形核

奥氏体晶核通常优先在铁素体和渗碳体的相界面上形成。这是因为在相界面上碳浓度分布不均匀,原子排列不规则,晶格畸变大,处于能量较高的状态,容易获得奥氏体形核所需要的浓度起伏、结构起伏和能量起伏。

2) 奥氏体晶核长大

奥氏体形核后便开始长大。在 A_{c1} 以上的某一温度形成奥氏体晶核,奥氏体晶核形成后,它的一面与渗碳体相邻,另一面与铁素体相邻。由于铁素体向奥氏体转变的速度远比渗碳体溶解速度快得多,转变过程中珠光体中总是铁素体首先消失。当铁素体全部转变为奥氏体时,奥氏体的长大即完成。但此时仍有部分渗碳体尚未溶解,剩余在奥氏体中。这时奥氏体的平均碳浓度低于共析成分。

3) 剩余渗碳体溶解

随着保温时间延长或继续升温,奥氏体中的剩余渗碳体通过碳原子的扩散,不断溶入奥氏体中,使奥氏体的碳浓度趋于共析成分。当剩余渗碳体全部溶解后,这一阶段便告结束。

4) 奥氏体成分均匀化

剩余渗碳体全部溶解时,奥氏体中的碳浓度仍是不均匀的。原来是渗碳体的区域碳浓度较高,继续延长保温时间或继续升温,通过碳原子的扩散,奥氏体碳浓度逐渐趋于均匀化,最后得到均匀的单相奥氏体。

亚共析钢和过共析钢的奥氏体形成过程与共析钢基本相同,当加热温度仅超过 A_{c1} 时,只能使原始组织中的珠光体转变为奥氏体,仍保留一部分先共析铁素体或先共析渗碳体。只有当加热温度超过 A_{c3} 或 A_{ccm} 并保温足够长的时间,才能获得均匀的单相奥氏体。

2.2.2 影响奥氏体形成速度的因素

影响奥氏体形成速度的因素主要有加热温度、原始组织和化学成分等。研究这些因素,对制订热处理工艺具有重要意义。

1）加热温度的影响

当共析钢加热到 A_{c1} 点以上某一温度时,珠光体并不是立即开始向奥氏体转变,而是要经过一段时间才开始转变的,这段时间常称为"孕育期"。这是由于形成奥氏体晶核需要原子的扩散,而扩散需要一定的时间。加热温度越高,孕育期就越短,转变所需的时间也越短,即奥氏体化的速度越快。

2）加热速度的影响

在连续升温加热时,加热速度对奥氏体化过程有重要影响,加热速度越快,则珠光体的过热度越大,转变的开始温度越高,转变的终了温度也越高,但转变的孕育期越短,转变所需的时间也就越短。

3）化学成分的影响

如图 2-4 所示,高碳钢中 50% 珠光体转变为奥氏体的速度更快。这是因为随着钢中含碳量增加,渗碳体量也增加,铁素体和渗碳体的相界面积增大,导致奥氏体的核心增多,转变速度加快。

钢中的合金元素并不改变奥氏体形成的基本过程,但会显著影响奥氏体的形成速度。钴、镍合金元素等增大碳在奥氏体中的扩散速度,因而加快奥氏体化过程;铬、钼、钒等元素与碳形成较难溶解的碳化物,显著降低碳的扩散能力,所以减慢奥氏体化过程;硅、铝、锰等元素对碳的扩散速度影响不大,不影响奥氏体化过程。由于合金元素的扩散速度比碳的扩散速度慢得多,所以合金钢的热处理加热温度一般都高一些,保温时间更长一些。

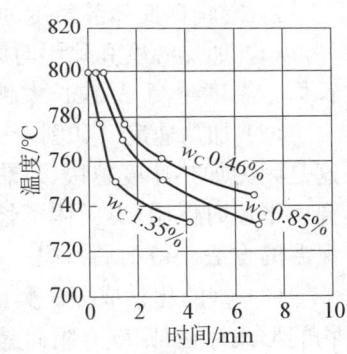

图 2-4 含碳量对 50% 奥氏体转变时间的影响

4）原始组织的影响

当钢的化学成分相同时,原始组织越细,相界面的面积越大,形核率越高,会加速奥氏体的形成。原始组织的粗细主要是指珠光体中碳化物的形态、大小和分散程度。例如,成分相同时,细片状珠光体的相界面面积大于粗片状珠光体;片状珠光体的相界面面积大于渗碳体和呈颗粒状的粒状珠光体,所以前者的奥氏体形成速度大于后者。

2.2.3 奥氏体的晶粒度及其影响因素

钢的奥氏体晶粒大小直接影响冷却组织和性能。奥氏体晶粒细时,退火组织亦细,则钢的强度、塑性和韧性较好。奥氏体晶粒细,淬火得到的马氏体也细小,因而韧性得到改善。

1）奥氏体晶粒度

某一具体热处理或热加工条件下的奥氏体的晶粒度称为实际晶粒度,它决定钢的性能。而在加热时奥氏体晶粒长大的倾向用本质晶粒度来表示。根据国家标准规定,钢加热到（930±10）℃,保温 8h 冷却后测得的晶粒度称为本质晶粒度（图 2-5）。一般采用标准晶粒度等级图,用比较的方法来测定钢的奥氏体晶粒大小。晶粒度通常分为 8 级,1~4 级为粗晶粒,5~8 级为细晶粒。如果测得的结果为细晶粒,则该钢称为本质细晶粒钢,反之称为本质粗晶粒钢。本质细晶粒钢在 930 ℃以下加热时晶粒长大的倾向小,容易进行热处理。对本质粗晶粒钢进行热处理时,需严格控制加热温度。

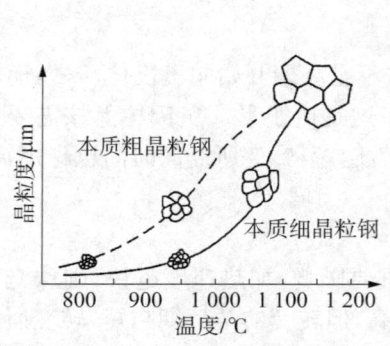

图 2-5 本质晶粒度随温度变化示意图

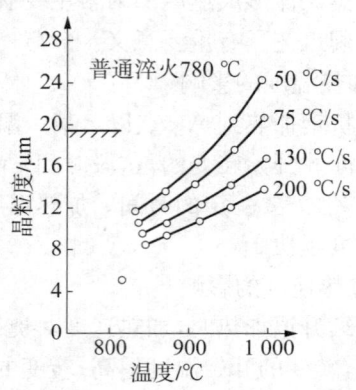

图 2-6 加热速度对 T10 钢奥氏体晶粒尺寸的影响

2) 影响奥氏体晶粒度的因素

(1) 加热温度和保温时间。奥氏体刚形成时晶粒是细小的,但随着温度升高晶粒将逐渐长大。温度越高,晶粒长大越明显。在一定温度下,保温时间越长,奥氏体晶粒也越粗大。

(2) 加热速度。如图 2-6 所示,当加热温度一定时,加热速度越快,奥氏体晶粒越细小。这是因为加热速度越快、过热度越大,奥氏体形核率越高,初始奥氏体晶粒就越细小。在给定温度下短时保温,奥氏体不长大,就可以获得细晶奥氏体。实际生产中常采用快速加热、短时保温的方法获得细晶组织。

(3) 钢的化学成分。奥氏体中的含碳量增高时,晶粒长大的倾向增大。若碳以未溶碳化物的形式存在,则碳有阻碍晶粒长大的作用。

钢中加入能形成稳定碳化物的元素(如 Ti、Nb、V 等)和能生成氧化物与氮化物的元素(如 Al 等),有利于获得本质细晶粒钢。如图 2-7 所示,细小的碳化物、氧化物和氮化物弥散分布在晶界处,对晶界起钉扎作用,能阻碍晶粒长大;而 Mn 和 P 是促进晶粒长大的元素。

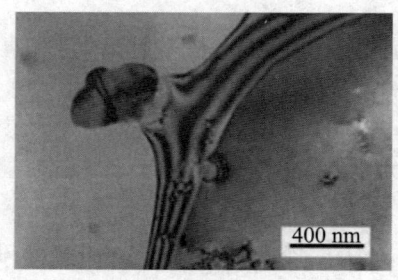

图 2-7 析出第二相颗粒对晶界的钉扎作用

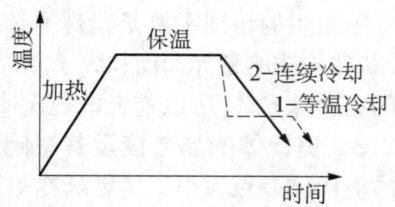

图 2-8 奥氏体冷却方式示意图

2.2.4 钢在等温冷却时的转变

冷却是热处理重要的工序。冷却的方式通常有两种:一种是等温冷却,即将钢迅速冷却到临界点以下的给定温度,进行保温,在该温度恒温转变,如图 2-8 中曲线 1 所示;另一种是连续冷却,即将钢以某种速度连续冷却,使其在临界点以下变温连续转变,如图2-8中曲线2所示。

从铁碳相图可知,当温度在 A_1 以上时,奥氏体是稳定的,能长期存在。当温度降到 A_1 以下后,奥氏体即处于过冷状态,这种奥氏体称为过冷奥氏体(过冷A)。过冷奥氏体是不稳定的,它会转变为其他组织。钢在冷却时的转变,实质上是过冷奥氏体的转变。下面以共析钢为例,说明钢在等温冷却时的转变。

共析钢过冷奥氏体的等温转变过程和转变产物可用其等温转变曲线(TTT曲线)图来分析。如图2-9所示,过冷奥氏体等温转变曲线的形状像英文字母C,故又简称C曲线。C曲线的左边一条线为过冷奥氏体转变开始线,右边一条线为过冷奥氏体转变终了线。图中 M_s 线是过冷奥氏体转变为马氏体(M)的开始温度,M_f 是过冷奥氏体转变为马氏体的终了温度。奥氏体从过冷到转变开始这段时间称为孕育期,孕育期的长短反映了过冷奥氏体的稳定性大小。在C曲线的"鼻尖"处(约550℃)孕育期最短,过冷奥氏体的稳定性最小。

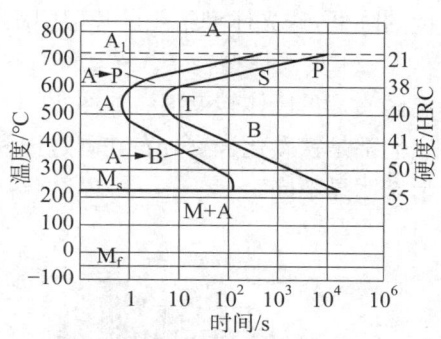

图2-9 共析钢过冷奥氏体等温转变曲线

1) 共析钢过冷奥氏体的等温冷却转变

共析钢过冷奥氏体的等温冷却转变包括珠光体型转变和贝氏体型转变两种。

(1) 珠光体型转变。在 A_1 ~550℃之间,过冷奥氏体的转变产物为珠光体型组织。如图2-10所示,珠光体型组织包括珠光体(P)、索氏体(S)和屈氏体(T),它们都是铁素体和渗碳体的机械混合物,没有本质上区别,只是铁素体和渗碳体层片粗细不同。

(a) 珠光体 (b) 索氏体 (c) 屈氏体

图2-10 珠光体型组织的形态

过冷奥氏体向珠光体的转变是一种扩散型的形核、长大过程,是通过碳、铁的原子扩散和晶体结构的重构来实现的。因此,转变温度对转变产物的组织和性能有显著影响。在 A_1 ~600℃之间,过冷奥氏体的转变产物为珠光体,它的片间距为450~150 nm。在650~600℃之间,过冷奥氏体的转变产物为索氏体,它的片间距为150~80 nm。在600~550℃之间,过冷奥氏体的转变产物为屈氏体,它的片间距为80~30 nm,在光学显微镜下根本无法分辨其层片状特征,只有在电子显微镜下才能分辨出铁素体和渗碳体的片层形态。珠光体、索氏体和屈氏体的力学性能列于表2-1中。综合分析图2-10和表2-1可以发现,随着过冷奥氏体转变温

表 2-1 珠光体、索氏体和屈氏体的力学性能

显微组织名称	布氏硬度/HB	屈服强度/MPa	抗拉强度/MPa	断面收缩率
珠光体	280	520	980	24%
索氏体	330	680	1 130	35%
屈氏体	380	810	1 300	43%

度的降低,珠光体型组织的片层间距逐渐减小,力学性能指标逐渐提高。

(2) 贝氏体型转变。在550℃～M_s之间,过冷奥氏体等温转变产物为贝氏体型组织,此温区又称贝氏体转变区。如图2-11、图2-12所示,贝氏体型组织包括上贝氏体和下贝氏体,它们都是铁碳化合物分布在碳过饱和的铁素体基体上的两相混合物,区别在于上、下贝氏体的形态明显不同。

 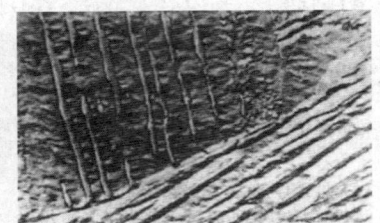

(a) 光学显微镜下　　　　　　　(b) 电子显微镜下

图 2-11　上贝氏体组织的形态

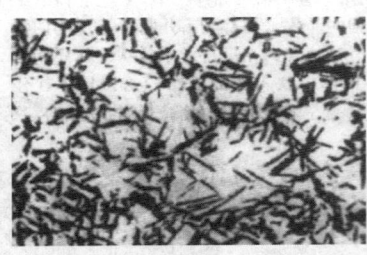 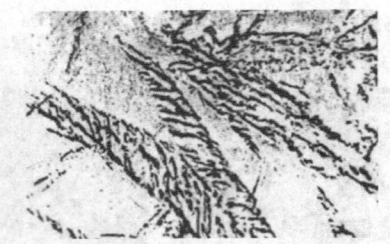

(a) 光学显微镜下　　　　　　　(b) 电子显微镜下

图 2-12　下贝氏体组织的形态

过冷奥氏体向贝氏体型组织转变属于半扩散型转变,铁原子不扩散而碳原子有一定扩散能力。转变温度越低,碳化物越细小。在350～550℃之间,过冷奥氏体的转变产物为上贝氏体,显微组织呈羽毛状,小片状的渗碳体分布在成排的铁素体片之间。在350℃～M_s之间,过冷奥氏体转变产物称为下贝氏体。在光学显微镜下,下贝氏体为黑色针状,在电子显微镜下可看到在铁素体针内沿一定方向分布着细小的铁碳化合物颗粒。贝氏体的机械性能与其形态有关。上贝氏体铁素体片较宽,塑性变形抗力较低;同时,渗碳体分布在铁素体片之间,容易引起脆断,强度和韧性都较差。下贝氏体铁素体针细小,无方向性,碳的过饱和度大,位错密度高,且碳化物分布均匀,弥散度大,所以硬度高且韧性好,是一种具有较好应用价值的组织。

2) 亚共析钢过冷奥氏体的等温转变

亚共析钢过冷奥氏体的等温转变曲线如图2-13a所示。与共析钢C曲线不同的是,在其

上方多了一条过冷奥氏体转变为铁素体的转变开始线。亚共析钢随着含碳量的增加，C曲线位置往右移，同时M_s、M_f线往下移。

亚共析钢的过冷奥氏体等温转变过程与共析钢的相类似。区别在于高温转变区过冷奥氏体将先有一部分转变为铁素体，降温至A_{r1}以下，剩余的过冷奥氏体再转变为珠光体型组织。如45钢过冷奥氏体在600～650℃等温转变的产物是F+S。

3) 过共析钢过冷奥氏体的等温转变

过共析钢过冷奥氏体的C曲线见图2-13c。C曲线的上部为过冷奥氏体中析出二次渗碳体(Fe_3C_{II})的开始线。在一般热处理加热条件下，随着含碳量的增加，过共析钢的C曲线位置向左移，同时M_s、M_f线往下移。过共析钢的过冷奥氏体在高温转变区，将先析出Fe_3C_{II}，降温至A_{r1}以下，剩余的过冷奥氏体再转变为珠光体型组织。如T10钢过冷奥氏体在A_1～650℃等温转变的产物是$Fe_3C_{II}+P$。

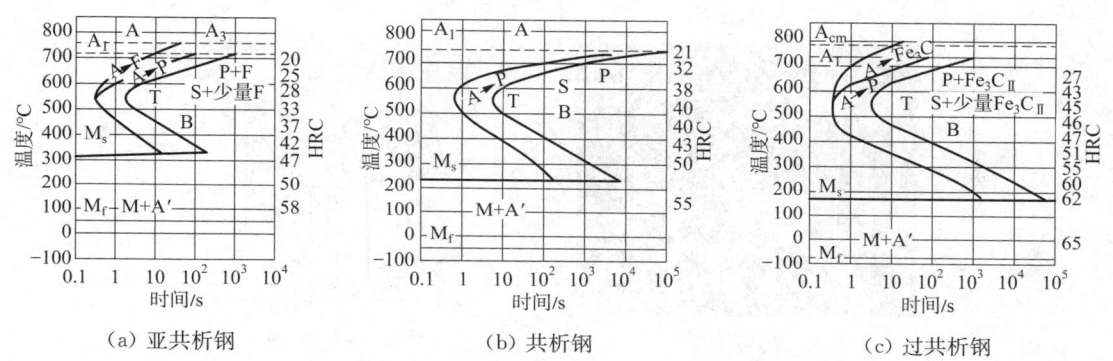

(a) 亚共析钢　　　　(b) 共析钢　　　　(c) 过共析钢

图2-13　亚共析钢、共析钢和过共析钢的TTT曲线

等温转变曲线(TTT曲线)的下部是马氏体转变相区，其开始线与终了线是两条水平线，所以过冷奥氏体向马氏体的转变需要采用下穿两条相变线的连续冷却方式。

2.2.5　钢在连续冷却时的转变

在实际生产中，连续冷却也是常用的冷却方式。

图2-14是共析钢过冷奥氏体的连续冷却转变曲线(CCT曲线)与等温转变曲线(TTT曲线)的比较。由图可以看出，CCT曲线位于TTT曲线的右下方，表明在连续冷却转变过程中过冷奥氏体的转变温度低于相应的等温转变温度，且孕育期较长。大量试验证明，其他钢种也具有同样的规律。CCT曲线与TTT曲线的另一个区别是CCT曲线中没有TTT曲线的下半部分，即共析钢在连续冷却时不发生贝氏体转变。这是因为在连续冷却时，过冷奥氏体通过中温区域所经历的时间很短，不足以达到贝氏体转变所必需的孕育效果，奥氏体向贝氏体的转变几乎不能进行。

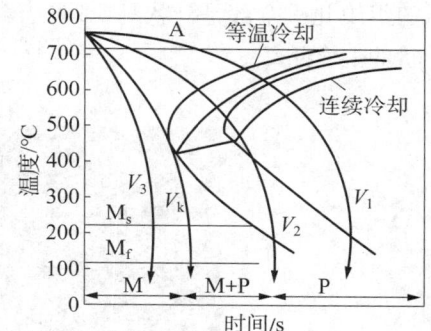

图2-14　共析钢过冷奥氏体的连续冷却转变曲线与等温转变曲线的比较

由图2-14可知，共析钢以大于V_k的速度冷却时，由于没有遇到珠光体转变线，得到的组织为马氏体，这个冷却速度称为临界冷却速度。V_k越小，钢越易得到马氏体。冷却速度小于

V_k 时,钢将全部转变为珠光体型组织。

在 $M_s \sim M_f$ 之间,过冷奥氏体的转变产物为马氏体型组织。马氏体是碳在 α-Fe 中的过饱和固溶体,用 M 表示。马氏体具有很高的强度和硬度,故马氏体转变是钢件热处理强化的主要手段。马氏体转变发生在较低温度下,铁原子和碳原子都不能进行扩散,马氏体转变过程中的晶格改组是通过快速切变方式完成的,所以,马氏体转变是典型的非扩散型相变。

马氏体的组织形态有多种多样,其中最为常见的是板条马氏体和片状马氏体。如图 2-15 所示,板条马氏体立体形态为细长的扁棒状,在光镜下板条马氏体为许多群的细条组织。每群内条与条之间尺寸大致相同并呈平行排列,一个原始奥氏体晶粒内可形成几个取向不同的马氏体群,一个马氏体群内又分为若干马氏体束,一个马氏体束内又分为若干马氏体板条。在电镜下,板条内的亚结构主要是高密度的位错,故又称位错马氏体。

(a) 板条马氏体

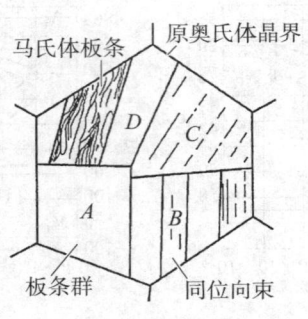
(b) 结构示意图

图 2-15 板条马氏体形态(光学显微镜下)

如图 2-16 所示,针状马氏体立体形态为双凸透镜形的片状。显微组织为针状。在电镜下,亚结构主要是孪晶,又称孪晶马氏体。过冷奥氏体转变后的马氏体形态主要取决于其含碳量:含碳量小于 0.2% 时,转变后的组织几乎全部是板条马氏体;含碳量大于 1.0% 时,转变后的组织几乎全部是针状马氏体;当含碳量在 0.2%~1.0% 之间时,转变后的组织为板条与针状的混合组织。

(a) 针状马氏体

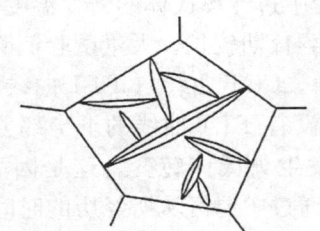
(b) 结构示意图

图 2-16 针状马氏体形态(光学显微镜下)

高硬度是马氏体性能的主要特点。如图 2-17 所示,马氏体的硬度主要取决于其含碳量。

含碳量增加,其硬度增加。当含碳量大于 0.6% 时,其硬度趋于平缓。合金元素对马氏体硬度的影响不大。马氏体强化的主要原因是过饱和碳引起的固溶强化。此外,马氏体转变产生的组织细化也有强化作用。马氏体的韧性也与钢的含碳量有关,含碳量低的板条马氏体具有较好的韧性,含碳量较高的针状马氏体脆性大。

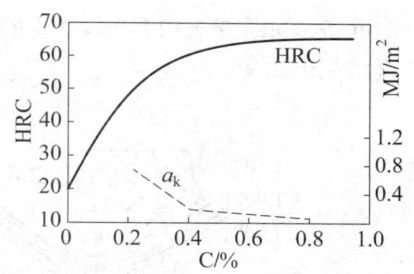

图 2-17 含碳量对马氏体力学性能的影响

马氏体转变也是形核和长大的过程。其主要特点如下:

(1) 无扩散性。铁和碳原子都不扩散,因而马氏体的含碳量与奥氏体的含碳量相同。

(2) 共格切变性。由于无扩散,晶格转变是以切变机制进行的,使得切变部分的形状和体积发生变化,引起相邻奥氏体随之变形,在预先抛光的表面上产生浮凸现象。

(3) 降温形成。马氏体转变开始的温度称上马氏体点,用 M_s 表示。马氏体转变终了的温度称下马氏体点,用 M_f 表示。只要温度达到 M_s 以下即发生马氏体转变。在 M_s 以下,随温度下降,转变量增加,若冷却中断,则转变停止。

(4) 高速长大。马氏体形成速度极快,瞬间形核,瞬间长大。当一片马氏体形成时,可能因撞击作用使已形成的马氏体产生裂纹。

(5) 转变不完全。过冷奥氏体即使冷却到 M_f 点以下,也不可能获得 100% 的马氏体,总有部分奥氏体未能转变而残留下来,称为残余奥氏体,用 A' 表示。马氏体转变后,A' 量随含碳量的增加而增加,当含碳量达 0.5% 后,A' 量才显著增加。

过共析钢的 CCT 曲线也无贝氏体转变区,但比共析钢的 CCT 曲线多一条 $A \rightarrow Fe_3C$ 转变开始线。由于 Fe_3C 的析出,奥氏体中含碳量下降,因而 M_s 线右端升高。亚共析钢的 CCT 曲线有贝氏体转变区,还多 $A \rightarrow F$ 开始线,F 析出使 A 含碳量升高,因而 M_s 线右端下降。

钢在连续冷却过程中可以穿过多个相区,每穿过一个相区,钢中就会形成对应的组织,所以,连续冷却可以获得多相混合组织。图 2-18 是 45 钢的 850 ℃ 油冷淬火组织,由于冷速小于临界冷速,穿过屈氏体转变相区,最后获得马氏体+屈氏体混合组织。

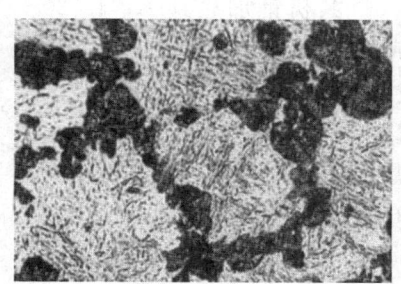

图 2-18 45 钢的 850 ℃ 油冷淬火组织(M+T)

2.3 钢的退火与正火

机械零件的一般加工工艺为:毛坯(铸、锻)→预备热处理→机加工→最终热处理。退火与正火主要用于预备热处理,淬火与回火主要用于最终热处理。本节先介绍两种预备热处理工艺。

2.3.1 钢的退火

退火是将组织偏离平衡状态的钢加热到适当的温度,经保温后随炉缓慢冷却下来,以获得接近平衡状态组织的热处理工艺。退火目的主要有三点:①调整硬度,便于切削加工,最适合加工的硬度为 170~250 HB;②消除内应力,防止加工中变形;③细化晶粒,为最终热处理做组织准备。如图 2-19 所示,常用的有完全退火、等温退火、球化退火、扩散退火、去应力退火和再结晶退火等。

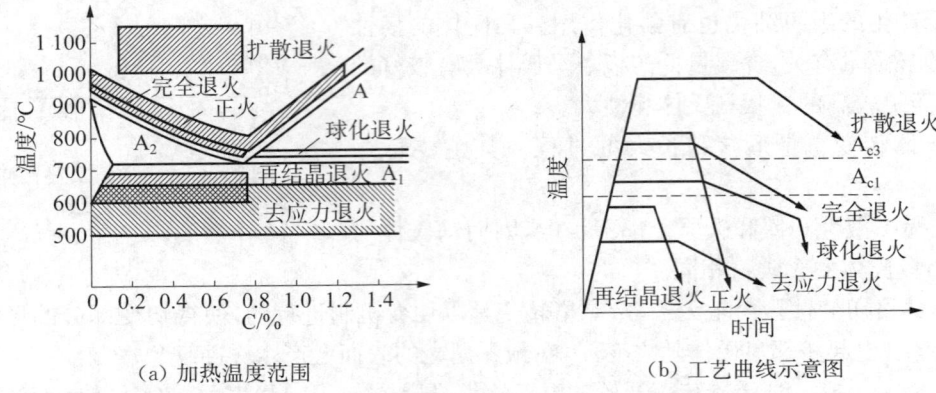

(a) 加热温度范围　　(b) 工艺曲线示意图

图 2-19　各种退火和正火工艺

1) 完全退火

完全退火又称重结晶退火,是将工件加热到 $A_{c3}+(20\sim30)$℃ 保温后缓冷的退火工艺。完全退火主要用于亚共析钢,其目的是:通过重结晶,使热加工下造成的粗大、不均匀的组织细化和均匀化,以提高性能;或使中碳以上的碳钢和合金钢得到接近平衡状态的组织,以降低硬度,改善切削加工性能;还可消除工件内应力。

2) 等温退火

等温退火是将亚共析钢加热到 $A_{c3}+(20\sim30)$℃,共析、过共析钢加热到 $A_{c1}+(20\sim30)$℃,保温后快冷到 A_{r1} 以下的某一温度下停留,待相变完成后出炉空冷的退火工艺。与完全退火相比,等温退火可缩短工件在炉内停留时间,更适合于孕育期长的合金钢。

3) 不完全退火

不完全退火是将工件加热到 A_{c1} 和 A_{c3}(或 A_{ccm})之间保温后缓冷的退火工艺。不完全退火主要用于亚共析钢,以取代完全退火,降低成本。过共析钢的不完全退火则成为球化退火。

4) 球化退火

球化退火是将工件加热到 $A_{c1}+(20\sim30)$℃保温后缓冷,或者加热后冷却到略低于 A_{r1} 的温度下保温,使珠光体中的渗碳体球化后出炉空冷。其特征是将钢中渗碳体球状化,主要用于共析钢和过共析钢。

如图 2-20 所示,在铁素体基体上分布着颗粒状渗碳体的组织,称为球状珠光体,用 $P_{球}$ 表示。球状珠光体中颗粒状渗碳体没有破坏铁素体基体的连续性,因此其综合力学性能优于普通珠光体。需要指出的是:对于有较厚网状二次渗碳体的过共析钢,不利于渗碳体球化;球化退火前应先进行正火,以消除网状。

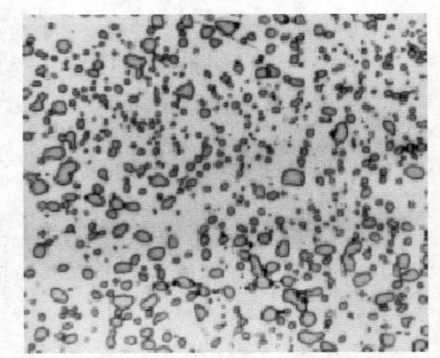

图 2-20　球状珠光体

5) 扩散退火

为减少钢锭、铸件或锻件的化学成分和组织不均匀性,将其加热到略低于固相线的温度,长时间保温并进行缓慢冷却的热处理工艺,称为扩散退火或均匀化退火。扩散退火的加热温度一般选定在钢的熔点以下 100~200 ℃,保温时间为 10~15 h。加热温度提高时,扩散时间可以缩短。扩散退火后钢的晶粒很粗大,因此通常还要再进行完全退火或正火处理。

6) 去应力退火和再结晶退火

去应力退火和再结晶退火是指为了消除铸造、锻造、焊接和机加工、冷变形等冷热加工在工件中造成的残余应力而进行的低温退火。这两种退火的加热温度均低于 A_1,对应热处理原理是回复和再结晶,其目的是消除内应力而又不引起组织变化。

2.3.2 钢的正火

正火是将亚共析钢加热到 $A_{c3}+(20\sim30)$ ℃,共析钢加热到 $A_{c1}+(20\sim30)$ ℃,过共析钢加热到 $A_{ccm}+(20\sim30)$ ℃保温后空冷的热处理工艺。正火比退火冷却速度大。正火后得到的组织更细:当钢中含碳量小于 0.6%时,正火组织为 F+S;当含碳量大于等于 0.6%时,正火组织为 S。

正火的目的主要有三个方面:

1) 用于预备热处理

对于低、中碳钢(含碳量≤0.6%),目的与退火的相同。对于过共析钢,用于消除网状二次渗碳体,为球化退火做组织准备。

2) 用作普通件最终热处理

正火可以细化晶粒,使组织均匀化,减少亚共析钢中铁素体含量,使珠光体含量增多并细化,从而提高钢的强度、硬度和韧性。对于普通结构钢零件,机械性能要求不很高时,可以正火作为最终热处理。

3) 用于改善切削性能

低碳钢用正火可以提高硬度,以防止在机械加工过程中出现黏刀现象。

2.3.3 退火和正火的选用

在一个成熟的工业企业里,热处理工艺是按照企业工艺规程制订的。某个在产工件的热处理是选用退火还是正火,工艺规程中有明确规定。但是,在研新产品通常是没有列入工艺规程的,退火和正火的选用应当根据钢种、冷、热加工工艺、工件的使用性能及经济性等方面综合考虑。具体如下:

首先,要考虑两种工艺的主要区别:正火的冷却速度稍快,过冷度较大;正火后所得到的组织比较细,强度和硬度较高。其次,从切削加工性上考虑,低、中碳结构钢及低合金结构钢选用正火作为预备热处理较为合适,高碳结构钢和工具钢以退火(球化退火)为好,中碳以上合金钢也选退火。再次,从使用性能上考虑,如果工件受力不大、性能要求不高,可选用正火作为最终热处理。最后,从经济成本上考虑,正火比退火生产周期短,设备利用率高,操作简单,应尽可能用正火代替退火。

2.3.4 退火和正火件的缺陷及防止方法

工件在退火或正火的过程中,会产生过热、过烧、氧化、脱碳、变形和裂纹等缺陷。由于退火和正火的冷却速度较低,出现的缺陷以过热、过烧、氧化和脱碳为主。

1) 过热和过烧

工件在加热时,因为温度过高或时间过长造成奥氏体晶粒粗大的现象称为过热。所有热处理工艺都可能产生过热缺陷,过热粗大的奥氏体组织还会向冷却转变组织遗传,导致工件室温组织粗大。因此,过热的工件强度和韧性降低,容易产生脆性断裂等危害,严重的过热有必要进行补救。通常过热补救措施是进行一次细化晶粒退火或正火。另外,由于温度太高导致奥氏体晶界处局部熔化或者发生氧化的现象称为过烧。所有热处理工艺都可能产生过烧缺陷,产生的原因主要是设备失灵或操作不当。过烧是严重的加热缺陷,工件一旦过烧无法补救,只能报废。

2) 氧化和脱碳

工件在加热时与周围的加热介质相互作用,通常会产生氧化和脱碳等现象。所有热处理工艺都可能产生氧化和脱碳缺陷。氧化会使工件尺寸减小,表面粗糙度升高,并且会影响工件的冷却速度,进而使工件出现软点或硬度不足等次生缺陷。工件表面脱碳会降低工件表面硬度和耐磨性,并会降低其疲劳强度。因此,热处理加热时,在获得均匀化奥氏体的同时,必须注意防止氧化和脱碳缺陷。在空气介质炉中加热时,防止氧化和脱碳最简单的方法是在炉子升温加热时向炉内加入无水分的木炭,以改变炉内气氛,减少氧化和脱碳。此外,采用真空炉、盐浴炉加热、用铸铁屑覆盖工件表面,或是在工件表面覆盖涂层等方法都可有效地防止或减少工件的氧化和脱碳。

2.4 钢的淬火

淬火与回火主要用于最终热处理。通常淬火与回火联合使用,未经淬火的钢回火是没有意义的。淬火是将钢加热到临界点以上,保温后以大于 V_k 速度冷却,使奥氏体转变为马氏体的热处理工艺。淬火是应用最广的热处理工艺之一。淬火目的是为提高钢的性能,主要包括三方面:①提高工具、渗碳零件的强硬性和耐磨性;②结构钢通过淬火和回火获得综合机械性能;③改善钢的物理和化学性能。

2.4.1 淬火工艺

淬火工艺主要包括淬火温度、淬火介质和淬火方法。

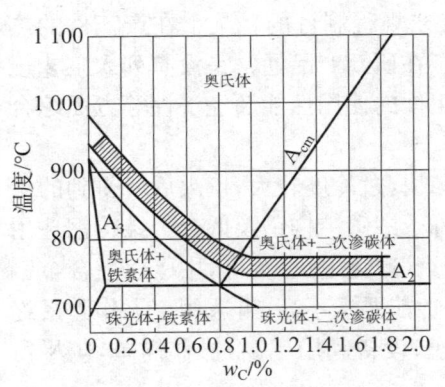

图 2-21 钢的淬火温度范围

如图 2-21 所示,亚共析钢淬火温度为 $A_{c3}+(20\sim30)℃$,淬火组织为 M 或 $M+A'$(当含碳量大于 0.5% 时)。共析钢和过共析钢淬火温度为 $A_{c1}+(20\sim30)℃$,淬火组织为 $M+Fe_3C$ 颗粒$+A'$。如果过共析钢淬火温度高于 A_{ccm},则奥氏体晶粒粗大、含碳量高,淬火后马氏体晶粒粗大、A'量增多,使钢硬度、耐磨性下降,脆性、变形开裂倾向增加。所以,过共析钢淬火温度要避免超过 A_{ccm}。

由于多数合金元素(Mn、P 除外)对奥氏体晶粒长大有阻碍作用,因而合金钢淬火温度比碳钢高。亚共析合金钢淬火温度为 $A_{c3}+(50\sim100)℃$,共析钢和过共析合金钢淬火温度为 $A_{c1}+(50\sim100)℃$。

淬火冷却速度是由冷却介质控制的。如表 2-2 所示,常用的淬火冷却介质有水、水溶液、油、乳化液、熔盐。其中水的冷却能力强,但只适用于形状简单的碳钢件。油在低温区冷却能力较理想,但在高温区的冷却能力太小,适用于合金钢和小尺寸的碳钢件。熔盐作为淬火介质又称盐浴,冷却能力在水和油之间,用于形状复杂件的分级淬火和等温淬火。另外,聚乙烯醇、乙二醇等有机物水溶液也是常见的淬火介质,冷却能力强于水。

表 2-2 常用淬火介质的冷却特性

名称	最大冷却速度时[1]		平均冷却速度时[1]/(℃/s)	
	所在温度/℃	冷却速度/(℃/s)	650 ℃~550 ℃	300 ℃~200 ℃
静止自来水,20 ℃	340	775	135	450
静止自来水,40 ℃	285	545	110	410
静止自来水,60 ℃	220	275	80	185
10% NaCl 水溶液,20 ℃	580	2 000	1 900	1 000
15% NaOH 水溶液,20 ℃	560	2 830	2 750	775
5% Na$_2$CO$_3$ 水溶液,20 ℃	430	1 640	1 140	820
3 号锭子油,20 ℃	500	120	100	50

[1] 冷却速度由 ϕ20 mm 钢球所测得。

如图 2-22 所示,理想的冷却曲线应只在 C 曲线鼻尖处快冷,而在 M_s 附近尽量缓冷,以达到既获得马氏体组织,又减小内应力的目的。但是,单一的冷却介质很难达到理想的冷却速度,而采用不同的淬火方法可弥补这种不足。如图 2-23 所示,常用的冷却方法有 4 种。

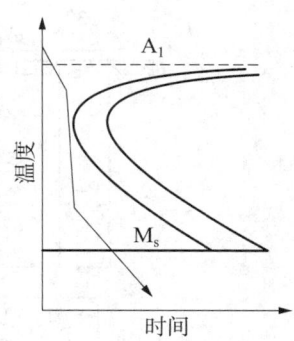 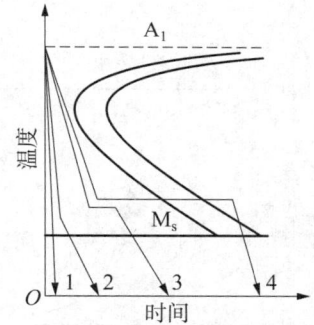

图 2-22 钢的理想淬火冷却曲线示意图　　图 2-23 常用的冷却方法示意图

1) 单介质淬火法

如图 2-23 中工艺曲线 1 所示,这是将加热工件在一种冷却介质中连续冷却到室温的淬火方法。这种淬火方法操作简单,易实现自动化。

2) 双介质淬火法

如图 2-23 中工艺曲线 2 所示,这是工件先在一种冷却能力强的介质中冷却过鼻尖后,再在另一种冷却能力较弱的介质中发生马氏体转变的方法,如水淬油冷、油淬空冷等。该方法的优点是冷却效果理想,缺点是过程不易掌控。主要用于形状复杂的碳钢件及大型合金钢件。

3) 分级淬火法

如图 2-23 中工艺曲线 3 所示,这是在 M_s 附近的盐浴或碱浴中淬火,待内外温度均匀后再取出缓冷的方法。其优点是可减小工件内应力,主要用于小尺寸工件。

4) 等温淬火法

如图 2-23 中工艺曲线 4 所示,这是将工件在稍高于 M_s 的盐浴或碱浴中保温足够长时间,从而获得下贝氏体组织的淬火方法。经等温淬火的零件具有良好的综合力学性能,淬火应力小,适用于形状复杂及要求较高的小型件。

除了上述4种淬火工艺,还有一种常用于表面淬火的工艺——喷射淬火法。如图2-24所示,喷射淬火法是利用感应加热工件,在冷却过程中直接向工件表面喷射带有压力的冷却介质的淬火工艺。喷射淬火法适用于各类淬火机床,尤其是表面淬火机床。

2.4.2 淬透性

淬透性是指钢在淬火时获得马氏体(淬硬层深度)的能力。其大小是用规定条件下淬硬层深度来表示。淬硬层深度是指由工件表面到半马氏体区(50% M+50% P)的深度。如图2-25所示,工件表面到心部硬度梯度的一半位置正好和半马氏体点位置重合,因此生产中采用打硬度的方式来测量淬硬层深度。淬透性是钢的重要工艺性能,也是选材和制订热处理工艺的重要依据之一。

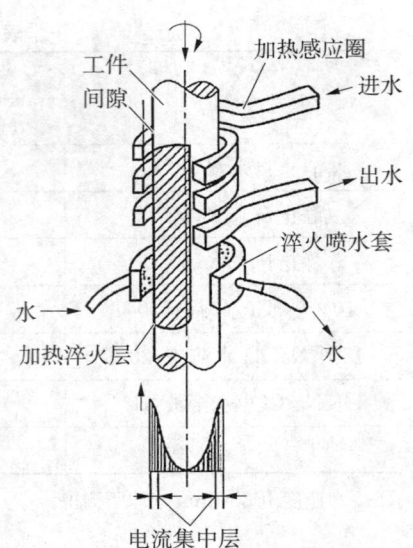

图 2-24 喷射淬火法

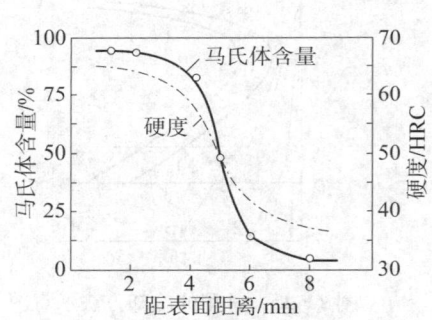

图 2-25 淬硬层深度与马氏体含量的关系

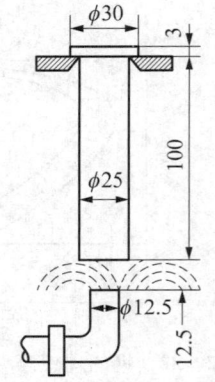

图 2-26 末端淬火试验示意图

同一材料的淬硬层深度与工件尺寸、冷却介质有关。工件尺寸小、淬火介质冷却能力强,淬硬层深。不同材料之间的淬透性比较是通过规定条件下获得的淬硬层深度来确定的。常用的淬透性试验有末端淬火法和临界淬透直径法两种。

1) 淬透性测试方法

图2-26是GB/T 226规定的末端淬火试验示意图。如果测定某试样半马氏体区到水冷端的距离为6 mm,半马氏体区的硬度为40 HRC,则采用J40/6表示该试样的淬透性。

在生产中也常用"临界直径"来表示钢的淬透性。它采用圆柱形试样在某种淬火介质中淬火时,心部刚好为半马氏体组织(50%M)的最大圆柱直径,用D_0表示。显然,在相同的冷却条件下,D_0值越大,则钢的淬透性也越大。表2-3列出了几种常用钢在水和油中淬火时的临界淬透直径。

2) 影响淬透性的因素

钢的淬透性取决于临界冷却速度V_k,V_k越小,淬透性越高。V_k取决于C曲线的位置,

表 2-3 常用钢在水或油中淬火时的临界淬透直径

钢号	D_0(水)/mm	D_0(油)/mm	心部组织
45	10~18	6~8	50%M
60	20~25	9~15	50%M
40Mn	18~38	10~18	50%M
40Cr	20~36	12~24	50%M
18CrMnTi	32~50	12~20	50%M
T8~T12	15~18	5~7	50%M

C 曲线越靠右，V_k 越小，因而凡是影响 C 曲线的因素都是影响淬透性的因素。即除 Co 外，凡溶入奥氏体的合金元素都使钢的淬透性提高；奥氏体化温度高、保温时间长也使钢的淬透性提高；未溶第二相会降低淬透性。

3) 淬透性的应用

对于截面承载均匀的重要件要全部淬透，如螺栓、连杆和冲压模具等。对于承受弯曲、扭转的零件可不必淬透（淬硬层深度一般为半径的 1/2~1/3），如轴类、齿轮等。淬硬层深度与工件尺寸有关，设计时应注意尺寸效应。

另外，还有一个与淬透性很接近的概念——淬硬性。它是指钢淬火后所能达到的最高硬度，即硬化能力。影响淬硬性的主要因素是钢中含碳量。

2.4.3 淬火件的缺陷及防止方法

工件在淬火过程中，会产生过热、过烧、氧化、脱碳、变形和裂纹等缺陷。其中过热、过烧、氧化和脱碳已经在退火和正火部分介绍过了，本节主要讲解淬火应力、变形和裂纹。

1) 淬火应力

淬火时在工件中形成的内应力是造成变形和裂纹的根本原因。当内应力超过材料的屈服强度时便引起工件变形，当内应力超过材料的断裂强度时便造成工件裂纹。根据内应力产生的原因不同，可分为热应力（温度应力）和组织应力（相变应力）两大类。

(1) 热应力。工件在加热或冷却时，由于不同部位存在着温度差别而导致热胀或冷缩不一致所引起的应力称为热应力。如图 2-27 所示，淬火急冷热应力有两个特点：一是使零件表

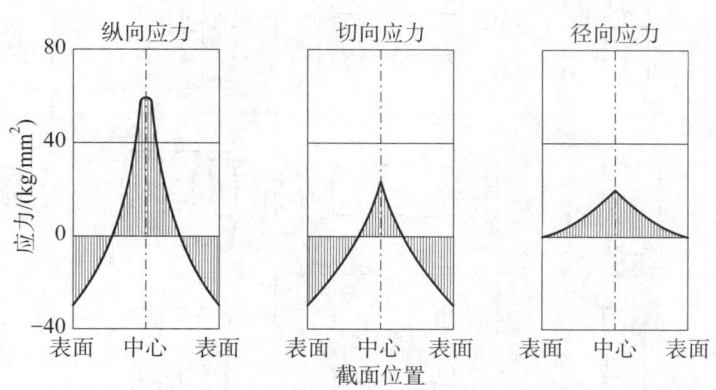

图 2-27 30钢（ϕ44 mm 圆柱）700℃冰水冷却淬火后的残余热应力

面产生压应力,心部产生拉应力;二是轴类工件心部的轴向拉应力比较大。常见的大型轴类零件如轧辊等,因冷却后轴向残余应力很大,再加上心部往往存在气孔、夹杂、锻造裂纹等缺陷,故容易造成横向裂纹。这是热应力对大型零件造成不利的一面,但对一般形状简单的小轴零件还有其有利的一面,即所产生的表面压应力可提高其抗疲劳能力。

(2) 组织应力。指在热处理过程中各部位冷速的差异使工件各部位组织转变的不同时性所引起的应力。奥氏体转变为马氏体将造成显著的体积膨胀,在淬火时工件表面先发生马氏体相变,心部后发生相变,体积膨胀不一致,导致组织应力。通常,组织应力引起的残余应力与热应力正好相反,表面为拉应力,心部为压应力。组织应力大小与钢的化学成分、冶金质量、工件结构尺寸、导热性及在马氏体温度范围的冷速和钢的淬透性等因素有关。

实际工件在淬火冷却过程中,在组织转变发生之前只有热应力产生,到 M_s 点以下则热应力与组织应力同时发生,且以组织应力为主。这两种应力综合的结果,便决定了钢件中实际存在的内应力。但这种综合作用是十分复杂的,在各种因素作用下,有时因两者的方向相反而起着抵消或削弱的作用,有时又因两者的方向相同而起着加强作用。

消除淬火内应力的常用办法有三种:一是尽量保证受热均匀,防止加热时变形;二是对形状复杂或导热性差的高合金钢工件,采用缓慢加热或多段预热加热工艺;三是选择残余应力小的冷却介质和淬火方法。

2) 淬火变形

淬火件的变形包括尺寸变化和几何形状变化两种。前者是由于热处理过程中工件体积变化所引起的,它表现为工件体积按比例地胀大或缩小(又称体积变化);后者是以扭曲或翘曲、弯曲的形式表现出来的(又称弯曲变形)。生产实践中工件的变形,通常是尺寸变化和几何形状变化的组合。

淬火变形主要是由于工件在热处理时产生的内应力所造成的。如表 2-4 所示,热应力通常使平面变为凸面,直角变为钝角,长的方向变短,短的方向增长。即使零件趋向球形;组织应力引起工件变形的特点与热应力相反,它使平面变凹,直角变锐,长的方向变长,短的方向变

表 2-4 在热应力与组织应力作用下几种简单零件的变形示意图

项目	轴类	圆平板	带孔的圆柱体	带孔的扁圆体
原始形状	d、L	D、L	D、d、L	D、d、L
热应力变形	$d+L-$	$D-L+$	$d-D+L-$	$d+D-L+$
组织应力变形	$d-L+$	$D+L-$	$d+D-L+$	$d-D+L-$

短,也即,使尖角趋向突出。

能够降低内应力的措施,都可以减小淬火件变形。对于已经产生变形的工件,可以采用机械压力校正等办法来减小或消除变形。

3) 淬火裂纹

如果说淬火件仅产生变形尚能设法校正,那么开裂工件则只能报废。因此,研究工件淬火开裂的原因,掌握其规律并提出防止措施,具有十分重要的意义。产生淬火裂纹的原因主要有两方面:一是拉应力超过材料的断裂强度;二是内应力虽没有超过断裂强度,但材料内部存在缺陷。淬火裂纹的类型主要有五种:纵向裂纹、横向裂纹、网状裂纹、剥离裂纹和显微裂纹。下面就分析这五种裂纹的特点、产生原因及防止措施。

(1) 纵向裂纹。又称轴向裂纹,它多半产生在全部淬透的工件上,往往是由于冷却过快、组织应力过大而形成。另外,原材料中热处理前的既存裂纹、大块非金属夹杂物、严重的碳化物带状偏析等缺陷也是不容忽视的原因。

(2) 横向裂纹。往往是工件被部分淬透时,在淬硬层与心部的过渡区内产生的。截面较大的高碳钢工件往往会出现这类裂纹。此外,在某些有尖角、凹槽和孔的零件中,也常常产生这种裂纹。适当提高淬火温度、增加工件的淬硬层深度等,都有助于减少这类裂纹的形成。

(3) 网状裂纹。为一种表面裂纹,其深度较浅,一般在 0.01~2mm 范围内,其裂纹往往呈任意方向,构成网状,而与工件外形无关。表面脱碳的高碳钢件极易形成网状裂纹,这是由于表面脱碳后,其马氏体比容较小,在表面形成拉应力所致。

(4) 剥离裂纹。一般产生在平行表面的皮下处。表面淬火工件淬硬层的剥落及化学热处理后沿扩散层出现的表面剥落等均属剥离裂纹。

(5) 显微裂纹。由微观应力的作用造成。显微裂纹只有在显微镜下才能观察到。钢中存在显微裂纹,可显著降低淬火工件的强度和塑性。

2.5 钢的回火

为了消除内应力并获得所要求的组织和性能,将淬火钢加热到 A_1 以下的某温度保温后冷却的工艺称为回火。

淬火与回火组合成钢的最终热处理,未经淬火的钢回火无意义。回火的作用主要有四个方面:①减少或消除淬火内应力,防止变形或开裂;②获得所需要的力学性能,淬火钢一般硬度高、脆性大,回火可调整硬度、韧性;③稳定尺寸,淬火 M 和 A' 都是非平衡组织,有自发向平衡组织转变的倾向,回火可使 M 与 A' 转变为平衡或接近平衡的组织,防止使用时变形;④对于某些高淬透性的钢,空冷即可淬火,如采用回火软化既能降低硬度,又能缩短软化周期。

2.5.1 回火过程中的组织转变

淬火钢在放置或使用过程中易变形或开裂,因此钢件淬火后应立即进行回火。随着回火温度的升高,淬火钢会发生五个阶段的转变。

1) 碳的偏聚

100℃回火时,钢的组织无变化,马氏体中的碳原子会向缺陷处偏聚。

2) 马氏体的分解

100~200℃加热时,马氏体将发生分解,从马氏体中析出 ε-碳化物(ε-Fe_xC),使马氏体过饱和度降低。析出的碳化物以细片状分布在马氏体基体上,这种组织称回火马氏体,用 $M_回$

表示。如图2-28所示,在光镜下 $M_{回}$ 为黑色,A' 为白色。含碳量低于0.2%的钢,不析出碳化物,只发生碳在位错附近的偏聚。

3) 残余奥氏体的转变

200~300℃时,由于马氏体分解,奥氏体所受的压力下降,M_s 上升,A' 分解为 ε-碳化物和过饱和铁素体,即 $M_{回}$。

4) 碳化物的转变

发生于250~400℃,此时,ε-碳化物溶解于铁素体中,并从铁素体中析出 Fe_3C。到350℃,马氏体含碳量降到铁素体平衡成分,内应力大量消除,$M_{回}$ 转变为在保持马氏体形态的铁素体基体上分布着细粒状 Fe_3C 组织,称回火屈氏体,用 $T_{回}$ 表示(图2-29)。

5) Fe_3C 聚集长大和铁素体多边形化

400℃以上,Fe_3C 开始聚集长大。450℃以上,铁素体发生多边形化,由针片状变为多边形。这种在多边形铁素体基体上分布着颗粒状 Fe_3C 的组织称回火索氏体,用 $S_{回}$ 表示(图2-30)。

 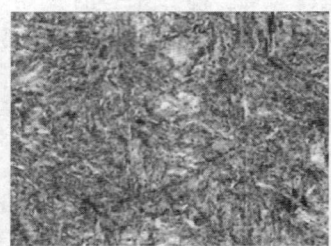 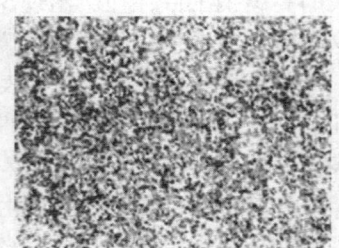

图2-28 回火马氏体组织   图2-29 回火屈氏体组织   图2-30 回火索氏体组织

2.5.2 回火过程中的性能变化

如图2-31所示,淬火钢回火时力学性能变化总的趋势是:随回火温度提高,钢的强度、硬度下降,塑性、韧性提高。但是,一些高碳或高合金钢的回火硬度会有上升的现象。如图2-32所示,含碳量大于等于0.8%的高碳钢出现回火硬度两次升高现象。其原因是:200℃以下回火时,由于马氏体中碳化物的弥散析出,钢的硬度并不下降,甚至略有提高;200~300℃回火时,由于高碳钢中 A' 转变为 $M_{回}$,硬度再次升高;大于300℃回火时,由于 Fe_3C 粗化,马氏体转变为铁素体,硬度直线下降。

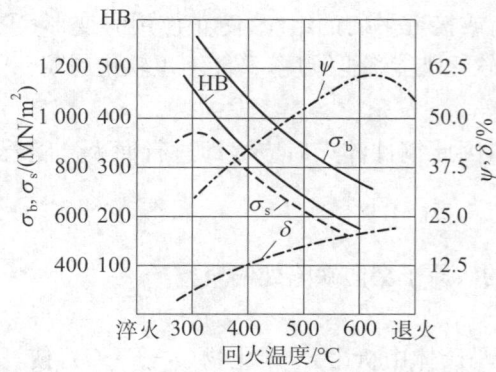 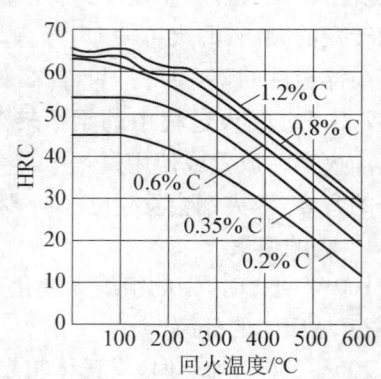

图2-31 40钢力学性能与回火温度的关系   图2-32 淬火钢硬度随回火温度的变化

对于一些高合金钢比如高速钢 W18Cr4V 等,由于在回火过程中会有大量的碳化物析出,导致硬度升高,甚至高于其淬火硬度。这种"二次硬化"现象,在后续讲合金钢的章节中还会仔细讲解。

2.5.3 回火工艺

回火工艺包括回火温度、保温时间和冷却方式等工艺参数。其中回火温度和保温时间决定了工件的回火程度,主要表现为硬度的降低。根据钢的回火温度范围,可将回火工艺分为三种:低温回火、中温回火和高温回火。

1) 低温回火

回火温度为 150~250 ℃。在低温回火时,从淬火马氏体内部会析出 ε-碳化物,马氏体的过饱和度减小。低温回火后组织为回火马氏体或回火马氏体+残余奥氏体。在显微镜下,高碳回火马氏体为黑针状,低碳回火马氏体为暗板条状,中碳回火马氏体为两者的混合物。低温回火的目的是降低淬火应力,提高工件韧性,保证淬火后的高硬度(一般为 58~64 HRC)和高耐磨性。主要用于处理各种高碳钢工具、模具、滚动轴承以及渗碳和表面淬火的零件。

2) 中温回火

回火温度为 350~500 ℃,得到回火屈氏体组织。铁素体仍保留马氏体的形态,渗碳体比回火马氏体中的碳化物粗。回火屈氏体具有高的弹性极限和屈服强度,同时也具有一定的韧性,硬度一般为 35~45 HRC。中温回火主要用于各类弹簧。

3) 高温回火

回火温度为 500~650 ℃,得到回火索氏体组织。回火索氏体综合机械性能最好,即强度、塑性和韧性都比较好,硬度一般为 25~35 HRC。通常把淬火加高温回火的复合热处理工艺称为调质处理,广泛用于各种重要的机器结构件,如连杆、轴、齿轮等受交变载荷的零件。钢调质处理后的机械性能和正火后的机械性能相比,不仅强度高,而且塑性和韧性好(表 2-5)。这和它们的组织形态有关。正火得到的是索氏体+铁素体,索氏体中的渗碳体为片状。调质得到的是回火索氏体,其渗碳体为细粒状。均匀分布的细粒状渗碳体起到了强化作用,因此回火索氏体的综合机械性能更好。

表 2-5 45 钢调质和正火后的机械性能比较

处理工艺	机械性能				显微组织
	R_m/MPa	A/%	A_k/(kJ/m^2)	硬度/HB	
正火	700~800	12~20	500~800	163~220	索氏体+铁素体
调质	750~850	20~25	800~1 200	210~250	回火索氏体

4) 保温时间

在给定的回火温度条件下,随着保温时间的越长,工件的回火硬度越低。在计算回火保温时间时,应保证工件透热和组织转变充分进行。试验证明,一般组织转变时间不大于 0.5 h,而透热时间则随温度、工件有效尺寸、装炉量以及加热方式等的不同而波动较大,一般为 1~3 h。具体的保温时间可以通过下式计算:

$$t_k = K_h + A_h \times D \qquad (2-1)$$

式中,t_k 为回火保温时间(min);K_h 为回火保温时间基数(min);A_h 为回火保温时间系数

(min/mm)；D 为工件有效厚度(mm)。

参数 K_h 和 A_h 的值可参考表 2-6 确定。

表 2-6　回火保温时间基数(K_h)与回火保温时间系数(A_h)

回火条件	300 ℃以下		300～450 ℃		450 ℃以上	
	电炉	盐炉	电炉	盐炉	电炉	盐炉
K_h/min	120	120	20	15	10	3
A_h/(min/mm)	1	0.4	1	0.4	1	0.4

5）冷却方式

淬火钢回火后的冷却方式有三种：一般情况采用空冷；如果要抑制回火脆性，则采用快冷（比如水冷）；如果要获得好的综合力学性能，则采用快冷＋低温回火。

2.5.4　回火脆性及防止

淬火钢的韧性并不总是随温度升高而提高。如图 2-33 所示，某些钢在特定的温度范围内回火时，会出现冲击韧性下降的现象，称为钢的回火脆性。在 250～400 ℃ 温度范围内出现的回火脆性称为第一类回火脆性，又称低温回火脆性；在 450～650 ℃ 温度范围内出现的回火脆性称为第二类回火脆性，又称高温回火脆性。

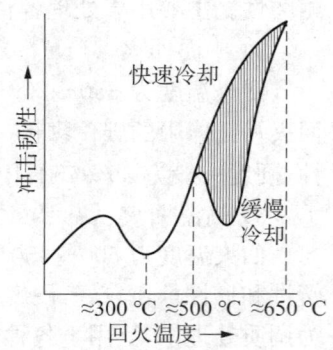

图 2-33　回火脆性

1）第一类回火脆性

第一类回火脆性又称不可逆回火脆性，是指淬火钢在 250～350 ℃ 回火时出现的脆性。第一类回火脆性几乎在所有的工业用钢中都会出现。产生低温回火脆性的原因目前还不十分清楚。一般认为是由于碳化物以断续的厚片状沿马氏体片或马氏体条的界面析出所造成的。为了防止第一类回火脆性，应避免在其脆化温度范围内回火。

2）第二类回火脆性

第二类回火脆性又称可逆回火脆性，是指淬火钢在 500～650 ℃ 范围内回火后缓冷时出现的脆性。如果再次回火后快冷，回火脆性不出现，因此是可逆的。一般认为这类回火脆性是由于有害元素在晶界处偏聚造成的。为了防止第二类回火脆性，对于小尺寸的工件，可采用回火后快速冷却的方法。对于大截面的工件，可通过提高钢的纯度，减少钢中的有害元素以及在钢中加入适量的 Mo、W 等合金元素，来抑制有害元素向晶界偏聚，从而降低钢的回火脆性。

2.6　表面热处理

表面热处理工艺包括表面淬火和表面化学处理两大类。

2.6.1　表面淬火

表面淬火是指在利用快速加热将表层奥氏体化后，迅速冷却，在工件表面一定深度范围内达到淬火目的的热处理工艺。

表面淬火目的包括：①使表面具有高的硬度、耐磨性和疲劳极限；②心部在保持一定的强度、硬度的条件下，具有足够的塑性和韧性，即表硬里韧。表面淬火适用于承受弯曲、扭转、摩擦和冲击的零件。

根据加热方式不同,可将表面淬火分为感应加热表面淬火、火焰淬火、电接触加热表面淬火、电解液加热表面淬火、三束(激光束、电子束、等离子束)加热表面淬火。感应加热是利用交变电流在工件表面感应巨大涡流,使工件表面迅速加热的方法。目前,商业淬火机床可以实现工件经过感应加热后直接喷射淬火,使得这种表面淬火工艺机械化,广泛应用于制造业。如表2-7 所示,通过调整感应加热电流频率,可以得到不同深度的表面淬硬层,满足不同使用需求。比如,冷轧机上使用的工作辊通常采用工频感应加热表面淬火,获得 10 mm 以上的淬硬层,有利于提高轧辊使用寿命。

表 2-7 感应加热表面淬火工艺分类

加热工艺	交流频率	淬硬层深度
高频感应加热	250~300 kHz	0.5~2 mm
中频感应加热	2 500~8 000 Hz	2~10 mm
工频感应加热	50 Hz	10~15 mm

火焰加热表面淬火是利用乙炔火焰直接加热工件表面的淬火方法。该工艺成本低,但质量不易控制,曾经在以往的生产中广泛应用。近年来,三束(激光束、电子束、等离子束)加热表面淬火得到了快速发展,它们是利用高能量密度的激光束等对工件表面进行加热的淬火方法。这些工艺生产效率高,工艺质量好,是三束改性国家重点实验室(大连理工大学)的重点研究方向之一。

1) 表面淬火用材料

表面淬火用材料主要有两种:第一种是中碳钢(0.4%~0.5% C),含碳量过低,则淬火后表面硬度、耐磨性上不去;含碳量过高,则淬火后工件心部韧性过低。第二种是铸铁,表面淬火后有利于提高其表面耐磨性。

2) 表面淬火的预备热处理

表面淬火的预备热处理目的有两个:①为表面淬火做组织准备;②获得最终心部组织。对于结构钢来说,表面淬火的预备热处理工艺为调质或正火。调质处理后综合性能高,用于要求高的重要件的预备热处理;正火用于要求不高的普通件的预备热处理。

3) 表面淬火后的回火

表面淬火后的回火的目的为降低工件的内应力,保留淬火高硬度、耐磨性。因此,通常采用低温回火,温度不高于 200 ℃。

4) 表面淬火+低温回火后的组织

对于低碳结构钢来说,工件表面淬火+低温回火后的由表及里的组织为回火马氏体、回火马氏体+珠光体型组织、珠光体型组织。这种梯度变化组织在性能上表现为"表硬里韧",正是表面淬火需要达到的目的。

2.6.2 化学热处理

化学热处理是将工件置于一定介质中加热保温,使介质中活性原子渗入工件表层从而改变工件表层化学成分和组织,进而改变其性能的热处理工艺。化学热处理也是获得表硬里韧性能的方法之一。与表面淬火相比,化学热处理不仅改变钢的表层组织,还改变其化学成分。根据渗入的元素不同,化学热处理可分为渗碳、氮化、多元共渗、渗其他元素等多种工艺。

1) 化学热处理的基本过程

化学热处理的基本过程主要包括三个过程：

(1) 介质（渗剂）的分解：分解的同时释放出活性原子。例如，渗碳过程中释放出活性碳原子：

$$CH_4 \longrightarrow 2H_2 + [C] \tag{2-2}$$

(2) 工件表面的吸收：活性原子向固溶体溶解或与钢中某些元素形成化合物。

(3) 原子向内部扩散，形成一定厚度的渗层。

2) 渗碳

渗碳是指向钢的表面渗入碳原子的过程。渗碳的目的是提高工件表面硬度、耐磨性及疲劳强度，同时保持心部良好的韧性。为了保证工件心部的高韧性，渗碳用钢应采用含 $0.1\% \sim 0.25\%$ C 的低碳钢。渗碳温度为 $900 \sim 950\ ℃$。

(1) 渗碳方法。常用的渗碳方法有三种：固体渗碳法、液体渗碳法和气体渗碳法。固体渗碳法是将工件埋入木炭等固体渗碳剂中，装箱密封后在高温下加热渗碳。这种工艺的优点是操作简单；缺点是渗速慢、劳动条件差。液体渗碳法是将工件放入盐浴炉中加热渗碳。这种工艺的优点是表面质量好、渗碳速度快；缺点是劳动条件差（有毒）。气体渗碳法是将工件放入密封炉内，在高温渗碳气氛中渗碳。渗剂为气体（煤气、液化气等）或有机液体（煤油、甲醇等）。这种工艺的优点是质量好、效率高；缺点是渗层成分与深度不易控制。

(2) 渗碳层。通常将渗碳层定义为由工件表面到过渡层一半处的厚度。常见的渗碳层厚度为 $0.5 \sim 2\ mm$。渗碳层表面含碳量以 $0.85\% \sim 1.05\%$ 为最好，过高的含碳量会导致显微组织中较厚的网状渗碳体，增加脆性。渗碳件缓冷后组织：表层为 P+网状 Fe_3C_{II}；心部为 F+P；中间为过渡区。

(3) 渗碳件的热处理。为了保证表面高硬度，渗碳件的热处理采用淬火+低温回火，回火温度为 $160 \sim 180\ ℃$。如图 2-34 所示，常用淬火方法有三种：预冷淬火法、一次淬火法和二次淬火法。预冷淬火法是将渗碳后的工件预冷到略高于 A_{r1} 温度直接淬火，工艺简单，但不适用于采用固体渗碳法的工件。一次淬火法是将渗碳件缓冷后重新加热淬火，适用于所有渗碳工艺。二次淬火法相对复杂一些，渗碳件缓冷后，首先将工件加热到 $A_{c3}+(20 \sim 30)\ ℃$ 第一次淬火，作用是细化心部组织；然后将工件加热到 $A_{c1}+(20 \sim 30)\ ℃$ 第二次淬火，作用是细化表层组织。渗碳件经过热处理的显微组织：表层为 $M_{回}$+颗粒状碳化物+A'（少量）；心部为板条马

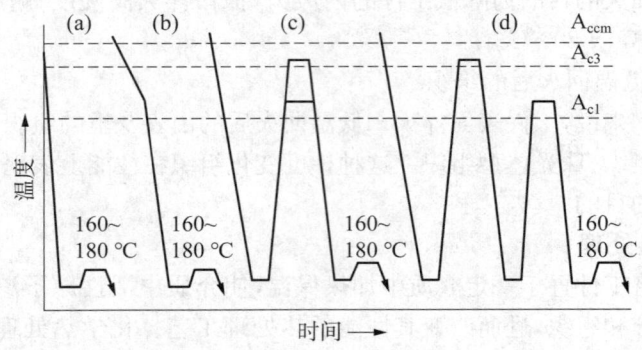

(a)(b) 直接淬火　(c) 一次淬火　(d) 二次淬火

图 2-34 渗碳件的热处理工艺示意图

氏体;中间为过渡区。

3) 渗氮

渗氮是指向钢的表面渗入氮原子的过程。常用渗剂为氨气,其分解出活性氮原子过程为

$$2NH_3 \longrightarrow 3H_2 + 2[N] \tag{2-3}$$

与渗碳件相比,渗氮件表面硬度较高(950～1 200 HV),而且耐磨性好、疲劳强度高、变形小、耐蚀性好。渗氮工艺的缺点是工艺复杂、成本高、氮化层薄。氮化工艺用于耐磨性、精度要求高的零件及耐热、耐磨及耐蚀件,如仪表的小轴、轻载齿轮及重要的曲轴等。渗氮用钢为含Cr、Mo、Al、Ti、V 的中碳钢,常用钢号为 38CrMoAl。氮化温度为 500～570 ℃,氮化层厚度不超过 0.6～0.7 mm。常用的气体渗氮法与气体渗碳法类似,由于氮化层较薄,渗氮件不进行热处理。近年来,离子渗氮法也有较快的发展。它是在电场作用下,使电离的氮离子高速冲击作为阴极的工件,向工件表面渗氮的新工艺。与气体渗氮相比,氮化时间短,氮化层脆性小,应用前景较好。

2.7 固溶与时效处理

对于有色金属材料而言,其与钢铁材料相同,热处理也是改善其工艺性能和使用性能,充分发挥材料潜力的一种重要手段。有色金属材料最常使用的热处理是退火、固溶处理及时效处理。下面主要介绍固溶处理与时效处理。

2.7.1 固溶处理

固溶处理是指将合金加热到高温单相区恒温保持,使过剩相充分溶解到固溶体中后快速冷却,以得到过饱和固溶体的热处理工艺。因操作过程与钢的淬火相似,故又称为固溶淬火。其适用于以固溶体为基体,且在温度变化时溶解度变化较大的合金,如铝合金、镁合金、铜合金以及奥氏体不锈钢等。

1) 二元合金的固溶处理

图 2-35 是具有溶解度变化的二元合金相图,其中相变线 ab 为固溶线。成分为 C_0 的合金,室温平衡组织为 $\alpha+\beta$,其中 α 为固溶体基体,β 为第二相。当该合金加热至 T_0 以上时,β 相将溶于基体而得到单相 α 固溶体,这个过程就是固溶化。当该合金自 T_q 温度以足够大的速度冷却下来,合金元素原子的扩散和重新分配都来不及进行,获得的室温组织为 α 单相过饱和固溶体,这就是固溶处理。

2) 固溶处理后的性能变化

固溶处理后性能的改变与相成分、合金原始组织及淬火状态组织特征、淬火条件、预先热处理等一系列因素有关,不同合金性能的变化不大相同。一些合金固溶处理后,强度提高,塑性降低;而另一些合金则相反,经处理后强度降低,塑性提高;还有一些合金强度与塑性均提高。此外,有很多合金固溶体处理后性能变化不明显。

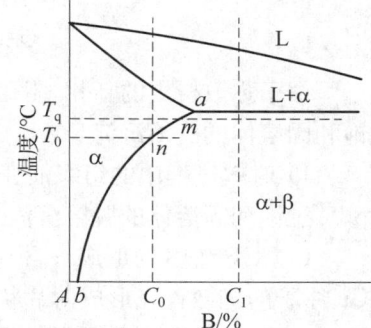

图 2-35 具有溶解度变化的二元合金相图

在基体不发生同素异构转变的合金中,经固溶处理后基本上未发现急剧强化及明显降低塑性的现象,变形合金处理后最常见的情况是在保持高塑性的同时提高强度,其塑性可能与退

火合金的塑性相差不大,典型的例子是2A12(表2-8)。有少数合金固溶处理后与退火状态比较,强度降低而塑性提高,例如铍青铜(QBe2,见表2-8)。因此,像铍青铜这种类型的合金,在半成品生产过程中,为提高冷变形塑性往往采用淬火而不用退火。

表 2-8　一些合金铸造、固溶处理及退火状态力学性能

合金	R_m/MPa		A		合金	R_m/MPa		A	
	退火	固溶处理	退火	固溶处理		铸造	固溶处理	铸造	固溶处理
2A11	196	294	25%	23%	ZL301	147	294	1%	2%
2A12	255	304	12%	20%	ZL101	157	196	2%	6%
QBe2	539	500	22%	46%	ZM5	157	246	3%	9%

2.7.2　时效处理

固溶处理得到的过饱和固溶体不稳定,有自发分解的趋势。有些合金在室温就可分解,但大多数合金需要加热到一定温度才得以分解。这种室温保持或加热以使过饱和固溶体分解的热处理称为时效处理。时效与回火本来具有相同的含义,但由于历史原因,在铝合金热处理中习惯用"时效",在钢热处理中习惯用"回火",而铜合金热处理中两个名称均可使用。

一般情况下,过饱和固溶体在溶解过程中合金的强度、硬度会升高,这种现象又称为时效硬化或时效强化。时效硬化最初是在Al-Cu-Mn-Mg合金中偶然发现的。现已证实,时效硬化是个普遍现象。工业上广泛应用的时效硬化型合金,如铝合金、耐热合金、沉淀硬化型不锈钢、马氏体时效钢等,都是为了达到这一目的而设计出来的。

事实上,时效硬化是脱溶沉淀引起的沉淀硬化。如图2-35所示,经固溶处理的合金在室温下放置或加热到低于固溶线 ab 的某一温度时,合金将产生脱溶析出。析出相往往不是相图中的平衡相,而是亚稳相或溶质原子的偏聚区。α相中的B组元含量则逐渐下降达饱和状态。这一脱溶过程可用下式表示:

$$\text{过饱和} \alpha \text{固溶体} \longrightarrow \alpha \text{固溶体} + \text{析出相}$$

由于弥散析出的新相,阻碍位错的运动,使合金的硬度升高。由此可见,时效的实质是过饱和固溶体的脱溶沉淀。

1) 时效过程中的组织演变

过饱和固溶体的脱溶沉淀全过程可以分为四个阶段,现以Al-Cu合金为例进行说明。

(1) GP Ⅰ区的形成。含0.45% Cu 的Al-Cu合金经固溶处理后在190℃时效时,通过Cu原子的扩散首先形成薄片状的Cu原子富集区,称为GP Ⅰ区。富Cu薄片平行于母相的{100}晶面并与母相保持共格联系。Al-Cu合金中GP Ⅰ区的结构模型如图2-36所示,图中所示为GP Ⅰ区右半部的横截面,左半部与之对称。由于Cu原子半径比Al原子半径小,故薄片两侧的Al原子塌向富Cu薄片,而造成弹性畸变,导致合金的硬度升高。

(2) GP Ⅱ区的形成。形成GP Ⅰ区后随时效温度的升高或时间延长,为进一步降低自由能,Cu原子在GP Ⅰ区基础上进一步富集,GP Ⅰ区进一步长大,而且Cu原子和Al原子发生有序化转变,形成较为稳定的GP Ⅱ区,GP Ⅱ区又称为 θ'' 相。如图2-37所示,在 θ'' 相圆片周围将产生比GP Ⅰ区更大的弹性畸变区,但仍与基体保持完整的共格关系。因此, θ'' 相对位错的阻碍作用较GP Ⅰ区更大,强化作用更显著。

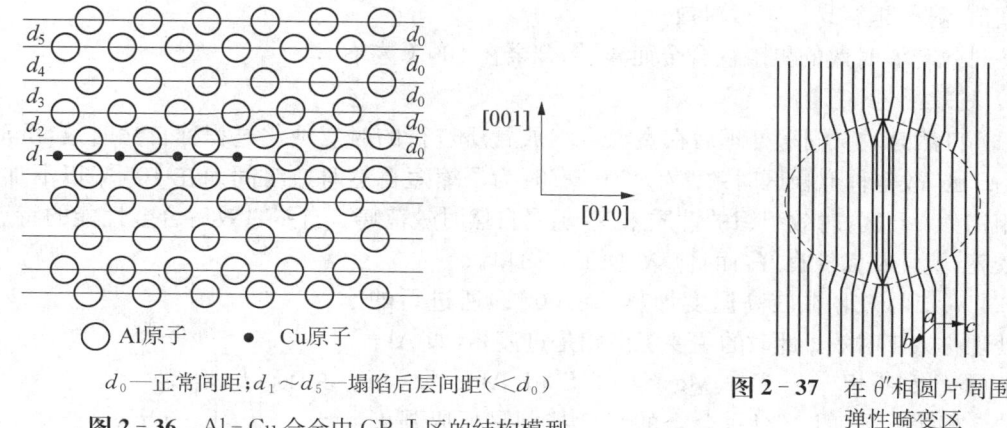

d_0—正常间距；$d_1 \sim d_5$—塌陷后层间距($<d_0$)

图 2-36　Al-Cu 合金中 GP Ⅰ区的结构模型

图 2-37　在 θ'' 相圆片周围的弹性畸变区

(3) θ' 相的形成。GP Ⅱ区形成以后，随着时效过程的进一步发展，铜原子在 GP Ⅱ区进一步富集，进而形成过渡相 θ' 相。θ' 与 $CuAl_2$ 化学成分相当，并仍以 {100} 晶面与母相保持共格，所以对于含铜 4% 的 Cu-Al 合金来说，当开始出现 θ' 时硬度达到最大值，以后随着 θ' 相增多、增厚，与母相的共格关系开始破坏，由完全共格变为局部共格，故合金硬度开始降低，发生"过时效"现象。所以，时效形成 θ'' 相后期与过渡相 θ' 相析出初期，具有最大的强化效果。

(4) 平衡相的形成。在 Al-Cu 合金中，随着 θ' 相的成长，其周围基体中的应力、应变增加，弹性应变能越来越大。因而 θ' 相逐渐变得不稳定，所以当 θ' 长大到一定尺寸时，共格关系破坏，θ' 相与基体 α 相完全脱离而形成独立的平衡相，称为 θ 相。θ 相也具有正方晶格，但其晶格常数与 θ'' 相和 θ' 相相差甚大，与基体相无共格联系，呈块状，其成分为 $CuAl_2$。θ 相的形成、聚集和长大将导致合金的硬度进一步下降，也属于"过时效"范畴。

其他合金的时效过程与 Al-Cu 合金可能不完全一样，但是基本原理相同。

2) 时效过程中的力学性能变化

过饱和固溶体在时效过程中，随着显微组织的变化，其力学性能、物理性能及化学性能都会发生显著的变化。

按时效时硬度的变化规律，可以将时效分为冷时效和温时效。在较低温度下时效，硬度从一开始就迅速上升，达到一定值后保持不变，这种时效称为冷时效。

冷时效时，时效温度越高，合金的硬度上升得越快，所能达到的硬度也越高，故可用提高时效温度的办法缩短时效时间，提高时效后的硬度。图 2-38 为 w_{Al} 62%～w_{Ag} 38% 合金在不同温度时效时硬度的变化。由图可见，一般认为冷时效时仅形成 GP 区。

温时效是在较高温度下发生的。在时效初期有一停滞阶段，硬度上升极缓慢，称为孕育期，一般认为这是脱溶相形核的准备阶段。接着硬度迅速上升，达到极大值后又随时间延长而下降。如图 2-38 所示，时效硬度达到极大值后出现下降的现象称为过时效。温时效时将析出过渡相与平衡相。温时效温度越高，硬度上升越快，达到最大值的时间越短，但所能达到的最

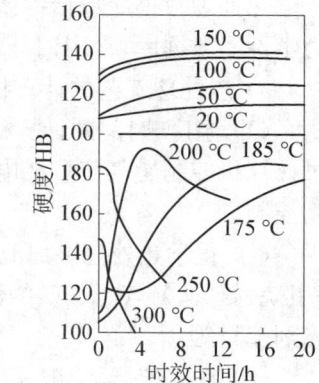

图 2-38　w_{Al} 62%～w_{Ag} 38% 合金在不同温度时效时硬度的变化

大硬度值越低,越容易出现过时效。

冷时效与温时效的界限视合金而异,铝合金在100 ℃左右。

3) 时效工艺

(1) 自然时效。固溶处理后在室温自然放置所进行的时效硬化过程称自然时效,沉淀产物为 GP 区,故也称亚稳区时效。生产上,有时为了缩短自然时效时间而在100 ℃以下加热,沉淀相仍为 GP 区,时效组织的性质未变,仍属自然时效范畴。自然时效后合金性能的特点是强度较高,塑性及韧性良好,而且热处理工艺简单。

(2) 人工时效。在较高温度加热(>100 ℃)所进行的时效处理称人工时效。此时的主要沉淀相是过渡相,如 Al-Cu 系中的 θ′和 θ″相、Al-Cu-Mg 系中的 S′相、Al-Mg-Si 系中的 β 相等。人工时效后,合金的强度特别是屈服强度高于自然时效,但塑性及抗蚀性稍差,图 2-39 是人工时效及自然时效的工艺流程简图。

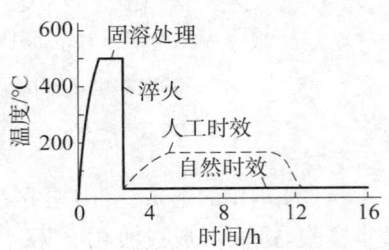

图 2-39　人工时效及自然时效的工艺流程简图

人工时效按硬化程度尚可分为不完全人工时效(欠时效)、完全人工时效(峰值时效)和过时效。经不完全人工时效后,强度未达到最大值,其目的是让合金仍保留较高的塑性、韧性。完全人工时效使合金处于最大硬化状态,但塑性较低。过时效由于时效温度较高,时效时间较长,组织比较稳定,有利于稳定零件尺寸,对改善抗蚀性也有良好作用,但强度稍低。这三种人工时效制度可根据零件使用要求进行选择。

2.8　计算机技术在热处理中的应用

1) 热处理过程的模拟与优化

根据零件的形状、尺寸、材料成分、导热系数、炉温、冷却介质等参数,可利用计算机技术(包括人工神经网络、专家系统等人工智能技术)模拟热处理过程,获得工件的温度、应力和组织分布等工艺参数,用于大型轴类、轧辊、叶片、齿轮等零件的热处理工艺制订、工件组织性能预报。

2) 热处理参数数据库

热处理数据库包括钢铁材料国家标准数据库、国内外钢号对照数据库、钢号-热处理工艺-力学性能数据库、常用钢号 C 曲线数据库、金相检验国家标准数据库等。

3) 热处理工艺的计算机自动控制

(1) 温度-时间的计算机自动控制。目前,工业生产用热处理炉常采用燃气或电加热,通过计算机控制燃气流量或电参数可以实现热处理工艺升温、保温、降温全过程温度-时间的自动控制。

(2) 化学热处理渗剂流量及炉内气氛的计算机自动控制。主要包括:渗碳炉、渗氮炉渗剂(甲烷、氨气、氮气、氢气)的流量控制;炉内碳势、氨分解率的测定及控制;控制质量流量计调节渗剂流量等。

(3) 真空炉、离子炉、离子锁设备真空度的计算机自动控制。采用计算机控制的操作主要包括真空泵的开启、真空度的检测、控制阀的开通与闭合等。

在热处理行业中积极开发、推广和使用计算机技术,会取得显著的经济效益。随着人工智能技术的快速发展,其在工业生产中产生的效益更是无法估量的。计算机技术在热处理中的应用将成为热处理行业发展的新动力。

参考文献

[1] 崔忠圻,覃耀春. 金属学与热处理[M]. 3版. 北京:机械工业出版社,2020.
[2] 谭娜,郝鹏,卢翔,等. 航空材料与工艺[M]. 北京:科学出版社,2022.
[3] 叶宏. 金属材料与热处理[M]. 2版. 北京:化学工业出版社,2015.
[4] 中国机械工程学会热处理分会. 热处理手册[M]. 3版. 北京:机械工业出版社,2005.
[5] 全国热处理标准化技术委员会. 金属热处理标准应用手册[M]. 北京:机械工业出版社,2005.

第 3 章

黑色金属材料

3.1 概述

黑色金属材料主要是指铁及其合金,包括工业纯铁、碳钢、合金钢、铸铁及高温合金等。这些黑色金属材料本身呈银白色,经过热加工后,其表面会形成一层黑色氧化皮,黑色金属材料也因此得名。

碳钢经热处理后具有良好的力学性能,且其冶炼工艺简单、压力加工和机械加工性能好,价格低廉,是工业生产中应用最广的金属材料。但由于它存在淬透性低、回火抗力低、强度不够高和不具备特殊性能(如耐高温、耐低温、耐磨损、耐腐蚀)等缺点,不能完全满足科学技术和工业发展的需求。合金钢则弥补了碳钢在性能上的不足。

所谓合金钢就是指为了提高或改善钢的力学性能、工艺性能或使钢具有某些特殊的物理、化学性能,常常需要有目的地向碳素钢中加入一种或几种一定量合金元素后所获得的钢种。最常用的合金元素有不形成碳化物的元素,如 Si、Al、Cu、Ni、Co、N、B 等;形成碳化物的元素,如 Ti、Zr、Nb、V、Mo、W、Cr、Mn 等。此外,还有稀土元素(如 RE)。合金元素的作用主要体现在以下几个方面:

(1) 形成合金铁素体,引起铁素体晶格畸变,产生固溶强化,提高铁素体强度和硬度,但会使铁素体韧性、塑性下降,固溶强化效果取决于铁素体点阵畸变程度。

(2) 形成合金碳化物,包括合金渗碳体和单独形成的特殊碳化物。碳化物形成元素在元素周期表中均为位于铁左边的过渡族金属元素,如 Mn、Cr、Mo、V、Nb、Zr、Ti 等,离铁的位置越远,则其与碳的亲和力越强,形成碳化物的能力越大,形成的碳化物越稳定而不易分解。

(3) 合金元素可以改善钢的热处理工艺性能,在加热、冷却和回火过程中的相变上,主要表现如下:

① 细化奥氏体晶粒。除 Mn 以外,所有的合金元素都阻碍钢在加热时奥氏体晶粒长大,尤其以 Ti、V、Nb、Zr、Al 的作用最大,它们在钢中分别形成 TiC、VC、NbC、ZrC、AlN 细微质点,阻碍晶界移动,显著细化奥氏体晶粒,从而使钢热处理后的组织细化。

② 提高淬透性。除 Co 以外,几乎所有的合金元素固溶于奥氏体中都可以增加奥氏体的稳定性,从而减慢过冷奥氏体的分解速度,降低钢淬火时的临界冷却速度,提高了淬透性。

③ 提高回火稳定性。合金元素在回火过程中能推迟马氏体的分解和残余奥氏体的转变,提高铁素体的再结晶温度,使碳化物不易析出,即使析出也很难聚集长大。这就使合金钢较碳钢在相同的回火温度下强度和硬度下降较少,即提高了钢对回火软化的抗力,也就是提高了钢

的回火稳定性。

④ 产生二次硬化现象。当钢中 Cr、W、Mo、V 等碳化物形成元素的含量超过一定量时，在 400℃以上还会形成弥散分布的特殊碳化物 Cr_7C_3、W_2C、Mo_2C、VC 等，使硬度重新升高，直至 500~600℃ 硬度达最高值。这种淬火钢在较高温度回火,硬度不降低反而升高的现象称为二次硬化。二次硬化是由合金碳化物弥散析出和残余奥氏体转变引起的。二次硬化对高合金工具钢十分重要,使刃具、模具在较高温度下仍保持高硬度。

3.2 钢的分类及编号

钢的种类繁多,通常按钢中是否加入合金元素,将钢分为碳钢和合金钢。

3.2.1 碳钢的分类

碳钢常按碳质量分数、钢的质量、钢的用途以及钢在冶炼时的脱氧程度进行分类。其中按用途分类应用最广泛,可分为以下四类：

(1) 碳素结构钢。主要用于各种工程构件,如桥梁、船舶、建筑构件等,也可用于不太重要的机件。

(2) 优质碳素结构钢。主要用于制造各种机器零件,如轴、齿轮、弹簧、连杆等。

(3) 碳素工具钢。主要用于制造各种工具,如刃具、模具、量具等。

(4) 一般工程用铸造碳素钢。主要用于制造形状复杂且需要一定强度、塑性和韧性的零件。

3.2.2 碳钢的编号

为了便于生产、管理和使用,必须将钢进行编号,下面仍按钢的用途分类,介绍碳钢的编号。

1) 碳素结构钢

碳素结构钢的牌号是由代表屈服点的字母(Q),屈服点数值,质量等级符号(A、B、C、D)及脱氧方法符号四部分按顺序组成。其中质量等级为 A 级的硫、磷的含量最高,质量等级为 D 级的硫、磷的含量最低。脱氧方法符号的含义如下：F 指沸腾钢,b 指半镇静钢,Z 指镇静钢,TZ 指特殊镇静钢。镇静钢、特殊镇静钢的表示符号通常可以省略。

2) 优质碳素结构钢

优质碳素结构钢的牌号一般用两位数字表示。这两位数字表示钢中平均碳的质量分数的万倍。这类钢全部是优质级,不标质量等级符号。如 45 表示该钢的 $w_C=0.45\%$。优质碳素结构钢按含锰量的不同,分为普通含锰量($w_{Mn}=0.25\%\sim0.8\%$)和较高含锰量($w_{Mn}=0.7\%\sim1.2\%$)两组。含锰量较高的一组在其数字的尾部加"Mn"如 15Mn、45Mn 等。

3) 碳素工具钢

碳素工具钢的牌号一般用符号"T"加上碳的质量分数的千倍来表示。其中符号"T"是"碳"字的汉语拼音的首字母。如 T10、T12 等。一般优质碳素工具钢不加质量等级符号,而高级优质碳素工具钢则在其数字后面再加上"A"字,如 T8A、T12A 等。对于这类钢,锰的质量分数一般都严格控制在 0.4% 以下,个别钢为了提高其淬透性,锰的质量分数的上限可扩大到 0.6%,这时,在牌号的尾部标以 Mn,如 T8Mn、T8MnA。

3.2.3 合金钢的分类

合金钢的种类繁多,为了便于生产、管理和使用,可从不同角度对其进行科学分类。通常可以按成分、用途、金相组织等进行分类。

1）按化学成分分类

（1）按钢中所含合金元素的种类分，合金钢可分为锰钢、铬钢、硅钢、硅锰钢、铬锰钛钢等。

（2）按钢中合金元素总质量分数分，合金钢可分为低合金钢（合金元素总质量分数小于5%）、中合金钢（合金元素总质量分数在5%～10%）和高合金钢（合金元素总质量分数大于10%）。

2）按钢的用途分类

（1）合金结构钢可分为工程结构钢（低合金高强度结构钢）和机械零件用钢（合金渗碳钢、合金调质钢、合金弹簧钢、滚动轴承钢等）。

（2）合金工具钢可分为刃具钢（低合金刃具钢和高速钢）、模具钢（冷作模具钢和热作模具钢）和量具钢。

（3）特殊性能钢可分为不锈钢、耐热钢和耐磨钢。

3）按金相组织分类

（1）按退火后的组织，合金钢可分为亚共析钢（组织为铁素体和珠光体）、共析钢（组织为珠光体）、过共析钢（组织为珠光体和二次渗碳体）和莱氏体钢（在铸态组织中有莱氏体）。

（2）按正火后的组织，合金钢可分为铁素体钢、珠光体钢、贝氏体钢、马氏体钢和奥氏体钢。

3.2.4 合金钢的编号

下面按合金钢的用途，介绍合金结构钢、合金工具钢、特殊性能钢这三类钢的牌号表示方法。

1）合金结构钢

（1）工程结构钢（低合金高强度结构钢）。低合金高强度结构钢的牌号与碳素结构钢的牌号表示方法相同。

（2）机器零件用钢。这类合金结构钢的牌号由三部分组成，即由"两位数字＋元素符号＋数字"组成。前面的两位数字表示钢中碳的质量分数的1万倍，元素符号表示所含合金元素，后面的数字表示合金元素含量的100倍。凡合金元素质量分数小于1.5%时，编号中只标明元素符号，一般不标含量。如果合金元素平均质量分数等于或大于1.5%、2.5%、3.5%、…，则在元素符号后相应标出2、3、4、…，合金结构钢中的Nb、Ti、B等元素，虽然含量很低，但属有意加入，故在钢的牌号中仍应表示出来。如40B，其平均碳的质量分数为0.4%，硼的质量分数仅为0.0005%～0.0035%。合金结构钢都是优质钢，高级优质钢（牌号后加"A"字）或特级优质钢（牌号后加"E"字）。

必须指出的是，高碳铬轴承钢的牌号在头部加符号"G"，但不标含碳量。含铬量以千分之几计，其他合金元素按合金结构钢的合金含量表示。例如：平均含铬量为1.50%的轴承钢，其牌号表示为"GCr15"。

2）合金工具钢

合金工具钢的牌号表示方法与机器零件用钢相似，但当其平均碳的质量分数大于1%时，含碳量不标出，当其平均碳的质量分数小于1%时，则牌号前的数字表示平均碳的质量分数的千倍。合金元素的表示方法与合金结构钢相同。由于合金工具钢都属于高级优质钢，故不再在牌号后标出"A"字。如9SiCr表示平均碳的质量分数为0.9%左右，铬、硅各为1%左右；

Cr12表示平均碳的质量分数大于1%,含铬为12%左右。

必须指出的有三点:①高速工具钢与一般合金工具钢略有不同,主要区别在于不论碳的平均质量分数为多少均不予标出,如W18Cr4V、W6Mo5Cr4V2等。②低铬(平均含铬量小于1%)的合金工具钢,在含铬量(以千分之几计)前加数字"0"。例如平均含铬量为0.60%的合金工具钢,其牌号表示为"Cr06"。③塑料模具钢在牌号头部加"SM",牌号表示方法与优质碳素结构钢和合金工具钢相同,如SM45、SM3Cr2Mo。

3) 特殊性能钢

特殊性能钢和合金工具钢的牌号表示方法基本相同。含碳量用两位或三位阿拉伯数字表示最佳控制值(以万分之几或十万分之几计):①先规定含碳量上限值,当含碳量上限不大于0.10%时,以其上限的3/4表示含碳量;当含碳量上限大于0.10%时,以其上限的4/5表示含碳量。例如,含碳量上限为0.080%,含碳量以06表示,如牌号06Cr18Ni18;含碳量上限为0.15%,含碳量以12表示,如牌号12Cr23Ni13。对超低碳不锈钢(即含碳量不大于0.030%),用三位阿拉伯数字表示含碳量最佳控制值(以十万分之几计)。例如,含碳量上限为0.030%时,其牌号以022表示,如022Cr19Ni10。②规定上、下限者,以平均含碳量×100表示。例如:含碳量为0.16%~0.25%时,其牌号中的含碳量以20表示,如20Cr25Ni20。

合金元素含量以化学元素符号及阿拉伯数字表示,表示方法同合金结构钢。钢中有意加入的铌、钛、锆、氮等合金元素,虽然含量很低,也应在牌号中标出。例如,含碳量不大于0.08%、含铬量为18.00%~20.00%、含镍量为8.00%~11.00%的不锈钢,牌号为06Cr19Ni10。

此外,还有一些特殊专用钢,为表示钢的用途,在牌号前或后附以字母。如铸造合金钢的牌号是在一般合金钢的牌号前加"ZG",常用的铸造合金钢有ZGMn2、ZG35SiMn、ZG37SiMn2MoV、ZG40CrMnMo、ZGMn13(高锰钢或耐磨钢)、ZG1Cr19Ni9(铸造不锈钢)等。又如易切削钢Y15、Y40Mn、Y15Pb(见GB/T 8731—2008)、易切削非调质机械结构钢YF35V和热锻用非调质机械结构钢F45V(见GB/T 15712—2016)等。

3.3 结构钢

用来制造工程结构件及机械零件的钢称为结构钢。结构钢是工业用钢中用途最广、用量最大的一类钢,其通常分为以下几类。

3.3.1 工程结构钢

3.3.1.1 工程结构钢的性能要求

一般来说,工程构件的服役特点是不做相对运动、长期承受静载荷作用、有一定的使用温度和环境要求,有的(如锅炉)使用温度可达250℃以上,有的则在寒冷(−30~−40℃)条件下工作,长期承受低温作用,通常在野外(如桥梁)或海水(如船舶)条件下使用,承受大气或海水的侵蚀作用。

因此,工程结构钢需具备以下力学性能:较大的弹性模量,以保证构件有更好的刚度;足够的抗塑性变形和抗破断能力;较低的缺口敏感性及冷脆倾向性;此外,还需具备一定的耐大气腐蚀和海水腐蚀性能。除此之外,工程结构钢还必须保证良好的加工工艺性能。为了制成各种工程构件,需将钢厂供应的棒材、板材、型材、管材、带材等先进行必要的冷变形加工,制成各种部件,然后用焊或铆接方法连接起来,因而要求钢材必须具备良好的冷变形性和可焊性。其化学成分的设计和选择,必须满足这两方面要求。

3.3.1.2 工程结构钢的化学成分特点

为了满足性能要求,工程结构钢的化学成分有如下特点:

(1) 含碳量一般小于 0.25%,主要是为了获得较好的塑性、韧性和焊接性能。随着含碳量增加,钢的强度增加,塑性降低,使得成型困难,同时使得在焊接过程中,引起严重的变形、开裂。此外随着含碳量的增加,钢中珠光体含量相应增加,珠光体由于有大量脆性的片状渗碳体,因而有较高的韧-脆转化温度,如 $w_C=0.3\%$ 的钢材,韧-脆转化温度约在 50 ℃左右,而 $w_C=0.1\%$ 的钢材,韧-脆转化温度则降低到 -50 ℃左右。

(2) 主加合金元素主要是 Mn,Mn 的点阵类型和原子尺寸与 α-Fe 相差较大,因而 Mn 的固溶强化效果较大。此外,Mn 的加入还可使 Fe-Fe_3C 相图中的 S 点左移,使基体中珠光体数量增多,因而可使钢在相同含碳量下,铁素体量减少,珠光体增多,致使强度不断提高。

(3) 辅加合金元素 Al、V、Ti、Nb 等,形成稳定性高的碳、氮化合物,它们既可阻止热轧时奥氏体晶粒长大、保证室温下获得细铁素体晶粒,又能起第二相强化作用,进一步提高钢的强度。

(4) 为改善这类钢的耐大气腐蚀性能,应加入一定量的 Cu 和 P。Cu 元素沉积在钢的表面,具有正电位,成为附加阴极,使钢在很小的阳极电流下达到钝化状态。P 在钢中可以起固溶强化的作用,也可以提高耐蚀性能。

(5) 加入微量稀土元素可以脱硫去气、净化钢材,并改善夹杂物的形态与分布,从而改善钢的力学性能和工艺性能。

3.3.1.3 常用工程结构钢

1) 碳素结构钢

这类钢大部分用作钢结构,少量用作机器零件。由于其易于冶炼,工艺性能好,价格低廉,在力学性能上一般能满足普通工程构件及机器零件的要求,所以工程上用量很大,占钢总产量的 70%~80%。它通常均被轧制成钢板或各种型材供应,如图 3-1 所示的螺纹钢,一般不经热处理强化。

根据 GB/T 700—2006,将碳素结构钢分为 Q195、Q215、Q235、Q255、Q275 五类,其中 Q195、Q215、Q235、Q275 的化学成分、力学性能和用途举例见表 3-1。

图 3-1 螺纹钢

2) 低合金结构钢

低合金结构钢又称低合金高强度结构钢,它是在碳素结构钢的基础上,加入少量合金元素(一般 $w_{Me}<3\%$)发展起来的,具有较高强度的工程结构钢。这类钢的强度比碳素结构钢提高 20%~30%,节约钢材 20%以上,从而可减轻构件自重量、提高使用可靠性等,目前已广泛用于建筑、石油、化工、铁道、造船等领域。

常用低合金结构钢按屈服点的高低分为 6 个级别,分别为 300 MPa、350 MPa、400 MPa、450 MPa、500 MPa、550~600 MPa。其化学成分、力学性能和特性及用途见表 3-2。Q345、Q420 是这类钢的典型牌号,分别属于 350 MPa、450 MPa 级别,多用于制作船舶、车辆、桥梁等大型钢结构。例如,武汉长江大桥采用 Q235 钢制造,其主跨跨度为 128 m;南京长江大桥采用 Q345 钢制造,其主跨跨度为 160 m,如图 3-2 所示为采用该钢制造的主跨结构;而九江长江大桥采用 Q420 钢制造,其主跨跨度为 216 m。300~450 MPa 级的低合金结构钢均是在热轧状态(或正火状态)下使用,相应组织为铁素体+少量珠光体。

表 3-1 部分碳素结构钢的牌号、化学成分、力学性能及用途（GB/T 700—2006）

牌号	等级	脱氧方法	化学成分[②]（质量分数）/%（≤）				拉伸试验[③]		断后伸长率 A/%	冲击试验（V型缺口）		用途举例
			C	Mn	P	S	屈服强度 R_{eH}/MPa	抗拉强度 R_m/MPa		温度/℃	冲击吸收功（纵向）/J	
Q195[①]	—	F、Z	0.12	0.50	0.035	0.50	≥195	315~430	≥33	—[④]	—	用于载荷不大的结构件、铆钉、垫圈、地脚螺栓、开口销、拉杆、螺纹制品、冲压件焊接件
Q215	A	F、Z	0.15	1.20	0.045	0.050	≥215	335~450	≥31	—	—	
	B				0.045	0.045				+20	≥27	
Q235	A	F、Z	0.22		0.045	0.050	≥235	370~500	≥26	—	—	用于结构件、型钢、钢板、螺栓、螺母、铆钉、拉杆、齿轮、连杆。Q235C、Q235D可用作重要焊接结构件
	B	Z	0.20	1.40	0.045	0.045				+20	≥27	
	C	Z	0.17		0.040	0.040				0	≥27	
	D	TZ			0.035	0.035				−20	≥27	
Q275	A	F、Z	0.24		0.045	0.050	≥275	410~540	≥22	—	—	强度较高，用于承受中等载荷的零件，如键、拉杆、转轴、链轮、链环、链片、螺栓及纹钢筋等
	B	Z	0.21	1.50	0.045	0.045				+20	≥27	
	C	Z	0.22		0.040	0.040				0	≥27	
	D	TZ	0.20		0.035	0.035				−20	≥27	

注：① F为沸腾钢或特殊镇静钢牌号的统一数字代号，对应的沸腾钢的统一数字代号为 Q195F－U11950、Q215AF－U12150、Q215BF－U12153、Q235AF－U12350、Q235BF－U12353、Q275AF－U12750。
② Q195 的 w_{Si}≤0.30%，其余牌号的 w_{Si}≤0.35%。
③ 屈服强度为钢材厚度（直径）≤16 mm时的数据，断后伸长率为钢材厚度（直径）≤40 mm时的数据。
④ "—"表示此栏无数据，全书余同。

表 3-2 部分低合金高强度结构钢的牌号、化学成分和力学性能（GB/T 1591—2008）

牌号	质量等级	化学成分①（质量分数）/%，不大于													拉伸试验②			冲击试验		用途举例
		C	Si	Mn	P	S	Nb	V	Ti	Cr	Ni	Cu	N	Mo	B	下屈服强度 R_{eL}/MPa	抗拉强度 R_m/MPa	断后伸长率 A/%	温度/℃	冲击吸收功（纵向）/J	
Q345	A	0.20	0.50	1.70	0.035	0.035	0.07	0.15	0.20	0.30	0.50	0.30	0.012	0.10	—	≥345	470~630	20	—	—	适用于制作桥梁、船舶、车辆、管道、锅炉、油罐、电站、低温压力容器等
	B				0.035	0.035													20	—	
	C				0.030	0.030													0	≥34	
	D	0.18			0.030	0.025													−20	≥34	
	E				0.025	0.020													−40	≥34	
Q390	A	0.20	0.50	1.70	0.035	0.035	0.07	0.20	0.20	0.30	0.50	0.30	0.015	0.10	—	≥390	490~650	20	—	—	适用于制作桥梁、船舶、起重机、较高负荷的焊接件，联接焊接结构件等
	B				0.035	0.035													20	—	
	C				0.030	0.030													0	≥34	
	D				0.030	0.025													−20	≥34	
	E				0.025	0.020													−40	≥34	
Q420	A	0.20	0.50	1.70	0.035	0.035	0.07	0.20	0.20	0.30	0.80	0.30	0.015	0.20	—	≥420	520~680	19	—	—	适用于制作高压容器、梁、重型机械、车辆、船舶、锅炉、机车车辆及其他大型焊接结构件
	B				0.035	0.035													20	—	
	C				0.030	0.030													0	≥34	
	D				0.030	0.025													−20	≥34	
	E				0.025	0.020													−40	≥34	
Q460	C	0.20	0.60	1.80	0.030	0.030	0.11	0.20	0.20	0.30	0.80	0.55	0.015	0.20	0.004	≥460	560~720	17	0	≥34	适用于制作中温高压容器（<120 ℃）、锅炉、石油化工高压厚壁容器（<100 ℃）等结构件
	D				0.030	0.025													−20	≥34	
	E				0.025	0.020													−40	≥34	

注：① 各牌号钢 C、D、E 三级的 $w(Als)$≥0.015%。
② 下屈服强度为钢材厚度（直径）≤16 mm 时的数据，抗拉强度和断后伸长率为钢材厚度（直径）≤40 mm 时的数据。

图 3-2　南京长江大桥

当强度级别超过 500 MPa 时，其 F+P 组织很难达到要求，这时需在低碳钢中加入适量能延缓珠光体转变，而对贝氏体转变速度影响很小的元素如 Mo、B（微量）、Cr 等，以保证空冷（正火）条件下得到大量下贝氏体组织，使 R_{eH} 显著提高，而仍具良好韧性和加工工艺性能。如 14CrMnMoVB，适用于制造受热在 400～500 ℃ 的锅炉、高压容器等。

在技术推动下，低合金结构钢作为工程结构领域的关键材料，呈现出以下主要发展趋势：

（1）微合金化与控制轧制协同实现最佳强韧化。加入 V、Ti、Nb 等微合金元素，在控制轧制时能抑制奥氏体晶粒长大，冷却后获得细晶粒组织，这不仅提升钢的强度，还改善其韧性、塑性和焊接性能。以桥梁建设用钢为例，采用该技术可增强桥梁的抗疲劳和抗振能力，延长其使用寿命。

（2）多元微合金化优化组织。多元微合金化（添加 Cr、Mn、Mo、Si、B 等元素）能改变钢的基体组织，在热轧空冷下得到贝氏体甚至马氏体组织，可大幅提高钢的强度。此技术在建筑和机械制造领域广泛应用，满足了不同工程对材料强度和综合性能的要求。

（3）超低碳化提升性能。传统低合金结构钢含碳量约 0.2%，为提升钢材的韧性、焊接性与冲压性，需大幅降低含碳量，降幅有时可达 1.0～0.6 个数量级。但这对冶炼工艺要求很高，需借助真空冶炼、真空去气等先进工艺控制杂质和成分均匀性。在汽车制造领域，其主要用于制造大梁、车身等部件，既能保障安全，又能减轻车身重量，从而提高了燃油经济性。

3.3.2　渗碳钢

渗碳钢属于低碳合金结构钢，经渗碳热处理后使用，主要用于制造承受摩擦力、交变接触应力和冲击条件下工作的零件，例如汽车、拖拉机、重型机床中的齿轮，以及内燃机的凸轮轴等。这些零件表面要求有高的硬度和耐磨性及高的接触疲劳强度，心部则要求有良好的韧性，只有采用合金渗碳钢经渗碳热处理后才能满足上述性能要求。

1）成分及性能特点

渗碳钢的含碳量较低，仅为 0.10%～0.25%，这样可以保证零件心部有足够的韧性。常加入的合金元素有 Cr、Ni、Mn、B，这些元素除了提高钢的淬透性、改善零件心部组织与性能外，还能提高渗碳层的强度与韧性，尤其以 Ni 的作用最为显著。此外钢中还加入微量的 V、Ti、W、Mo 等元素以形成特殊碳化物，阻止奥氏体晶粒在渗碳温度下长大，使零件在渗碳后能进行预冷直接淬火，并提高零件表面硬度、接触疲劳强度及韧性。由此可见，渗碳钢具有较高的强度和韧性、较好的淬透性，同时具有优良的工艺性能。即使在 930～950 ℃ 高温下渗碳，其奥氏体晶粒也不会长大，这样既能使零件渗碳后表面获得高的硬度和耐磨性，又能使心部有足够的强度和韧性。

2) 常用牌号及热处理

根据淬透性高低,将合金渗碳钢分为三类。

(1) 低淬透性合金渗碳钢。其 $R_m = 800 \sim 1000 \text{ MPa}$,如 20Mn2、20MnV、20Cr、20CrV 等,用于制造尺寸较小的零件,如小齿轮、活塞销等。图 3-3 所示活塞销,常用于发动机等机械部件中。

(2) 中淬透性合金渗碳钢。其 $R_m = 1000 \sim 1200 \text{ MPa}$,如 20CrMn、20CrMnTi、20MnTiB、20CrMnMo 等,其中应用最广的是 20CrMnTi 钢,用于制造承受高速、中速、冲击和在剧烈摩擦条件下工作的零件,如汽车、拖拉机的变速箱齿轮、离合器轴等。

图 3-3 活塞销

(3) 高淬透性合金渗碳钢。其 $R_m > 1200 \text{ MPa}$,如 18Cr2Ni4WA 等,用于制造大截面、高负荷以及要求高耐磨性及良好韧性的重要零件,如飞机、坦克的曲轴、齿轮及内燃机车的主动牵引齿轮等。

合金渗碳钢的热处理一般都是渗碳后直接进行淬火并低温回火,经处理后,其表层组织为细针状回火高碳马氏体+粒状碳化物+少量残留奥氏体,硬度为 58~64 HRC,心部组织为铁素体(或托氏体)+低碳马氏体,硬度为 35~45 HRC。图 3-4 是 20CrMnTi 钢制造汽车、拖拉机变速箱齿轮的热处理工艺规范。

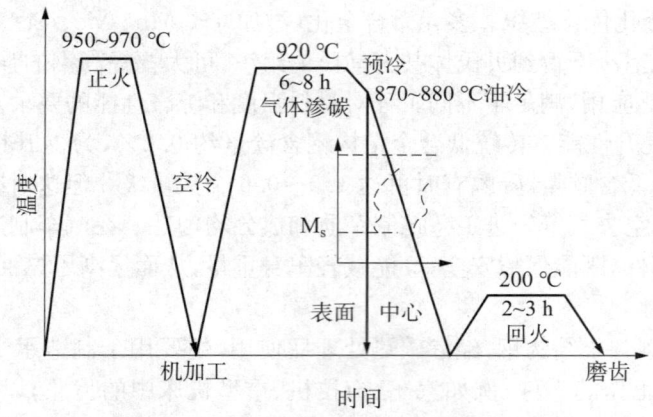

图 3-4 20CrMnTi 钢齿轮的热处理工艺规范

常用合金渗碳钢的成分、热处理、力学性能和用途列于表 3-3 中。

3.3.3 调质钢

调质钢是指经过调质处理(淬火+高温回火)后使用的中碳合金结构钢,主要用于制造受力复杂、要求综合力学性能的重要零件如精密机床的主轴、汽车的后桥半轴、发动机的曲轴、连杆螺栓、锻锤的锤杆等,这些零件在工作过程中承受弯曲、扭转或拉-拉、拉-压交变载荷与冲击载荷的复合作用,它们既要有高的强度,又要有高的塑性、韧性,既要有良好的综合力学性能。

1) 成分及性能特点

合金调质钢的 w_C 为 0.25%~0.50%,多为 0.40% 左右,以保证钢经调质处理后有足够

表3-3 部分常用合金渗碳钢的成分、热处理、力学性能和用途（GB/T 3077—2015）

钢号	主要化学成分/%							热处理/℃			力学性能					毛坯尺寸/mm	用途
	C	Mn	Si	Cr	Ni	V	其他	第一次淬火	第二次淬火	回火	R_m/MPa	$R_{p0.2}$/MPa	A_5/% ≥	Z/%	A_{KU2}/J		
20Mn2	0.17~0.24	1.40~1.80	0.17~0.37	—	—	—	—	850 水、油	—	200 水、空	785	590	10	40	47	15	小齿轮、小轴、活塞销等
20Cr	0.18~0.24	0.50~0.8	0.17~0.37	0.70~1.00	—	—	—	880 水、油	780~820 水、油	200 水、空	835	540	10	40	47	15	齿轮、小轴、活塞销等
20MnV	0.17~0.24	1.30~1.60	0.17~0.37	—	—	0.07~0.12	—	880 水、油	—	200 水、空	785	590	10	40	55	15	同上，也用作锻炉、高压容器管道等
20CrMo	0.17~0.23	0.90~1.20	0.17~0.37	0.90~1.20	—	—	Mo 0.20~0.30	850 油	—	200 水、空	930	735	10	45	47	15	齿轮、轴、蜗杆、活塞销、摩擦轮
20CrMnMo	0.17~0.23	0.90~1.20	0.17~0.37	1.10~1.40	—	—	Mo 0.20~0.30	850 油	—	200 水、空	1180	835	10	45	55	15	汽车、拖拉机上的后桥齿轮
20CrMnTi	0.17~0.23	0.80~1.10	0.17~0.37	1.00~1.30	—	—	Ti 0.04~0.10	880 油	870 油	200 水、空	1080	850	10	45	55	15	汽车、拖拉机上的变速箱齿轮
20MnTiB	0.17~0.24	1.30~1.60	0.17~0.37	—	—	—	Ti 0.04~0.10 B 0.0008~0.0035	860 油	—	200 水、空	1130	930	10	45	55	15	代替20CrMnTi
20CrNi4	0.17~0.23	0.30~0.60	0.17~0.37	1.25~1.65	3.25~3.65	—	—	880 油	780 油	200 水、空	1130	1080	10	45	63	15	大型渗碳齿轮和轴类
18Cr2Ni4W	0.13~0.19	0.30~0.60	0.17~0.37	1.35~1.65	4.00~4.50	—	W 0.80~1.20	950 空	850 空	200 水、空	1180	835	10	45	78	15	大型渗碳齿轮和轴类

注：渗碳零件应先经渗碳处理后再进行热处理。

的强度和塑性、韧性。常加入的合金元素有 Mn、Cr、Si、Ni、B 等,它们的主要作用是增加淬透性,强化铁素体,有时加入微量的 V,以细化晶粒。对于含 Cr、Mn、Cr-Ni、Cr-Mn 的钢中常加入适量的 Mo、W,以防止或减轻第二类回火脆性。因此,合金调质钢淬透性好、调质处理后具有优良的综合力学性能。

2) 常用牌号及热处理

根据淬透性,将合金调质钢分为三类。

(1) 低淬透性合金调质钢。如 40Cr、40MnB 等,用于制造截面尺寸较小或载荷较小的零件,如连杆、螺栓、机床主轴等。

(2) 中淬透性合金调质钢。如 35CrMo、38CrSi 等,用于制造截面尺寸较大、载荷较大的零件,如发动机冷端支架、高载荷螺栓、连杆等。

(3) 高淬透性合金调质钢。如 38CrMoAlA、40CrNiMoA 等,用于制造截面尺寸大、载荷大的零件,如航空发动机曲轴、涡轮轴、压气机叶片(图 3-5)、高压阀门阀杆、燃料泵壳体等。

图 3-5 压气机叶片

合金调质钢的热处理工艺为淬火+高温回火,也就是调质处理,其组织为回火索氏体,具有良好的综合力学性能。此外,有些调质钢制零件除了要求较高的强度、塑性、韧性配合外,还要求局部区域有良好的耐磨性,为此,经过调质处理后,还要对局部区域进行感应加热表面淬火或渗氮。例如火车内燃机曲轴用 42CrMo 钢制造,调质后再对轴颈进行中频感应加热表面淬火和低温回火;又如精密机床的主轴用 38CrMoAlA 钢制造,调质后再进行表面渗氮处理。对于带有缺口的零件,为了减少缺口引起的应力集中,调质以后在缺口附近再进行喷丸或滚压强化,可以大大提高疲劳抗力,延长使用寿命。

部分常用合金调质钢的化学成分、热处理、力学性能和用途列于表 3-4 中。近年来,利用低碳合金结构钢经淬火+低温回火获得强韧性好的低碳马氏体来代替中碳合金调质钢,提高了零件的承载能力,减轻了质量,取得了较好的效果。例如冷镦钢 LD20MnTiB,经 840~860 ℃淬火和 180~220 ℃回火,获得回火低碳马氏体组织,其屈服强度和抗拉强度分别为 930 MPa 和 1 130 MPa,断后伸长率和断面收缩率分别为 10% 和 45%,实现了强度和塑性的良好匹配,满足大功率新车型的设计要求;又如可采用 20SiMnMoV 钢代替 35CrMo 钢制造航空发动机的轴类零件,凭借其高强度、良好的韧性和耐热性能,有助于保障部件在恶劣工况下稳定工作,提升发动机的可靠性和性能。

3.3.4 弹簧钢

合金弹簧钢是用于制造弹簧或其他弹性零件的钢种。在机械及仪表中,弹簧主要有两大作用:一是通过弹性变形储存并传递能量,缓和机械的振动与冲击,如飞机起落架的减振弹簧、飞行控制系统中的操纵弹簧等;二是使其他零件按设计规定动作,如气门弹簧、仪表弹簧等。

1) 成分及性能特点

为保证弹簧具有高强度和高弹性极限,合金弹簧钢的碳质量分数比合金调质钢高,一般为 0.45%~0.70%。常加入的合金元素有 Si、Mn、Cr、V、Nb、Mo、W,它们的主要作用是提高钢的淬透性和耐回火性,强化铁素体,提高弹性极限和屈强比。另外,Mo、W、V、Nb 还可以降低因 Si 的加入造成的脱碳敏感性。因此,合金弹簧钢的淬透性好、耐回火性好,脱碳敏感性小,具有高的弹性极限、屈服强度、抗拉强度和屈强比及较高的疲劳强度与足够的塑性、韧性。

表 3-4 部分常用合金调质钢的化学成分、热处理、力学性能和用途(GB/T 3077—2015)

钢号	主要化学成分/%							热处理			力学性能				退火或高温回火状态 HBW ≤	用途
	C	Mn	Si	Cr	Ni	Mo	其他	淬火/℃	回火/℃	毛坯尺寸/mm	R_m/MPa	$R_{p0.2}$/MPa ≥	A_5/%	Z/%	α_k/(J/cm^2)		
40MnB	0.37~0.44	1.10~1.40	0.17~0.37	—	—	—	B 0.0005~0.0035	850 油	500 水、油	25	980	785	10	45	47	207	代替直径小于 50mm 的 40Cr 作重要螺栓和轴类件等
35SiMn	0.32~0.40	1.10~1.40	1.10~1.40	—	—	—	—	900 水	570 水、油	25	885	735	15	45	47	229	除低温(<-20℃)韧性稍差外,可全面代替 40Cr 和部分代替 40CrNi
40Cr	0.37~0.44	0.50~0.80	0.17~0.37	0.80~1.10	—	—	—	850 油	520 水、油	25	980	785	9	45	47	217	作重要调质件,如轴类、连杆螺栓、进气阀和重要齿轮等
30CrMnSi	0.27~0.34	0.80~1.10	0.90~1.20	0.80~1.10	—	—	—	840 油	520 水、油	25	1080	885	10	45	39	229	高强度钢,作高载荷砂轮轴、车轴上内外摩擦片等
38CrMoAlA	0.35~0.42	0.30~0.60	0.20~0.45	1.35~1.65	—	0.15~0.25	Al 0.70~1.10	940 水、油	640 水、油	30	980	835	14	50	71	229	作渗氮零件,如机床主轴,高压阀门、缸套等

续表

钢号	主要化学成分/%							热处理			力学性能				退火或高温回火状态 HBW ≤	用途
	C	Mn	Si	Cr	Ni	Mo	其他	淬火/℃	回火/℃	毛坯尺寸/mm	R_m/MPa	$R_{p0.2}$/MPa	A_5/%	Z/%	α_k/(J/cm²)	
											≥					
40CrNi	0.37~0.44	0.50~0.80	0.17~0.37	0.45~0.75	1.00~1.40	—	—	820 油	500 水、油	25	980	785	10	45	55	241	作较大截面和重要的曲轴、主轴、连杆等
37CrNi3	0.34~0.41	0.30~0.60	0.17~0.37	1.20~1.60	3.00~3.40	—	—	820 油	500 水、油	25	1130	980	10	50	47	269	作大截面并需要高强度、高韧性的零件
25Cr2Ni4WA	0.21~0.28	0.30~0.60	0.17~0.37	1.35~1.65	4.00~4.50	—	W 0.80~1.20	850 油	550 水	25	1080	930	11	45	71	269	制造机械性能要求很高的大断面零件
40CrNiMoA	0.37~0.44	0.50~0.80	0.17~0.37	0.60~0.90	1.25~1.65	0.15~0.25	—	850 油	600 水、油	25	980	835	12	55	78	269	作高强度零件。如航空发动机轴，在<500℃温度下工作的喷气发动机承力零件

2) 常用牌号及热处理

合金弹簧钢按所含合金元素大致分为以下两类：

(1) 含 Si、Mn 元素的合金弹簧钢。典型代表为 60Si2Mn，用于制造截面尺寸≤25 mm 的弹簧，如起落架减振弹簧(图 3-6)、飞行控制系统连接弹簧等。

(2) 含 Cr、V 元素的合金弹簧钢。典型代表为 50CrVA，用于制造截面尺寸≤30 mm，并在 350～400 ℃温度下工作的重载弹簧，如阀门弹簧、内燃机的气阀弹簧等。合金弹簧钢的热处理为淬火+中温回火，获得回火托氏体组织，其硬度为 43～48 HRC，具有最好的弹性。

图 3-6 起落架减振弹簧

弹簧的表面质量对使用寿命影响很大，微小的表面缺陷如脱碳、裂纹、夹杂等均会降低弹簧的疲劳强度。因此，弹簧在热处理后常采用喷丸处理，使其表面产生残留压应力，以提高疲劳寿命，例如用 60Si2Mn 钢制作的汽车板簧，经喷丸处理后使用寿命提高 5～6 倍。

3) 不同类型弹簧的工艺路线

生产上根据成型工艺将弹簧分为冷成型弹簧和热成型弹簧，其加工工艺路线分述如下。

(1) 冷成型弹簧。对于截面尺寸<10 mm 的小型弹簧，如钟表、仪表中的螺旋弹簧、发条、弹簧片，压缩机直流阀阀片及阀弹簧等，都采用冷成型。成型前，钢丝或钢带先经冷拉(冷轧)或热处理(淬火+中温回火)，使其具有高的弹性极限和屈服强度，然后冷卷或冷冲压成型，成型后的弹簧再在 200～400 ℃温度下进行去应力退火。其工艺路线为：

冷拉(冷轧)钢丝(钢带)或淬火+中温回火钢丝(钢带)→冷卷(冷冲压)成型→去应力退火→成品。

(2) 热成型弹簧。对于截面尺寸>10 mm 的大型弹簧或形状复杂的弹簧，如汽车、拖拉机、火车的板弹簧和螺旋弹簧等，都采用热成型。先将剪裁好的扁钢或圆钢料加热至高温进行压弯或卷绕成型，然后经淬火+中温回火热处理，最后对弹簧进行喷丸处理，以产生表面残留压应力，提高疲劳强度。其工艺路线为：

扁钢(圆钢)下料→加热压弯(卷绕)成型→淬火+中温回火→喷丸→成品。

常用合金弹簧钢的成分、热处理、力学性能和用途列于表 3-5 中。

3.3.5 轴承钢

轴承钢用于制造滚动轴承的滚珠、滚柱和套圈等的钢种，也可用于制作精密量具、冷冲模、机床丝杠及柴油机油泵的精密零件如针阀体、柱塞、柱塞套等。

滚动轴承在工作时，承受着高达 3 000～5 000 MPa 的交变接触压应力和较大的摩擦力，还会受到大气、润滑油的侵蚀。它常因接触疲劳导致麻点剥落和过度磨损而失效，有时也会因腐蚀而使精度下降。因此，滚动轴承应具有高的接触疲劳强度和高而均匀的硬度和耐磨性及一定的韧性和耐蚀性能。

1) 成分及性能特点

传统的轴承钢是一种高碳低铬钢，其 w_C 为 0.95%～1.05%，以保证钢具有高硬度和高强度，w_{Cr} 为 0.35%～1.95%，其作用是提高钢的淬透性，并形成合金渗碳体(Fe·Cr)$_3$C，使钢具有高的接触疲劳强度和耐磨性。对于大型轴承用钢，还需加入 Si、Mn、Mo 等元素，以进一步提高钢的淬透性和弹性极限与抗拉强度。对于无铬轴承钢中还需加入 V，以形成 VC 提

表 3-5 常用合金弹簧钢的成分、热处理、力学性能和用途（GB/T 1222—2016）

钢号	主要化学成分/%					热处理/℃		力学性能 不小于				用途
	C	Mn	Si	Cr	V	其他	淬火	回火	$R_{p0.2}$/MPa	R_m/MPa	$A/\%$ A_5 / A_{10}	$Z/\%$	
65	0.62~0.70	0.50~0.80	0.17~0.37	≤0.25	—	—	840 油	550	800	1000	— / 9	35	截面≤12 mm 的小弹簧
65Mn	0.62~0.70	0.90~1.20	0.17~0.37	≤0.25	—	—	830 油	540	800	1000	— / 8	30	截面<25 mm 的各种螺旋弹簧、板弹簧
60Si2Mn	0.56~0.64	0.60~0.90	1.50~2.00	≤0.35	—	—	870 油	480	1200	1300	— / 5	25	截面<25 mm 的各种螺旋弹簧、板弹簧
60Si2CrA	0.56~0.64	0.40~0.70	1.40~1.80	0.70~1.00	—	—	870 油	420	1600	1800	6 / —	20	制造高温（≤350 ℃）、截面<50 mm 的强度要求较高的弹簧
50CrVA	0.46~0.54	0.50~0.80	0.17~0.37	0.80~1.10	0.10~0.20	—	850 油	500	1150	1300	10 / —	40	制造截面<30 mm 重载荷弹簧和螺旋弹簧，以及工作温度<400 ℃的各种弹簧
55CrMnA	0.52~0.60	0.65~0.95	0.17~0.37	0.65~0.95	—	—	830~860 油	460~510	1100 ($\sigma_{0.2}$)	1250	9 / —	20	车辆、拖拉机上用直径<50 mm 的圆弹簧和板弹簧
60CrMnA	0.56~0.64	0.70~1.00	0.17~0.37	0.70~1.00	—	—	830~860 油	460~520	1100 ($\sigma_{0.2}$)	1250	9 / —	20	同上
60CrMnBA	0.56~0.64	0.70~1.00	0.17~0.37	0.70~1.00	—	B 0.0005~0.004	830~860 油	460~520	1100 ($\sigma_{0.2}$)	1250	9 / —	20	同上
30W4Cr2VA[①]	0.26~0.34	≤0.40	0.17~0.37	2.00~2.50	0.50~0.80	W 4.0~4.5	1050~1100 油	600	1350	1500	7 / —	40	制造工作温度≤450 ℃的圆弹簧和板弹簧

注：除抗拉强度 R_m 外，其他性能检验结果供参考。

高钢的耐磨性并细化晶粒。另外，轴承钢要求纯度极高，非金属夹杂物及 S、P 含量很低（$w_S<0.020\%$、$w_P<0.027\%$）。由此可见，轴承钢具有高的硬度和高的弹性极限以及高的接触疲劳强度和适当的韧性，并具有一定的耐蚀能力。

2）常用牌号及热处理

轴承钢按所含合金元素大致分为以下两类：

（1）高碳铬轴承钢。如 GCr4、GCr15、GCr15SiMn、GCr15SiMo、GCr18Mo，其中 GCr4、GCr15 的淬透性较低，用于制作中小型滚动轴承及冷冲模、量具、丝杠等；GCr15SiMn、GCr15SiMo、GCr18Mo 的淬透性高，用于制作大型滚动轴承，如图 3-7 所示。

图 3-7　圆柱滚子轴承

（2）高碳无铬轴承钢。如 GMnMoVRE、GSiMoMnV，其性能和用途与 GCr15 相同。轴承钢的热处理主要是球化退火、淬火和低温回火。球化退火的目的是获得球状珠光体，使钢的硬度降低到 207～220 HBW，以利于切削加工并为淬火作组织准备。淬火和低温回火是决定轴承钢性能的关键热处理技术，淬火和低温回火后的组织为细针状回火马氏体＋细粒状（或球状）碳化物＋少量残留奥氏体，硬度为 62～66 HRC。由于低温回火不能彻底消除内应力及残留奥氏体，在长期使用中会发生应力松弛和组织转变，引起尺寸变化，所以在生产精密轴承时，在淬火后应立即进行一次冷处理（－60～－80 ℃），并分别在低温回火和磨削加工后再进行 120～130 ℃保温 5～10 h 的低温时效处理，以进一步减少残留奥氏体和消除内应力，保证尺寸稳定。滚动轴承的加工工艺路线如下：

轧制或锻造 → 球化退火 → 机加工 → 淬火 → 低温回火 → 磨削 → 成品
　　　　　　　　　　　　　　　　↓　　　　↓　　　　　↓
　　　　　　　　　　　　　　　冷处理　　时效　　　　时效

常用高碳铬轴承钢的化学成分及轴承零件淬火、回火后的硬度列于表 3-6 中。

3.3.6　超高强度钢

工程上一般把抗拉强度大于 1 500 MPa 的钢称为超高强度钢，它在航空、航天工业中使用较为广泛，主要用来制造飞机起落架、机翼大梁、火箭发动机壳体、液体燃料氧化剂贮箱、高压容器以及常规武器的炮筒、枪筒、防弹板等。作为飞行器的构件必须有较轻的自重，有抵抗高速气流剧烈冲击与耐高温（300～500 ℃）的能力，还有在强烈的腐蚀介质中工作的能力。

1）成分及性能特点

此类钢的含碳量范围较宽，为 0.03%～0.45%，合金元素按少量多元的原则加入钢中。常加入的元素有 Cr、Mn、Ni、Si、Mo、V、Nb、Ti、Al。其中，Cr、Mn、Ni 和 Si 能显著提高钢的淬透性；Si 可使钢的耐回火性大大提高，导致第一类回火脆性区向高温方向偏移，从而使钢可在较高的温度下回火，利于塑性、韧性的改善；Mo、V、Ti、Nb、Al 等元素的加入能形成特殊碳化物（Mo_2C、V_4C_3 等）与金属间化合物（Ni_3Mo、Ni_3Ti、[(Ni·Fe)(Ti·Al)]等），使钢产生二次硬化；V、Ti、Nb 等元素还有细化晶粒的作用。

超高强度钢有着与铝合金相近的比强度（强度/密度），因此，用它制造飞行器的构件可以使重量大大减轻；它有足够的耐热性，适应在气动力加热的条件下工作，此外，它还有一定的塑性、冲击韧性及断裂韧性，能抵抗高速气流剧烈而长时间的冲击；加之有良好的切削性能、焊接性能及价格低于钛合金等优点，使它成为可以替代钛合金用于制造高温（250～450 ℃）气流条

表 3-6 高碳铬轴承钢的化学成分及轴承零件淬火、回火后的硬度
（GB/T 18254—2016 及 JB/T 1255—2014）

钢号	主要化学成分/%					热处理/℃		零件名称	成品尺寸/mm	硬度/HRC				
	C	Si	Mn	Cr	Mo	淬火	常规回火			淬火后不小于	常规回火后	高温回火后		
												200℃	250℃	300℃	350~400℃
GCr15	0.95~1.05	0.15~0.35	0.25~0.45	1.40~1.65	≤0.1	800~820	150~160	套圈有效壁厚	12~30	62	59~64	57~62	56~60	54~58	52
									>30	60	58~63	56~61	55~59	53~57	52
GCr15SiMn	0.95~1.05	0.45~0.75	0.95~1.25	1.40~1.65	≤0.1	820~840	170~190	钢球公称直径	≤30	64	61~66	60~65	58~63	56~60	52
									30~50	62	59~64	58~63	57~61	55~59	52
									>50	61	58~64	57~62	56~61	54~58	52
GCr15SiMo	0.95~1.05	0.65~0.85	0.20~0.40	1.40~1.70	0.30~0.40	820~840	170~190	滚子有效直径	≤20	64	60~65	60~65	60~63	56~60	52
GCr18Mo	0.95~1.05	0.20~0.40	0.25~0.40	1.65~1.95	0.15~0.25	820~840	170~190		20~40	63	58~64	58~63	57~61	55~59	52
									>40	61	57~63	57~62	56~60	54~58	52

注：中、小尺寸轴承零件选用 GCr15 钢，大尺寸轴承零件选用 GCr15SiMn、GCr15SiMo、GCr18Mo 钢制造。

件下工作的飞行器材料。

2) 常用牌号及热处理

按成分和使用性能的不同，超高强度钢可分为三类：低合金超高强度钢、中合金超高强度钢以及高合金超高强度钢。

(1) 低合金超高强度钢。其抗拉强度一般在 1500~2300 MPa，它是由合金调质钢发展而来的。钢中 w_C 为 0.30%~0.45%，随着含碳量的增加，钢的抗拉强度 R_m 明显提高。其大致规律是：w_C 为 0.30%，R_m 约为 1700~1800 MPa；w_C 为 0.35%，R_m 约为 2000~2100 MPa；w_C 为 0.40%，R_m 约为 2200~2300 MPa。钢中合金元素的总质量分数≤5%。常加入的合金元素有 Si、Mn、Ni、Cr、Mo、W、V 等，它们的主要作用是提高钢的淬透性和耐回火性及强化马氏体和铁素体，从而提高钢的强度。此外，Mo 还能防止第二类回火脆性；Si 还能使第一类回火脆性出现的温度向高温推移，例如 w_{Si} 为 0.20%~0.35%的钢，在 260℃左右出现此类回火脆性，而 w_{Si} 为 1.45%~1.80%的钢在 350℃才开始出现此类回火脆性。

此类钢主要用于制造飞机上一些负荷很大的零件，如主起落架的支柱、轮叉、机翼主梁等。可采用 900℃加热、650℃等温的方式进行预先热处理，以达到改善切削加工性能的目的。为了获得超高的强度，钢的最终热处理不采用调质，而采用淬火后低温回火，钢件在细针状的回火马氏体组织状态下使用。为了减少淬火应力和变形，还可采用等温淬火处理，其工艺为 900℃加热，置入 280~330℃硝盐中或在 180~280℃下等温，得到下贝氏体或马氏体组织。钢件经最后精加工后，还应在 200~250℃下加热并保温 2~3 h，以消除切削加工应力，减弱钢对应力集中的敏感性。

国内外常用的低合金超高强度钢的牌号汇总于表 3-7 中。

表 3-7 国内外常用低合金超高强度钢的化学成分、热处理规范及力学性能

钢号	主要化学成分/%							热处理规范			力学性能				
	C	Si	Mn	Mo	V	Cr	其他	淬火/℃	回火/℃	R_m/MPa	$R_{p0.2}$/MPa	A_5/%	Z/%	α_k/(J/cm²)	K_{IC}/(MPa·m$^{1/2}$)
30CrMnSiNi2A	0.27~0.34	0.90~1.20	1.0~1.30	—	—	0.90~1.20	Ni 1.40~1.80	900 油	250~300	1600~1800	—	8~9	35~45	40~60	260~274
40CrMnSiMoV	0.37~0.42	1.20~1.60	0.80~1.20	0.45~0.60	0.07~0.12	1.20~1.50	—	920 油	200	1943	—	13.7	45.4	79	203~230
30Si2Mn2MoWV	0.27~0.31	2.00~2.50	1.50~2.0	0.55~0.75	0.05~0.15	—	W 0.40~0.60	950 油	250	≥1900	≥1500	10~12	≥25	≥50	≥350
32Si2Mn2MoV	0.31~0.36	1.45~1.75	1.60~1.90	0.35~0.45	0.20~0.35	—	—	920 油	320	1845	1580	12	46	58	250~280
35Si2MnMoV	0.32~0.36	1.40~1.70	0.90~1.20	0.50~0.60	0.10~0.20	—	—	930 油	300	1800~2000	1600~1800	8~10	30~35	50~70	—
40SiMnCrMoVRE	0.38~0.43	1.40~1.70	0.90~1.20	0.35~0.45	0.06~0.18	1.00~1.30	RE 0.15	930 油	280	2050~2150	1750~1850	9~14	40~50	70~90	—
38Cr₂Mo₂VA (GC-19)	0.32~0.37	0.80~1.20	0.80~1.20	2.00~2.50	0.40~0.50	1.30~1.70	—	1020 油	550 两次	1895	1560	10.5	46.5	63	177~232
40CrNiMoA (AISI4340)	0.38~0.43	0.20~0.35	0.60~0.80	0.20~0.30	—	0.70~0.90	Ni 1.65~2.00	900 油	230	1820	1620	8	30	55~75	—
AMS6434(美制)	0.31~0.38	0.20~0.35	0.60~0.80	0.30~0.40	0.17~0.23	0.65~0.90	Ni 1.65~2.0	900 油	240	1780	1720	12*	33	—	—
300M(美制)	0.41~0.46	1.45~1.80	0.65~0.90	0.30~0.40	≥0.05	0.65~0.95	Ni 1.60~2.0	871 油	315	2020	1500~1600	9.5*	34	—	—
D6AC(美制)	0.42~0.48	0.15~0.30	0.60~0.90	0.90~1.1	0.05~0.10	0.90~1.20	Ni 0.40~0.70	880 油	510	1700~2080	—	9~11*	40	—	—
ЭИ643(苏制)	0.40	0.8	0.70	—	—	1.0	Ni 2.80 W 1.0	910 油	250	1600~1900	—	8	35	5	—

* 表示用标距为 50.8 mm 的试样测出的断后伸长率。

(2) 中合金超高强度钢。指在 300～500 ℃ 的使用温度下能保持较高比强度与热疲劳强度的钢。从含碳量来看,此类钢又分为中合金中碳超高强度钢与中合金低碳超高强度钢两个系列,这里着重介绍前者。此类钢的 w_C 为 0.30%～0.40%,合金元素的总质量分数为 5%～10%,其中以 Cr、Mo 元素为主。这类钢有高的淬透性与抗氧化能力,可以空冷淬火,且 500～600 ℃ 回火时能从马氏体中析出弥散细小的 M_2C 和 MC 型碳化物(如 Mo_2C、VC 等),产生二次硬化。

此类钢可用于制造超声速飞机中承受中温的强力构件、轴类和螺栓等零件。常用的牌号、成分、热处理工艺及性能见表 3-8～表 3-10。

表 3-8 中合金高强度钢的牌号及质量分数

牌号	质量分数/%					
	C	Si	Mn	Cr	Mo	V
4Cr5MoSiV(美 H11)	0.32～0.42	0.8～1.2	≤0.4	4.5～5.5	1～1.5	0.3～0.5
4Cr5MoSiV1(美 H13)	0.32～0.42	0.8～1.2	≤0.4	4.5～5.5	1～1.5	0.8～1.1
HST140(英)	0.40	0.35	0.6	5.0	2.0	0.5

表 3-9 中合金超高强度钢热处理工艺及力学性能(室温)

牌号	热处理工艺	R_m/MPa	$R_{p0.2}$/MPa	A/%	α_k/(J/cm²)	HRC
4Cr5MoSiV	1 000 ℃ 淬火,580 ℃ 二次回火	1 745	—	13.4	55	51
4Cr5MoSiV1	1 000 ℃ 淬火,580 ℃ 二次回火	1 830	1 670	9	19	51
HST140	1 050 ℃ 淬火,600 ℃ 回火	2 150	1 630	13	60	—

表 3-10 4Cr5MoSiV 钢在不同温度下的疲劳极限

试样类别	在下列温度时的疲劳极限(σ_{-1})/MPa				
	室温	300 ℃	400 ℃	500 ℃	600 ℃
光滑试样	880	680	640	630	610
缺口试样	570	440	430	—	420

(3) 高合金超高强度钢。马氏体时效钢是高合金超高强度钢中的一个系列,它是一种以铁-镍为基础的高合金钢,具有极好的强韧性。此类钢的高强度是靠时效处理,使金属间化合物从马氏体中析出而获得的。其成分特点是钢中含镍量极高(w_{Ni} 为 18%～25%),而含碳量极低(w_C<0.03%),并含有 Mo、Ti、Al、Nb 等元素。

此类钢的热处理分为两步,首先是固溶处理,即加热得到溶入大量合金元素的奥氏体,再冷却成为含大量合金元素的单相马氏体,第二步是进行时效,即在一定温度下使金属间化合物 [Ni_3Mo、Ni_3Ti、Ni_3Nb、$Ni_3(Al \cdot Ti)$ 等]同马氏体保持一定的晶格联系沉淀析出。研究表明,Ni 的作用是使钢在加热时获得合金化的单相奥氏体,并保证冷却时马氏体的形成,Ni 还与钢中加入的其他元素形成金属间化合物。此外,由于超高的 Ni 与超低的 C,此类钢在空冷条件下即可得到硬度不高(30～35 HRC)、塑性及韧性都很好的低碳板条马氏体,使其机械加工就在此状态下也易进行。

根据含镍量,马氏体时效钢可分为多种类型,主要用于航空航天上尺寸精度高而其他超高强度钢又难以满足要求的重要构件,如火箭发动机壳体与机匣、空间运载工具的扭力棒悬挂体、高压容器等。典型马氏体时效钢的牌号、成分、热处理规范及性能见表3-11、表3-12。

表3-11 典型马氏体时效钢的质量分数　　　　　　　　　　　　　　　　　　　　　单位:%

牌号	C	Si	Mn	Ni	Mo	Ti	Al	其他
Ni18Co9Mo5TiAl(18Ni)	≤0.03	≤0.1	≤0.1	17~19	4.7~5.2	0.5~0.7	0.05~0.15	Co 8.5~9.5
Ni20Ti2AlNb(20Ni)	≤0.03	≤0.1	≤0.1	19~20	—	1.3~1.6	0.15~0.30	Nb 0.3~0.5
Ni25Ti2AlNb(25Ni)	≤0.03	≤0.1	≤0.1	25~26	—	1.3~1.6	0.15~0.30	Nb 0.3~0.5

表3-12 典型马氏体时效钢的热处理规范及性能

牌号	热处理工艺	R_m/MPa	$R_{p0.2}$/MPa	A/%	Z/%	α_k/(J/cm²)	HRC	K_{IC}/(MPa·m^{1/2})
Ni18Co9Mo5TiAl(18Ni)	815℃固溶处理1h空冷+480℃时效3h空冷	1400~1550	1350~1450	14~16	65~70	83~152	46~48	88~176
Ni20Ti2AlNb(20Ni)	815℃固溶处理1h空冷+480℃时效3h空冷	1800	1750	11	45	21~28	—	—
Ni25Ti2AlNb(25Ni)	815℃固溶处理1h+705℃时效4h+冷处理+435℃时效1h	1900	1800	12	53	—	—	—

3)超高强度钢在C919大飞机中的应用

飞机选材的首要目标是轻质化,相关数据表明,现代商用客机每减重一磅,可获得的直接经济效益高达800万美元。作为中国第一款独立自主研发、具有自主知识产权的民用大型客机——C919大飞机,因大量采用先进材料,机身整体减重达到7%左右,获得了可观的经济性提升。C919的材料选用充分考虑了轻量化、高可靠、长寿命、高效能和绿色环保等性能,兼顾了成熟性和先进性。

C919大飞机用钢主要集中在起落架等关键承力构件上。飞机起落架是飞机在起飞和着陆过程中无可替代的装置,其性能极大地影响着飞机的使用和安全。因此,具有优异比强度和比刚度的超高强度钢成为制造飞机起落架的首选材料。C919客机起落架采用的是超高强度300M钢,其化学成分主要为30CrMoV9钢,含碳量约为0.3%,是一种具有高度硬化和强化元素的钢。300M钢的硬度通常在HRC60以上,具有较高的硬度和耐磨性,同时还具有较好的韧性和塑性,经过热处理后可以得到较好的机械性能和物理性能。此外,300M钢的抗回火性能较好,可以在高温下保持较高的硬度。C919大飞机项目材料/标准件合格产品目录中所包含的钢材主要有9种牌号,包括4340、300M、302、321、21-6-9、440C、15-5PH、PH13-8Mo和17-7PH,其中起落架主体材料超高强度300M钢占到全机总重量的4.5%左右,占全机特殊合金钢总重量的65%左右,图3-8所示为以

图3-8 以300M钢为主体材料的C919起落架

300M钢为主体材料的C919起落架。

超高强度钢是一种为适应航空和航天技术的需要而逐渐发展起来的高比强度的结构材料,其在航空航天、能源、船舶、海洋工程、国防军工等领域扮演着越来越重要的角色,至今一直是材料科学的重要前沿研究热点。超高强度钢在弹性模量、冲击韧性和强度等方面具有超越其他材料的优势,未来它仍将是一种不可替代的关键材料之一。

3.4 工具钢

工具钢是用于制造刃具、模具、量具的钢种。按化学成分可分为碳素工具钢、低合金工具钢、高合金工具钢等;按用途可分为刃具钢、模具钢和量具钢。碳素工具钢价格低廉,但由于它的淬透性低、耐回火性差,多用于制造手动或低速运动的机用工具,对于截面尺寸大、形状复杂、要求热稳定性好的工具,则需采用合金工具钢。下面按工具钢用途分类进行介绍。

3.4.1 刃具钢

刃具钢主要指制造车刀、铣刀、刨刀、钻头等金属切削刀具的钢种。常见的刃具钢类型包括碳素工具钢、低合金工具钢以及高速工具钢。

1) 刀具的工作条件和性能要求

刀具在切削过程中,承受着压应力、弯曲力、摩擦力,同时因摩擦产生的热量会使刃部温度升高(有时可高达500~600℃),此外,还会承受一定的冲击和振动。其常见的失效方式为磨损、崩刃或折断。因此对刃具钢提出的性能要求为必须具有高硬度、高耐磨性、高的切断抗力、高的热硬性(即在高温下保持高硬度的能力),以及足够的塑性和韧性。

2) 碳素工具钢

(1) 成分及性能特点。碳素工具钢的含碳量为0.65%~1.35%,高含碳量可保证淬火后有足够高的硬度。随着含碳量的增加,硬度变化不大,但是由于未溶渗碳体增多,使钢的耐磨性增强,而韧性下降。碳素工具钢可锻性和切削加工性好,价格便宜,但因不含合金元素,淬透性和耐热性差,主要用于制造一般切削速度下的小尺寸刀具,以及形状简单、精度较低的量具和模具等。

(2) 常用牌号及热处理。碳素工具钢的预备热处理为球化退火,目的是降低硬度,改善切削加工性,为淬火做组织准备。最终热处理是淬火加低温回火,淬火温度为780℃,回火温度为180℃,组织为回火马氏体+粒状渗碳体+少量的残留奥氏体。

常用碳素工具钢的牌号、成分、特性和应用见表3-13。

表3-13 常用碳素工具钢的牌号、成分、特性和应用(GB/T 1298—2008)

牌号	主要化学成分的质量分数/%			退火状态/HBW	试样淬火/HRC	应用举例
	C	Si	Mn			
T7 T7A	0.65~ 0.74	≤0.35	≤0.40	≥187	800~820℃ 水淬≥62	作为承受冲击、韧性较好、硬度适当的工具,如手钳、大锤、螺钉旋具、木工工具等
T8 T8A	0.75~ 0.84	≤0.35	≤0.40	≥187	780~800℃ 水淬≥62	作为承受冲击、硬度要求高的工具,如冲头、压缩空气工具、木工工具等
T10 T10A	0.95~ 1.04	≤0.35	≤0.40	≥197	760~780℃ 水淬≥62	作为不受剧烈冲击、高硬度、耐磨的工具,如车刀、刨刀、冲头、丝锥、钻头、手锯条

续表

牌号	主要化学成分的质量分数/%			退火状态/HBW	试样淬火/HRC	应用举例
	C	Si	Mn			
T12 T12A	1.15~1.24	≤0.35	≤0.40	≥207	760~780℃ 水淬≥62	作为不受冲击、硬度要求高、高耐磨的工具,如锉刀、刮刀、精车头、丝锥、量具
T13 T13A	1.25~1.35	≤0.35	≤0.40	≥217	760~780℃ 水淬≥62	作为不受冲击、硬度要求高、高耐磨的工具,如锉刀、刮刀、精车头、丝锥、量具,以及要求更耐磨的工具,如剃刀、刮刀

3) 低合金工具钢

(1) 成分及性能特点。低合金工具钢是在碳素工具钢的基础上加入少量合金元素形成的。其含碳量为 0.75%~1.5%,主加元素为 Cr、Mn、Si,以提高钢的淬透性,Cr 和 Si 还能提高耐回火性;辅加元素为 W 和 V,加入的目的是细化晶粒、降低过热敏感性、提高硬度和耐磨性。为了避免碳化物的不均匀性,合金元素的总加入量一般不大于 4%(质量分数)。与碳素工具钢相比,由于合金元素的加入,提高了钢的淬透性、耐回火性,降低了过热倾向,因而可在油中淬火,淬火后的硬度与碳素工具钢处于同一范围,但淬火变形、开裂倾向小。切削温度可达 250℃(比碳素工具钢提高 50℃)。但是成本相应地提高,锻压及切削加工性降低。低合金工具钢广泛应用于制造各种形状复杂、要求变形小的低速切削刀具,如板牙、丝锥、铰刀、铣刀等。

(2) 常用牌号及热处理。低合金工具钢的预备热处理为球化退火。最终热处理为淬火加低温回火,组织为回火马氏体+未溶碳化物+残留奥氏体。

低合金工具钢典型应用如图 3-9 所示,其牌号、成分、特性和应用见表 3-14。

图 3-9 低合金工具钢扳手

4) 高速工具钢

(1) 成分及性能特点。高速工具钢主要用于制造高速切削的刀具,热硬性高,切削速度比碳素工具钢及低合金工具钢高 1~3 倍,耐用性提高 4~9 倍,切削温度达到 600℃ 硬度仍能保持在 55~60 HRC。高速工具钢的含碳量为 0.7%~1.6%,可以保证马氏体基体的高硬度和形成足够数量的碳化物,其合金元素总量一般大于等于 17%(质量分数),属于高合金钢。高速工具钢主加合金元素是 W、Mo、Cr、V、W、Mo,在退火态时以 M_6C 形式存在,加热奥氏体化时,大部分可溶入奥氏体,淬火时保留在马氏体中,回火时可有效阻止马氏体分解,还可以 M_2C 形式细小弥散析出,产生二次硬化,是保证高速工具钢具有高硬度、高热硬性的主要元素,未溶解进入奥氏体的 M_6C,可阻止奥氏体晶粒长大,有细化晶粒的作用。当 $w_W>20\%$ 时,W 的碳化物的分布不均匀性增加。W 的导热性差,会降低钢的热导率。Cr 的主要作用是提高淬透性,高速工具钢中 $w_{Cr}=4\%$ 左右,所以具有很高的淬透性,空冷即可淬火,俗称"风钢",一般尺寸的刀具都可以淬透。但 Cr 会使 M_s 点下降,淬火后残留奥氏体量增多,因此其加入量一般不超过 4%。Cr 还可提高高速工具钢的耐蚀性和抗氧化脱碳的能力。V 主要起细化晶粒的作用,也可提高钢的硬度和耐磨性。高速工具钢中的辅加元素为 Co、Al、Si,它们具有进

表 3-14　低合金工具钢的牌号、成分、特性和应用(GB/T 1299—2014)

牌号	主要化学成分的质量分数/%							热处理					应用举例
								淬火			回火		
	C	Mn	Si	Cr	W	V	Mo	淬火温度/℃	淬火冷却介质	硬度/HRC	回火温度/℃	硬度	
9Mn2V	0.85～0.95	1.70～2.00	≤0.40	—	—	0.10～0.25	—	780～810	油	≥62	150～200	60～62 HRC	小冲模、冲模及剪刀、冷压模、雕刻模、落料模、各种变形小的量规、样板、丝锥、板牙、铰刀等
9SiC	0.85～0.95	0.30～0.60	1.20～1.60	0.95～1.25	—	—	—	860～880	油	≥62	180～200	60～62 HRC	板牙、丝锥、钻头、铰刀、齿轮铣刀、冲模、冷轧辊等
Cr2	0.95～1.10	≤0.40	≤0.40	1.30～1.65	—	—	—	830～860	油	≥62	150～170	61～63 HRC	切削工具如车刀、铣刀、插刀、铰刀等；测量工具如样板等；凸轮销、偏心轮、冷轧辊等
CrWMn	0.90～1.05	0.80～1.10	≤0.40	0.90～1.20	1.20～1.60	—	—	800～830	油	≥62	140～160	62～65 HRC	板牙、拉刀、量规、形状复杂且精度高的冲模等
Cr12	2.00～2.30	≤0.40	≤0.40	11.50～13.00	—	—	—	950～1000	油	≥60	180～220	60～62 HRC	冲模冲头、冷切剪刀(硬薄的金属)、钻套、量规、螺纹滚模、粉末冶金模、落料模、拉丝模、木工切削工具等
								1080	油	45～50	500～520(三次)	59～60 HRC	
Cr12MoV	1.45～1.70	≤0.40	≤0.40	11.00～12.50	—	0.15～0.30	0.40～0.60	980	油	62～63	160～180	61～62 HRC	冷切剪刀、圆锯、切边模、滚边模、缝口模、标准工具与量规、拉丝模、螺纹滚模等
								1120	油	41～50	510(三次)	60～61 HRC	
5CrNiMo	0.50～0.60	0.50～0.80	≤0.40	0.50～0.80	Ni 1.40～1.80	—	0.15～0.30	830～860	油	≥47	530～550	364～402 HBW	料压模、大型锻模等
5CrMnMo	0.50～0.60	1.20～1.60	0.25～0.60	0.60～0.90	—	—	0.15～0.30	820～850	油	≥50	560～580	324～364 HBW	中型锻模等
3Cr2W8V	0.30～0.40	≤0.40	≤0.40	2.20～2.70	7.50～9.00	0.20～0.50	—	1075～1125	油	>50	560～580(三次)	44～45 HRC	高应力压模、螺钉或铆钉热压模、热剪切刀、压铸型等

一步提高热硬性的作用。Co 可提高钢的熔点,进而提高淬火温度,使更多的 W、Mo、V 等元素溶入奥氏体中,回火时二次硬化效果更显著。含 Co 高速工具钢回火时还可析出 CoW、Fe_2W 等金属间化合物,起弥散强化的作用。此外 Co 是唯一具有改善钢的导热性的特性元素,有利于提高钢的切削速度。Co 的缺点是价格较昂贵,脆性大,含 Co 高速工具钢的脱碳倾向大,可用 Al、Si 代替 Co。

(2) 高速工具钢的压力热加工及热处理。高速工具钢是莱氏体钢,铸态组织为亚共晶组织,含有大量鱼骨状共晶体。这种组织脆性大,无法通过热处理改善,会降低钢的强度、韧性、热硬性和热塑性,对使用性能和工艺性能不利。因此需要在 900～1200 ℃反复锻打,击碎共晶碳化物,使其均匀分布。

高速工具钢锻后要及时进行球化退火,温度为 860～880 ℃,其目的是降低硬度,便于切削加工,并为淬火做组织准备。退火组织为索氏体＋细块状的碳化物。

为了使更多合金元素溶入奥氏体中,达到淬火后获得高合金马氏体的目的,高速工具钢淬火温度高达 1200～1300 ℃。为缩短高温下的加热时间,防止加热时产生变形和内应力,加热时要经过 600～650 ℃和 800～880 ℃两次预热。淬火多采用盐浴分级淬火或油淬以减少变形和开裂(导热性差)。淬火组织为隐晶马氏体＋较多残留奥氏体(30%)＋未溶碳化物。硬度为 61～63 HRC。

高速工具钢常在 550 ℃左右进行三次回火。主要的目的是稳定组织、产生二次硬化。首先是 550 ℃回火时,碳化物 W_2C 或 Mo_2C 弥散地从马氏体中析出,这些碳化物很稳定,不易长大,从而提高钢的强度和硬度。其次由于碳化物析出,残留奥氏体中的碳及合金元素减少,M_s 点升高,在随后冷却时,就会有部分残留奥氏体转变为马氏体,即二次淬火,也使钢的硬度变大。这两个原因使钢在回火时出现了硬度回升的二次硬化。

多次回火的第二个目的是充分消除残留奥氏体。以 W18Cr4V 为例,其淬火后残留奥氏体约占 30%,二次回火可使其在冷却时部分转变,三次回火后残留奥氏体仅剩约 3%。后一次回火还可以消除前一次残留奥氏体转变为马氏体时产生的内应力。最终组织为回火马氏体＋少量残留奥氏体(<5%)＋未溶碳化物。图 3-10 是 W18Cr4V 高速工具钢的最终热处理工艺曲线。

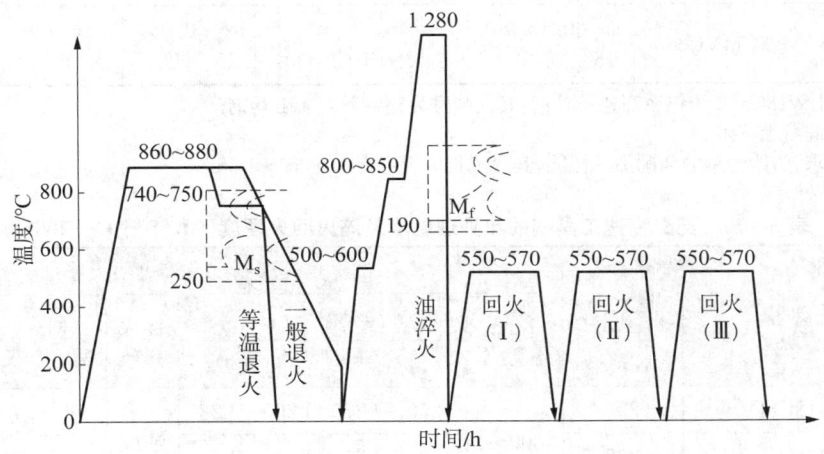

图 3-10　W18Cr4V 高速工具钢的最终热处理工艺曲线

(3) 高速工具钢典型钢种。分为通用型高速工具钢、特殊用途高速工具钢和含钴型高速工具钢。

① 通用型高速工具钢。通用型的为钨系和钨钼系,如 W18Cr4V 和 W6Mo5Cr4V2。两种钢的组织和性能相似,但 W6Mo5Cr4V2 钢的耐磨性、热塑性和韧性更好些,而 W18Cr4V 钢的热硬性高、热处理脱碳及过热倾向小。

② 特殊用途高速工具钢。一般为高碳高钒型,如 W12Cr4V4Mo。硬度、耐磨性和热硬性很高,硬度为 65~67HRC。其可锻性、磨削性较差,适用于制造形状简单、磨削量不大、加工很硬材料的工具。

③ 含钴型高速工具钢。含钴型的如 W12Cr4V5Co5 和 W6Mo5Cr4V3Co8。其硬度、耐磨性和热硬性更高,硬度为 66~68HRC。Co 提高了钢的热导率,因而淬火时变形开裂倾向小。其缺点是价格昂贵,脱碳倾向大,脆性大。适用于制造重负荷条件下工作的刀具,如用于加工热导率小的奥氏体钢、耐热钢及强度较高的调质钢。

常用高速工具钢的牌号和成分见表 3-15,其热处理制度及淬火回火硬度见表 3-16。

表 3-15 常用高速工具钢的牌号和成分(GB/T 9943—2008)

序号	统一数字代号	牌号①	化学成分的质量分数/%									
			C	Mn	Si②	S③	P	Cr	V	W	Mo	Co
1	T51841	W18Cr4V	0.73~0.83	0.10~0.40	0.20~0.40	≤0.030	≤0.030	3.80~4.50	1.00~1.20	17.20~18.70	—	
2	T66642	W6Mo6Cr4V2	1.00~1.10	≤0.40	≤0.45	≤0.030	≤0.030	3.80~4.50	2.30~2.60	5.90~6.70	5.50~6.50	
3	T69341	W9Mo3Cr4V	0.77~0.87	0.20~0.40	0.20~0.40	≤0.030	≤0.030	3.80~4.40	1.30~1.70	8.50~9.50	2.70~3.20	
4	T66546	W6Mo5Cr4V2Al	1.05~1.15	0.15~0.40	0.20~0.60	≤0.030	≤0.030	3.80~4.40	1.75~2.20	5.50~6.75	4.50~5.50	Al:0.80~1.20
5	T76545	W6Mo5Cr4V2Co5	0.87~0.95	0.15~0.40	0.20~0.45	≤0.030	≤0.030	3.80~4.50	1.70~2.10	5.90~6.70	4.70~5.20	4.50~5.00
6	T72948	W2Mo9Cr4VCo8	1.05~1.15	0.15~0.40	0.15~0.65	≤0.030	≤0.030	3.40~4.25	0.95~1.35	1.15~1.85	9.00~10.00	7.75~8.75

注:① 表中牌号 W18Cr4V 为钨系高速工具钢,其他牌号为钨钼系高速工具钢。
② 电渣钢的含硅量无下限。
③ 根据需方要求,为改善钢的切削加工性能,其含硫量可规定为 0.06%~0.15%。

表 3-16 部分高速工具钢的热处理制度及淬火回火硬度(GB/T 9943—2008)

序号	牌号	交货硬度①(退火态)/HBW 不大于	试样热处理制度及淬火回火硬度					
			预热温度/℃	淬火温度/℃		淬火介质	回火温度②/℃	硬度③/HRC ≥
				盐浴炉	箱式炉			
1	W18Cr4V	255	800~900	1250~1270	1260~1280	油或盐浴	550~570	63
2	W6Mo6Cr4V2	262		1190~1210	1190~1210		550~570	64
3	W9Mo3Cr4V	255		1200~1220	1220~1240		540~560	64

续表

序号	牌号	交货硬度（退火态）/HBW 不大于	试样热处理制度及淬火回火硬度					
			预热温度/℃	淬火温度/℃		淬火介质	回火温度/℃	硬度/HRC ≥
				盐浴炉	箱式炉			
4	W6Mo5Cr4V2Al	269	800～900	1 200～1 220	1 230～1 240	油或盐浴	550～570	65
5	W6Mo5Cr4V2Co5	269		1 190～1 210	1 200～1 220		540～560	64
6	W2Mo9Cr4VCo8	269		1 170～1 190	1 180～1 200		540～560	66

注：① 退火+冷拉态的硬度，允许比退火态指标增加 50 HBW。
② 回火温度为 550～570 ℃时，回火 2 次，每次 1 h；回火温度为 540～560 ℃时，回火 2 次，每次 2 h。
③ 试样淬回火硬度供方若能保证可不检验。

3.4.2 模具钢

模具是用于进行压力加工的工具。根据坯料的加工温度，可将模具分为冷作模具和热作模具两大类。由于它们的工作条件不同，对模具钢的性能要求也有区别。为了满足其性能要求，必须合理选用钢材，正确制订热处理工艺。

1) 冷作模具钢

（1）冷作模具的工作条件及性能要求。冷作模具钢用于制造使金属在冷态下变形的模具，如冲模、冷挤压模、冷镦模、冷拉延模、冷弯曲模、切边模和拉丝模等，这类模具工作时实际温度一般不超过 200～300 ℃。冷作模具主要受被加工材料的强烈摩擦和挤压，且承受冲击、弯曲、压缩等多种应力作用。磨损、变形和断裂为主要失效形式。因此，冷作模具钢需具备高硬度（58～62 HRC）和高耐磨性、高强度与足够韧性，以及良好的工艺性能，包括良好的锻造工艺性、切削工艺性、淬透性、淬硬性，且热处理变形较小等。

（2）冷作模具钢的化学成分。常用的冷作模具钢包括碳素工具钢和大部分低合金工具钢，如 T8、9SiCr 等。现主要讨论用于制造受力较大部件的冷作模具钢，有 Cr12 型冷作模具钢，如 Cr12 及 Cr12MoV；高碳中铬钢，如 Cr6WV 及 Cr5MolV。

Cr12 型冷作模具钢的 $w_C=1.3\%\sim2.3\%$，以便形成足够的碳化物来保证高的耐磨性。其主加合金元素为 Cr，$w_{Cr}=11\%\sim13\%$，如 Cr12 中 $w_C=2.0\%\sim2.3\%$、$w_{Cr}=12\%$，由此可见冷作模具钢的含碳量和含铬量在工具钢中都是最高的。Cr 的主要作用是提高淬透性（模具都是大块的实心钢件）和耐回火性，与碳形成的 $(Cr,Fe)_7C_3$ 可提高耐磨性。辅加的合金元素有 W、Mo、V 等，主要是和 Cr 一起形成高硬度的合金渗碳体，以细化晶粒、提高耐磨性。

（3）常用牌号及热处理。冷作模具钢的热处理特点同高速工具钢一样，Cr12 型钢属于莱氏体钢，其网状共晶碳化物需要通过反复锻造来改变其形态和分布。但是淬火与回火则与高速工具钢有所不同，它可以采用两种不同的淬火、回火方法。

① 一次硬化法。采用较低的淬火温度淬火，直接获得高硬度，而后进行一次低温回火即可。得到的马氏体晶粒较细，强度、韧性较好，同时硬度、耐磨性也高。

② 二次硬化法。采用较高的淬火温度淬火，由于溶入奥氏体中的含铬量较高，M_s 点下降，淬火后残留奥氏体含量较高，淬火态的硬度低，而后采用多次高温回火，硬度变大。二次硬化法淬火、回火后的硬度随回火温度的变化规律与高速工具钢类似。

常用冷作模具钢的牌号、成分、热处理及应用见表 3-17。

表 3-17 常用冷作模具钢的牌号、成分、热处理及应用 (GB/T 1299—2014)

牌号	主要化学成分的质量分数/%				球化退火		最终热处理				应用举例
	C	Cr	Mo	V	温度/℃	硬度/HBW	淬火温度/℃	淬火硬度/HRC	回火温度/℃	回火硬度/HRC	
Cr12	2.00~2.30	11.50~13.00	—	—	850~870	217~269	980 油	62~65	180~220	60~62	冲模冲头、冷切剪刀(硬薄的金属)、钻套、量规、拉丝模等
							1080 油	45~50	500~520(三次)	59~60	
Cr12MoV	1.45~1.70	11.00~12.50	0.40~0.60	0.15~0.30	850~870	207~255	1030 油	62~63	160~180	61~62	冷切剪刀、圆锯、切边模、滚边模、量规、拉丝模、螺纹滚模等
							1120 油	41~50	570(三次)	60~61	

2) 热作模具钢

热作模具钢主要用于制造使加热金属或液态金属成型的模具,如热锻模、热挤压模、压铸型等,工作时型腔表面温度可达600℃以上。

(1) 热作模具的工作条件及性能要求。实际上热模具和冷模具在工作时受力是一样的,都承受冲击力、拉应力、压应力和摩擦力。不同之处在于热模具加工的是热工件,相对来说受力程度要小一些,但是由于型腔表面与高温金属接触,可加热至300~400℃,局部高达500~600℃,在反复受热和冷却条件下工作时会受到交变热应力,易导致热疲劳裂纹产生。因此要求其具有良好的综合力学性能,在高温下能保持高的强度和冲击韧度,良好的热疲劳性能,良好的淬透性,使大、中型模具得到均匀一致的组织及力学性能,良好的抗氧化性能,良好的导热性与切削加工性能。

(2) 热作模具钢的化学成分。其化学成分与调质钢相似,$w_C=0.3\%\sim0.6\%$,以保证足够的强度和韧性。主加的合金元素为Cr、Ni、Mn、Si等,辅加元素为Mo、W、V。合金元素的作用是提高淬透性(Cr、Ni、Mn、Si),提高耐回火性(Cr、Ni、Mn、Si),防止第二类回火脆性(Mo、W),产生二次硬化(V、Mo、V),阻止奥氏体晶粒长大(W、Mo、V),以及提高高温强度和抗热疲劳性(Cr、W、Si)。

(3) 常用牌号及热处理。热作模具钢最终热处理是采用淬火加高温回火,得到回火索氏体组织,获得良好的综合力学性能。实际上热作模具钢的成分、热处理方式都与调质钢相似,但分属不同范围。

热作模具钢的典型钢种有两种:

① 锤锻模具钢。如5CrNiMo、5CrMnMo。用于制造形状复杂、受冲击载荷大的各种中、大型锤锻模,如图3-11所示。

② 热挤压模具钢。如Cr系:4Cr5MoSiV、4Cr5W2VSi;W系:3Cr2W8V。用于制造高温下承受高应力,但不承受冲击负荷的压铸型、热挤压模和顶锻模等。

图3-11 曲轴模具

常见热作模具钢的牌号、成分、热处理及应用见表3-18。

3.4.3 量具钢

量具是机械加工过程中控制加工精度的测量工具,如卡尺、千分尺、螺旋测微器、量块、塞尺及样板等。量具在使用和存放过程中必须保持尺寸精度,这是对量具最基本的要求。

1) 量具用钢应具有的基本性能

(1) 高的硬度和耐磨性。工作过程中,量具必须以极低的粗糙度值与被测工件相接触,以保证测量尺寸的精确,然而,由于量具与被测工件长期反复地接触,又会导致其工作面的磨损、碰撞,甚至变形,使其失去原有的尺寸精度而不能继续使用,因此量具应有较高的硬度(58~64HRC)。

(2) 组织稳定。量具钢在热处理后,马氏体分解、残余奥氏体转变及残余应力作用都会引起尺寸变化,因此精密量具必须尽量减少不稳定组织,降低内应力。

(3) 低的表面粗糙度。对于块规等高精度量具,为保证彼此紧密接触和贴合,应有很低的表面粗糙度,因此要求钢材纯净,组织致密。

(4) 耐蚀性。在腐蚀环境下工作的量具,应具备良好的耐蚀性。

表 3-18 常见热作模具钢的牌号、成分、热处理及应用 (GB/T 1299—2014)

牌号	主要化学成分/%						淬火		回火		应用举例
	C	Cr	Ni	Mn	Mo	W	V	温度/℃	硬度/HRC	温度/℃	硬度
5CrNiMo	0.50~0.60	0.50~0.80	1.40~1.80	0.50~0.80	0.15~0.30	—	—	830~860	≥47	530~550	364~402 HBW	用于制造形状复杂、冲击负荷重的各种大、中型锤锻模(边长可大于400 mm)
5CrMnMo	0.50~0.60	0.60~0.90	—	1.20~1.60	0.15~0.30	—	—	820~850	≥50	560~580	324~364 HBW	适用于制作中型锤锻模(边长小于400 mm)
3Cr2W8V	0.30~0.40	2.20~2.70	—	0.20~0.40	—	7.50~9.00	0.20~0.50	1075~1125	>50	560~580 (三次)	44~46 HRC	适用于制造在高温、高应力下,但不受冲击载荷的凹凸模,如压铸模、热挤压模、精锻模以及有色金属成型模等

2) 量具钢的选择

根据量具的种类和精度要求,量具可分别选用不同钢种制造。

(1) 低合金工具钢。量具最常用的钢类是低合金工具钢,如 CrWMn、GCr15 等。这些钢由于合金元素作用淬透性较高,淬火时油冷且残余奥氏体量稍多,所以变形较小。加入的 Cr、Mn 元素,使残余奥氏体趋于稳定,所以使用过程中组织稳定性增加。这类钢的含碳量较高,钢中有特殊碳化物存在,硬度与耐磨性较高。GCr15 钢在非金属夹杂物和碳化物偏析上控制较严格,冶金质量较好,经正确热处理后,钢的耐磨性、尺寸稳定性及抛光性能优良,因此一些精度要求较高的量具,如块规、螺纹塞头等,多用 GCr15 钢制作。

(2) 其他钢种的选用。形状简单,精度要求不高的量具可选用碳素工具钢,如 T10A、T11A、T12A。因碳素工具钢淬透性低,尺寸大的量具水淬易变形,所以只能用来制造尺寸小、形状简单、精度较低的卡尺、样板、量规等,如图 3-12 所示卡尺。

使用中易受冲击、精度不高的量具,如简单平样板、卡规、直尺等,可选用渗碳钢 15、20、15Cr、20Cr 等制造。经渗碳淬火并低温回火后表面具有高耐磨性,心部保持较好的韧性。这些量具也可以用中碳钢 50、55、60、65 制造,经调质后再进行高频表面淬火。

图 3-12 卡尺

要求特别高硬度、耐磨性及尺寸稳定的量具,可选用渗氮钢 38CrMoAl 或冷作模具钢 Cr12MoV 制造。38CrMoAl 钢经调质后精加工成型,渗氮后研磨可使量具有高的耐磨性。良好的抗蚀性及尺寸稳定性。Cr12MoV 钢经淬火回火后再进行渗氮或碳氮共渗,也可使量具达到很高的耐磨性、耐蚀性和尺寸稳定性。

在腐蚀条件下工作的量具,可选用 4Cr13、9Cr18 等不锈钢制造。这些不锈钢经热处理后,硬度可达 56~58 HRC,能同时保证量具具有良好的耐蚀性和耐磨性。

3) 量具钢的热处理

对于制造量具的合金工具钢,通常淬火并低温回火可以获得高硬度和高耐磨性。为了保证量具的尺寸精度和组织稳定,在热处理工艺上还应采取以下附加措施:

(1) 量具淬火加热时要进行预热,以减小变形。

(2) 在保证高硬度条件下尽量降低淬火温度,淬火采用分级或等温淬火,以减小残余奥氏体量。

(3) 采用较长的低温回火时间,提高组织稳定性。

(4) 精度要求较高的量具,淬火后要进行冷处理,使残余奥氏体继续转变为马氏体、增加钢的尺寸稳定性。冷处理应在淬火冷至室温后立即进行,温度一般为 -80~-70 ℃,冷处理后再进行低温回火。

(5) 精度要求特别高的量具在低温回火后须进行时效处理。时效温度一般为 120~130 ℃。时间在几小时至数十小时范围内选取。时效可以使残余奥氏体稳定,进而更彻底消除残余内应力,并使马氏体进一步析出碳化物,降低马氏体的正方度,使量具组织和尺寸趋于非常稳定。时效以后的工件还需精磨,精磨中产生的内应力,通过 120~130 ℃ 保温 8 h 的第二次时效予以消除。

对于制造量具的碳素工具钢,因所制量具一般精度要求不高,尺寸小,形状简单,可采用通常的热处理工艺。

3.5 不锈钢与耐热钢

用于制造在酸、碱、盐等腐蚀性环境下或在一定的温度条件下服役的各类机械零件的钢材,需要具有特殊的力学、物理、化学性能。这类零件常采用不锈钢或耐热钢。不锈钢和耐热钢在机械制造、石油、化工、仪表仪器、工业加热及国防工业等领域有着广泛的用途。

3.5.1 不锈钢

不锈钢是指在大气及弱腐蚀性介质中具有一定抗蚀能力的钢,而能在强腐蚀性介质(如酸类)中保持耐腐蚀性能的钢则被称为耐酸钢。

1) 金属的腐蚀

金属腐蚀是指金属材料与周围介质发生化学或电化学反应而逐渐被破坏的现象。按作用机理可分为化学腐蚀和电化学腐蚀两大类。化学腐蚀是金属直接与环境介质发生纯化学反应引起的,如钢在高温下氧化脱皮,以及在干燥空气、石油或燃气环境中的表层腐蚀;电化学腐蚀是金属与电解质溶液接触时因微电池效应产生的,常见于钢材接触酸性、碱性或盐类溶液时,这类腐蚀常伴随电流产生和金属离子迁移。为提升不锈钢的抗腐蚀性能,需从化学成分优化和组织结构调控两方面入手,通过阻断化学反应的物质交换通道和消除电化学腐蚀的电位差,实现双重防护目标。

2) 不锈钢的化学成分

不同不锈钢中的含碳量跨度范围很大,$w_C=0.02\%\sim0.95\%$,选择时主要考虑以下几个方面:①从耐蚀性的角度看,含碳量越低,耐蚀性越好。因为碳与铬形成的碳化物 $Cr_{23}C_6$ 沿晶界析出,使晶界周围基体严重贫铬。当铬贫化到耐蚀性所必需的最低含量(约 12%,质量分数)以下时,贫铬区迅速被腐蚀,造成沿晶界发展的晶间腐蚀,使金属产生沿晶脆断。因此,为保证耐蚀性,大多数不锈钢的 $w_C=0.1\%\sim0.2\%$。②从力学性能的角度看,含碳量提高,钢的强度、硬度、耐磨性会相应提高,因而对于要求具有高硬度、高耐磨性的刃具和滚动轴承钢,其 w_C 高达 $0.85\%\sim0.95\%$。为了避免由于铬的碳化物的析出产生贫铬区,对于高碳不锈钢,相应地要提高含铬量,保证形成碳化物后,基体的含铬量仍高于 12%(质量分数)。③碳还是扩大奥氏体区、强烈稳定奥氏体的元素。

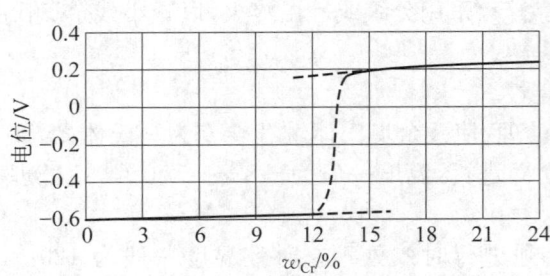

图 3-13 铁铬合金的电极电位(大气条件下)

铬是不锈钢中最重要的合金元素。它能按照 $n/8(n=1,2,3,\cdots)$ 规律显著提高基体的电极电位,即当铬加入量的原子比达到 1/8、2/8、3/8 等值时,会使钢的电极电位产生突变,跳跃式地增大,如图 3-13 所示,腐蚀会显著减小。铬还可以形成钝化膜 Cr_2O_3,使阳极极化,进一步提高钢的电极电位。铬可以扩大铁素体区,稳定铁素体元素,当含碳量低时,有利于获得单相铁素体,不构成原电池,保证好的耐蚀性。

镍是扩大奥氏体区元素,通过调整镍和铬之间的不同含量配比可获得各种不同类型的不锈钢。例如,18-8 型 12Cr18Ni9 为奥氏体不锈钢,14Cr17Ni2 为马氏体型不锈钢,17-7 型为奥氏体-马氏体不锈钢,$w_{Cr}=18\%\sim26\%$ 和 $w_{Ni}=4\%\sim7\%$ 配合可得到铁素体-奥氏体型双相不锈钢。

锰和氮也为扩大奥氏体元素,可用于部分替代镍,降低成本。钛和铌为强碳化物形成元素,可优先与碳形成碳化物,保证铬留在基体内,减小晶间腐蚀倾向。钼可形成钝化膜,对氯离子有抵抗作用。

3) 不锈钢的典型钢种及性能

不锈钢的应用范围非常广泛,除对其耐蚀性有要求外,在不同的工作应力条件下,对其力学性能的要求也相差甚远。因而针对不同的性能要求,其成分、热处理方式也有很大的不同。

按化学成分的不同,不锈钢可分为铬不锈钢、镍铬不锈钢、铬锰不锈钢等;按金相组织的特点,不锈钢可分为铁素体不锈钢、马氏体不锈钢、奥氏体不锈钢和奥氏体+铁素体不锈钢(双相型不锈钢)等。航空工业常用的是马氏体不锈钢、奥氏体不锈钢和双相型不锈钢。常用不锈钢的牌号、热处理、性能及应用等见表 3-19。

(1) 铁素体不锈钢。其成分特点是含碳量低而含铬量高。其含碳量一般小于 0.25%,含铬量为 13%～30%,有时还加入其他合金元素。典型的铁素体不锈钢有 Cr13 型、Cr17 型和 Cr25 型。铁素体不锈钢的金相组织主要是铁素体,加热及冷却过程中没有 $\alpha \rightarrow \gamma$ 转变,不能用热处理进行强化。当加入合金元素 Mo 时,则可在有机酸及含 Cl 的介质中有较强的抗蚀性。同时,它还具有良好的热加工性。铁素体不锈钢的力学性能不如马氏体不锈钢,因此多用于受力不大的耐酸结构和作抗氧化钢使用,主要用于制造耐蚀性要求较高但强度要求较低的构件,广泛用于制造硝氮肥等设备和化工使用的管道等。

铁素体不锈钢的主要缺点是韧性低、脆性大。其主要原因有以下几方面:

① 晶粒粗大。铁素体不锈钢在加热和冷却时不发生相变,粗大的铸态组织只能通过压力加工碎化,而无法用热处理来改变它。当温度超过 900 ℃ 时,晶粒将显著粗化。

② 475 ℃ 脆性。铁素体不锈钢在 350～500 ℃ 之间长时间停留加热及冷却,将会导致脆化,强度升高,而塑性、韧性急剧降低。在 475 ℃ 发展最快,这种脆化现象最为明显,因而称之为 475 ℃ 脆性。产生这种脆化现象的原因是,在此温度下铁素体将析出富 Cr 的化合物,使钢的脆性剧增。所以,铁素体不锈钢应力求避免在此温度范围使用。如出现脆性的钢件,可将其加热到 760～800 ℃,保温 0.5～1 h,脆性便可消除。

③ σ 相脆性。铁素体不锈钢在 550～850 ℃ 长时间停留时,将从铁素体中析出高硬度的 σ 相(FeCr),并伴随着很大的体积变化,且 σ 相常常沿晶界分布,因此造成钢有很大脆性。

(2) 马氏体不锈钢。正火后能获得马氏体组织的不锈钢称为马氏体不锈钢。常用的马氏体不锈钢有 Cr13 型钢(12Cr13、20Cr13、30Cr13、40Cr13 等)和 Cr18 型钢(95Cr18、1Cr17Ni2 等)。这两类常用的马氏体不锈钢由于只用 Cr 进行合金化,也只在氧化介质中耐蚀,因此在非氧化性介质中不能达到良好的钝化,所以耐蚀性很低。含碳量低的 12Cr13 钢、20Cr13 钢的耐蚀性较好,且具有较好的力学性能;30Cr13 钢、40Cr13 钢因含碳量增加,强度和耐磨性提高,但耐蚀性降低。

马氏体不锈钢采用的热处理工艺通常是淬火+回火,其淬火加热温度较高,一般为 1000～1150 ℃,目的是使碳化物($Cr_{23}C_6$)能充分溶入奥氏体,然后在油中快速冷却,以防碳化物析出,保证获得单相的马氏体组织;回火温度为 200～780 ℃,具体温度根据使用要求来确定,通常分为两种情况:① 12Cr13 钢和 20Cr13 钢含碳量低,多作结构钢使用,为提高其韧性,常采用 700 ℃ 左右的高温回火,回火后获得回火索氏体;② 30Cr13 钢和 40Cr13 钢含碳量

表 3-19 常用不锈钢的牌号、化学成分、热处理、力学性能和用途 (GB/T 1220—2007)

类型	牌号	化学成分质量分数/%				热处理/℃ 冷却剂	力学性能（不小于）				硬度	应用举例
		C	Ni	Cr	其他		$R_{p0.2}$/MPa	R_m/MPa	A/%	Z/%		
奥氏体型	12Cr18Ni9*	≤0.15	8.00~10.00	17.00~19.00	N≤0.10	固溶处理 1010~1150	205	520	40	60	≤187 HBW	经冷加工达到高的强度，可作建筑用装饰部件
	06Cr19Ni10*	≤0.08	8.00~11.00	18.00~20.00	—	固溶处理 1010~1150	205	520	40	60	≤187 HBW	用量最大，使用最广，用于制作深冲成型部件、输酸管道
	06Cr19Ni10N	≤0.08	8.00~11.00	18.00~20.00	N 0.10~0.16	固溶处理 1010~1150	275	550	35	50	≤217 HBW	用于制作有一定耐腐蚀性、较高强度和减重要求的设备或部件
	06Cr17Ni12Mo2*	≤0.08	10.00~14.00	16.00~18.00	Mo 2.0~3.0	固溶处理 1010~1150	205	520	40	60	≤187 HBW	主要用于制作耐点蚀部件，热交换用部件、高温耐蚀螺栓
奥氏体-铁素体	022Cr22Ni5Mo3N	≤0.03	4.50~6.50	21.00~23.00	Mo 2.5~3.4 N 0.08~0.20	固溶处理 950~1200	450	620	25	—	≤290 HBW	焊接性良好，用于制作耐点蚀油井管、化工储罐、热交换器等
	022Cr25Ni6Mo2N	≤0.03	5.50~6.50	24.00~26.00	Mo 1.2~2.5 N 0.10~0.20	固溶处理 950~1200	450	620	20	—	≤260 HBW	用于石化领域，制作热交换器等
铁素体型	06Cr13Al*	≤0.08	(≤0.06)	11.50~14.50	Al 0.1~0.3	退火 780~830	175	410	20	60	≤183 HBW	用于制作石油精制装置、压力容器衬里、蒸汽透平叶片等
	10Cr17Mo	≤0.12	(≤0.06)	16.00~18.00	Mo 0.75~1.25	退火 780~850	205	450	22	60	≤183 HBW	主要用于制作汽车车轮毂、紧固件及汽车外装饰材料
马氏体型	12Cr13*	0.08~0.15	(≤0.06)	11.50~13.40	Si≤1.00 Mn≤1.00	950~1000 淬火 700~750 回火	345	540	25	55	≥159 HBW	用于制作韧性要求较高且受冲击的刀具、叶片、紧固件等
	20Cr13*	0.16~0.25	(≤0.06)	12.00~14.00	Si≤1.00 Mn≤1.00	920~980 淬火 600~750 回火	440	640	20	50	≥192 HBW	用于制作承受高负荷的零件，如汽轮机叶片、热轴泵、叶轮
	95Cr18	0.90~1.00	(≤0.06)	17.00~19.00	S≤0.80 Mn≤0.80	1000~1050 淬火 200~300 回火	—	—	—	—	≥55 HRC	用于制作耐蚀高强度耐磨件，如轴、泵、阀件、弹簧、紧固件等

注：① 标*的钢也可作耐热钢使用。

② 奥氏体钢和双相钢固溶处理后快冷；铁素体钢退火后空冷缓冷；马氏体钢淬火介质为油，回火后快冷或空冷。

较高,常用于制造工具、弹簧、轴承等,为保持所需的硬度、强度,常采用250℃左右的低温回火,获得回火马氏体组织。虽然马氏体不锈钢组织中含有大量的Cr,但仍具有较好的耐蚀性。

(3) 奥氏体不锈钢。其一般含铬量为17%～19%、含镍量为8%～11%,属镍铬钢。典型的奥氏体不锈钢是18-8型不锈钢(Cr18Ni9),由于加入镍,扩大了奥氏体相区,从而获得单相奥氏体组织,因此奥氏体不锈钢有很好的耐蚀性及耐热性。现已在18-8型不锈钢的基础上发展了许多新钢种。

此外,奥氏体不锈钢的含碳量不能过高,否则易形成$(Cr,Fe)_{23}C_6$,这不但降低了奥氏体的含铬量,而且使钢成为两相,严重地影响其耐蚀性,因此奥氏体不锈钢的含碳量一般控制在0.10%左右,甚至控制在0.03%以下。

由于奥氏体不锈钢的含铬量、含镍量比马氏体不锈钢的高,且为单相奥氏体组织,因而具有更高的耐蚀性,使其不仅能抗大气、海水、燃气的腐蚀,而且能耐酸蚀,抗氧化温度可达850℃,具有一定的耐热性。由于奥氏体不锈钢没有磁性,不受周围磁场和地球磁场的干扰,因此奥氏体不锈钢可用于制造电气、仪表零件。

奥氏体不锈钢的晶格类型为面心立方结构,滑移系多,又是单相组织,因而塑性很好,热压与冷压加工性能相当优良,便于冲压加工成型。奥氏体不锈钢还具有良好的焊接性能。

奥氏体不锈钢在加热、冷却时不发生相变,因而奥氏体不锈钢不能通过热处理进行强化,只能靠冷变形加工强化,即通过加工硬化和形变诱发奥氏体部分转变成马氏体来实现强化,但其塑性和耐蚀性会显著下降。奥氏体不锈钢经固溶处理后,强度、硬度均不如马氏体不锈钢。

奥氏体不锈钢的切削加工性较差,因为这类钢的加工硬化现象严重,使得切削区显著强化,增大了切削阻力,加之它的导热性差,工作时造成刀刃温度迅速上升,而且切屑韧性增大,难以剥离,因此奥氏体不锈钢刀具使用寿命短、加工效率低、零件表面不光滑。

奥氏体不锈钢在航空上应用较多,可用于制造既承受腐蚀,又承受高温的航空零件,如超声速飞机蒙皮、隔热板,涡喷发动机的燃气导管、尾喷管,火箭发动机的液氧箱、液氟箱、液氢箱等。

(4) 双相不锈钢。为近年发展起来的新型不锈钢,其典型牌号为0Cr26Ni5Mo2。这类钢是在18-8型钢的基础上,提高了Cr的含量或加入了铁素体形成元素而制成的一类具有奥氏体和铁素体双相组织的不锈钢,它的化学成分是在$w_{Cr}=18\%～26\%$、$w_{Ni}=4\%～7\%$的基础上,根据不同用途加入Mn、Mo、Si等合金元素组合而成。双相不锈钢通常在1000～1100℃淬火,获得铁素体和奥氏体组织,奥氏体的存在降低了高铬铁素体钢的脆性,提高了高铬铁素体的强度、韧性和焊接性;铁素体的存在提高了奥氏体不锈钢的屈服强度、抗晶间腐蚀能力等。例如,022Cr19Ni5Mo3Si2N双相不锈钢,其室温强度比镍铬奥氏体钢的屈服强度高了一倍,而其塑性、冲击韧性仍较高,冷、热加工性能及可焊接性也较好。

(5) 超高强度不锈钢。其为了弥补通用钢材比强度低、耐蚀性差的不足而发展起来的,与其他超高强度钢相比,具有优异的耐蚀性,与普通不锈钢相比,又具有优良的比强度。

超高强度不锈钢可分为冷作硬化奥氏体不锈钢、马氏体不锈钢、沉淀硬化不锈钢、时效强化不锈钢、相变诱导塑性不锈钢五大类,其中每一类在航空工业、航天工业都有应用。例如,马氏体不锈钢中的1Cr10Co6MoVNbBV钢、1Cr11Ni2W2MoVA钢主要用于制造航空发动机耐腐蚀承力件(如压气机盘及其叶片、隔圈);沉淀硬化不锈钢中的05Cr17Ni4Cu4Nb钢用于制造飞机上要求高强度及耐蚀性的发动机压气机机匣、燃气导管、液体燃料储箱。

3.5.2 耐热钢

在发动机、化工、航空等领域，许多零件在高温环境下工作，尤其是一些转动件，需承受不同的温度、载荷和环境介质（空气、燃气）作用，大多需要用比强度高、耐热性好且抗腐蚀能力强的材料制造。温度升高会使钢件剧烈氧化，形成氧化皮，导致有效承载截面缩小而失效。为提高高温抗氧化性而使用的钢称为抗氧化钢；在高温下长期工作，强度会急剧下降，要求具有高的高温强度的钢称为热强钢。这两种钢统称耐热钢。

1) 高温性能指标

高温下结构零件的破坏因素有两个：一是氧化与腐蚀，二是热强度不足。因此，衡量高温材料的主要性能指标是热稳定性和热强度。

(1) 热稳定性。在高温下，金属材料抵抗氧化与腐蚀的能力称为热稳定性。热稳定性是以一定温度下，单位时间内单位面积上金属损失或增加的重量来表示的，其单位为 $g/(m^2 \cdot h)$。在其他条件相同的情况下，金属材料失重或增重越少，其热稳定性就越高。

金属的高温抗氧化性，通常主要取决于金属在高温下与氧接触时，表面能形成致密且熔点高的氧化膜，以避免金属的进一步氧化。一般碳钢在高温下很容易氧化，这主要是由于在高温下钢的表面生成疏松多孔的氧化亚铁（FeO），容易剥落，而且氧原子不断地通过 FeO 扩散，使钢继续氧化。

提高热稳定性的途径有二：一是进行表面化学热处理，如渗铝、渗铬、渗硅等；二是合金化，即在材料中加入适量的 Al、Cr、Si 等元素。由于这些元素的存在，可在零件表面形成稳定、致密、牢固的氧化薄膜——Al_2O_3、Cr_2O_3、SiO_2 等，它们可以保护零件不再继续氧化，从而提高材料的热稳定性。

由于 Al、Si 的加入会导致材料发脆，因此 Al 和 Si 的加入量很少，只能作为附加元素。在高温材料中，Cr 是用于提高热稳定性的主加元素，含铬量越高，材料的抗氧化能力也越强，如含铬量由 5% 递升到 12%、20%、30% 时，其抗氧化温度可分别递升到 800 ℃、1 000 ℃、1 100 ℃。

(2) 热强度。在高温下，金属材料抵抗变形和破坏的能力称为热强度或高温强度。衡量金属材料热强度的指标为蠕变极限和持久强度极限。

① 蠕变极限。在高温下，即使金属材料所受应力远远小于 $R_{p0.2}$，但随着时间的延长，金属材料还是会缓慢地发生塑性变形，这种现象称为蠕变。

金属材料在给定的温度 $T(℃)$ 下、规定的试验时间 $t(h)$ 内、发生一定蠕变伸长量 ε 的最大应力值称为蠕变极限，并用 $R_{p\varepsilon/t}^{T}$ 表示。例如 $R_{p0.2/500}^{800} = 200 \, MPa$，即代表该材料在 800 ℃ 下、500 h 内发生不超过 0.2% 的蠕变所需要的最大应力为 200 MPa。必须明确的是，蠕变温度高于该材料的再结晶温度。蠕变极限的大小，表明了金属材料在高温下抵抗缓慢塑性变形的能力，而且蠕变变形发展到一定程度，最后也能导致材料的断裂。金属材料、陶瓷材料在高温下会发生蠕变，高聚物在室温下就可能发生蠕变，所以，对于长期在一定温度下承载的机件，就要考虑它的蠕变性能。

② 持久强度极限。持久强度极限是指金属材料在一定温度 $T(℃)$ 下，经过规定时间 $t(h)$ 而不发生断裂的最大应力值，用 R_{Ut}^{T} 表示。例如 $R_{U100}^{800} = 200 \, MPa$，即表示该材料在 800 ℃ 下、经 100 h 使金属不发生断裂的最大应力为 200 MPa。持久强度极限的大小，表明了金属材料在高温下抵抗断裂的能力。

(3) 提高钢的高温强度常采用措施。

① 固溶强化。固溶体的热强性首先取决于固溶体自身的晶体结构,由于面心立方的奥氏体晶体结构比体心立方的铁素体排列得更紧密,因此奥氏体耐热钢的热强性高于铁素体为基的耐热钢。在钢中加入 Mo、W、Co 等合金元素时,因增大了原子间的结合力,减缓元素的扩散,提高再结晶温度,故提高钢热强性。

② 析出强化。在固溶体中沉淀析出稳定的碳化物、氮化物、金属间化合物,也是提高耐热钢热强性的重要途径之一。如加入 Nb、Ti、V 等合金元素时,形成的 NbC、TiC、VC 碳化物在晶内弥散析出,阻碍位错的滑移,提高塑变抗力,从而提高热强性。

③ 强化晶界。材料在高温下其晶界强度低于晶内强度,晶界成为薄弱环节。通过加入 Mo、Zr、V、B 等晶界吸附元素,降低晶界表面能,使晶界碳化物趋于稳定,使晶界强化,从而提高钢的热强性。

2) 常用耐热钢

耐热钢的常用牌号、成分、热处理、性能及用途见表 3-20。

选用耐热钢时,必须注意钢的工作温度范围以及在这个温度下的力学性能指标。耐热钢按照使用温度范围和组织可分为以下几种。

(1) 珠光体耐热钢。一般是指在正火状态下加热到 $A_{c3}+30\ ℃$,保温一段时间后空冷,随后在高于工作温度约 50 ℃ 下进行回火,其显微组织为珠光体+铁素体。其工作温度为 350~550 ℃,由于含合金元素量少,工艺性好,常用于制造锅炉、化工压力容器、热交换器、气阀等耐热构件。其中 15CrMo 主要用于锅炉零件,这类钢在长期使用过程中,会发生珠光体球化和石墨化现象,这会显著降低钢的蠕变极限和持久强度极限。为此,这类钢力求降低含碳量和含锰量,并适当加入铬、钼等元素,抑制球化和石墨化倾向。除此之外,钢中加入铬是为了提高抗氧化性,加入钼是为了提高钢的高温强度。

(2) 马氏体耐热钢。主要用于制造汽轮机叶片和气阀等。12Cr13、20Cr13 是最早用于制造汽轮机叶片的耐热钢。为了进一步提高热强性,在保持高的抗氧化性能的同时,加入钨、钼等元素使基体强化,使碳化物稳定,提高钢的耐热性能。

14Cr11MoV、15Cr12WMoV,经淬火+高温回火后,可使工作温度提高到 550~580 ℃。

42Cr9Si2、40Cr10Si2Mo 是典型的汽车阀门用钢,经调质处理后,钢具有较高的耐热性和耐磨性。0.4% 的含碳量是为了获得足够的硬度和耐磨性,加入铬、硅是为了提高抗氧化性,加入钼是为了提高高温强度和避免回火脆性。

40Cr10Si2Mo 常用于制作重型汽车的气阀。

(3) 奥氏体耐热钢。其耐热性能优于珠光体耐热钢和马氏体耐热钢,这类钢的冷塑性变形性能和焊接性能都很好,一般工作温度在 600~700 ℃,广泛用于航空、舰艇、石油化工等工业部门制造汽轮机叶片、发动机气阀等。最典型的牌号是 06Cr18Ni9Ti,Cr 的主要作用是提高抗氧化性和高温强度,Ni 主要是使钢形成稳定的奥氏体,并与 Cr 相配合提高高温强度,Ti 是通过形成弥散的碳化物提高钢的高温强度。

ZG40Cr25Ni20Si2(HK40) 是石化装置上大量使用的高碳奥氏体耐热钢,这种钢在铸态下的组织是奥氏体基体+骨架状共晶碳化物,在 900 ℃ 工作寿命达 10 万 h,Cr 是抗氧化性能的主要元素,Cr 和 Ni 同时加入,其主要作用是得到单相稳定的奥氏体,提高钢的高温强度。

45Cr14Ni14W2Mo 是用于制造大功率发动机排气阀的典型钢种。此钢的含碳量提高到 0.4%,目的在于形成铬、钼、钨的碳化物并呈弥散析出,提高钢的高温强度。

表 3-20 部分常用耐热钢的牌号、化学成分、热处理、力学性能和用途（GB/T 1221—2007、GB/T 3077—1999、GB/T 8492—2002）

类型	牌号[1]	化学成分[2]的质量分数/%						热处理/℃ 冷却剂[3]	力学性能（不小于）				硬度/HBW	应用举例
		C	Si	Mn	Cr	Mo	其他		$R_{p0.2}$/MPa	R_m/MPa	A/%	Z/%		
珠光体型	15CrMo	0.12~0.18	0.17~0.37	0.40~0.70	0.80~1.10	0.40~0.55	—	淬900 空 回650 空	295	440	22	60	≤179	510℃的锅炉过热器、主汽管（正大）、常温重要零件
	12Cr1MoV	0.08~0.15	0.17~0.37	0.40~0.70	0.90~1.20	0.25~0.35	V 0.15~0.30	淬970 空 回750 空	245	490	22	50	≤179	570~585℃的高压设备中的过热钢管、导管等
	25Cr2MoVA	0.22~0.29	0.17~0.37	0.40~0.70	1.50~1.80	0.25~0.35	V 0.15~0.30 P、S≤0.025	淬900 油 回640 空	785	930	14	55	≤241	≤570℃的螺母，<530℃的螺栓，510℃长期工作的紧固件
奥氏体型	20Cr25Ni20	≤0.25	≤1.50	≤2.00	24.00~26.00	—	Ni 19.0~22.0	固溶处理 1030~1180	205	590	40	50	≤201	1035℃以下可反复加热、用于炉用部件、喷嘴、燃烧室
	06Cr19Ni13Mo3*	≤0.08	≤1.00	≤2.00	18.00~20.00	3.00~4.00	Ni 11.0~15.0	固溶处理 1010~1150	205	520	40	60	≤187	造纸、印染设备、石油化工及耐有机酸腐蚀的装备
	06Cr18Ni11Ti*	≤0.08	≤1.00	≤2.00	17.00~19.00	—	Ni 9.0~12.0 Ti5C~0.70	固溶处理 920~1150	205	520	40	50	≤187	400~900℃腐蚀条件下使用的部件、高温用焊接部件
	16Cr25Ni20Si2	≤0.20	1.50~2.50	≤1.50	24.00~27.00	—	Ni 18.0~21.0	固溶处理 1080~1130	295	590	35	50	≤187	适用于制作承受应力的各种炉用构件
马氏体型	12Cr5Mo	≤0.15	≤0.50	≤0.60	4.00~6.00	0.40~0.60	Ni≤0.60	淬900~950 回600~700	390	590	18	—	退火 ≤200	再热蒸汽管、石油裂解管、锅炉吊架、泵体等零件
	12Cr12Mo	0.10~0.15	≤0.50	0.30~0.50	11.50~13.00	0.30~0.60	Ni≤0.60	淬950~1000 回700~750	550	685	18	60	217~248	铬钼马氏体耐热钢。用作汽轮机叶片
	14Cr11MoV	0.11~0.18	≤0.50	≤0.60	10.00~11.50	0.50~0.70	V 0.25~0.40 Ni≤0.60	淬1050~1100 回720~740	490	685	16	55	退火 ≤200	热强性较高，减振性良好，用于透平叶片及导向叶片

注：① 标*的钢也可作不锈钢使用。
② 表中珠光体钢的 $w_P≤0.035\%$，$w_S≤0.035\%$（标明者除外）；除珠光体钢外，其余牌号 $w_S≤0.030\%$；奥氏体钢（除 S31708、S32168）$w_P≤0.040\%$，马氏体钢（除 S45110）的 $w_P≤0.035\%$，S31708、S32168 的 $w_P≤0.035\%$，铁素体钢 S45110 的 $w_P≤0.045\%$。
③ 奥氏体钢固溶或退火后快冷，铁素体钢退火后空冷或缓冷，马氏体钢淬火介质空冷成油（S46010 为空冷），回火后空冷或快冷成空冷。

另外,目前在 900~1 000 ℃可使用镍基合金,它是在 Cr20Ni80 合金系基础上加入钨、钼、钴、钛、铝等元素发展起来的一类合金,主要通过析出强化及固溶强化提高合金的耐热性,用于制造汽轮机叶片、导向片、燃烧室等。

3.6 铸铁

铸铁是指含碳量大于 2.11% 的铁碳合金。铸铁中的碳以渗碳体(结合态)和石墨(游离态)两种形式存在。若以渗碳体形式存在,则会得到白口铸铁;若以石墨形式存在,则会得到断口暗灰的灰口铸铁。铸铁的组织特点是,在铁素体、珠光体基体上分布着形状、尺寸、数量不等的石墨。简而言之,铸铁即为在钢的基体上加石墨。

石墨的存在形态(形状、尺寸、数量及分布)是决定铸铁组织和铸铁性能的关键,因此了解铸铁的石墨化过程及其影响因素是十分必要的。

3.6.1 铸铁的分类

1) 根据碳在铸铁中的存在形式分类

(1) 白口铸铁。除少数碳溶入铁素体外,其余的全部以渗碳体的形式存在于铸铁中,因其断口呈银白色,故称为白口铸铁。性能硬而脆、不易加工,除用作少数不受冲击的耐磨零件外,主要用作炼钢原料。

(2) 灰口铸铁。全部或大部分碳以石墨形式存在于铸铁中,因其断口呈暗灰色,故称为灰口铸铁,是工业上应用最多最广的铸铁。

(3) 麻口铸铁。一部分碳以石墨形式存在,类似灰口铁,另一部分以渗碳体形式存在,类似白口铸铁,因在其断口上呈黑白相间的麻点,故称为麻口铸铁。

2) 根据石墨的形态不同分类

铸铁中的石墨可具有不同的形态(片状、团絮状、球状、蠕虫状),根据石墨的形态,可分为四种不同的铸铁。

(1) 灰铸铁。在显微组织中,石墨呈片状的铸铁。此类铸铁生产工艺简单、价格低廉,工业应用最广。

(2) 可锻铸铁。在显微组织中,石墨呈团絮状的铸铁。此类铸铁生产工艺时间很长,成本较高,故应用不如灰铸铁。可锻铸铁并不能锻造。

(3) 球墨铸铁。在显微组织中,石墨呈球状的铸铁。此类铸铁生产工艺比可锻铸铁简单,且力学性能较好,工业应用较多。

(4) 蠕墨铸铁。在显微组织中,石墨呈蠕虫状的铸铁,蠕虫状是介于片状与球状之间的一种结晶形态,此类铸铁是在前几类铸铁基础上发展起来的一种新型铸铁,颇有应用前景。

3.6.2 典型铸铁

按石墨的形态铸铁可分为四类,它们都是常用的铸铁,下面分述其特性及用途。

1) 灰铸铁

灰铸铁的成分大致为:$w_C = 2.5\% \sim 4.0\%$,$w_{Si} = 1.0\% \sim 2.5\%$,$w_{Mn} = 0.5\% \sim 1.4\%$,$w_S \leqslant 0.10\% \sim 0.15\%$,$w_P \leqslant 0.12\% \sim 0.25\%$。由于碳、硅含量较高,所以具有较大的石墨化能力,铸态显微组织有三种,即铁素体+片状石墨、铁素体+珠光体+片状石墨、珠光体+片状石墨,如图 3-14 所示。

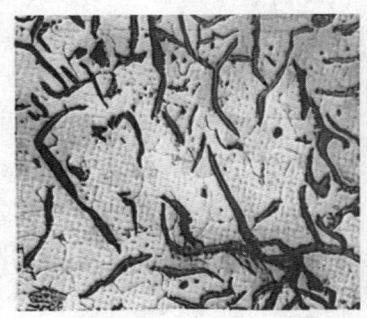 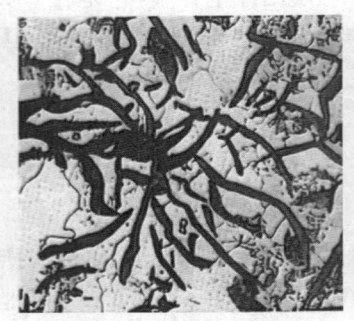 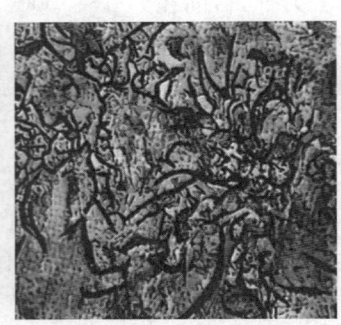

(a) 铁素体基体(200×)　　　(b) 铁素体＋珠光体基体(400×)　　　(c) 珠光体基体(200×)

图 3-14　灰铸铁的显微组织

此类铸铁具有高的抗压强度、优良的耐磨性和消振性、低的缺口敏感性。由于石墨的强度与塑性几乎为零,因而灰铸铁的抗拉强度与塑性远比钢低,且石墨的量越大,石墨片的尺寸越大、越尖,分布越不均匀,铸铁的抗拉强度与塑性则越低。灰铸铁主要用于制造汽车、拖拉机中的气缸、气缸套、机床的床身等承受压力及振动的零件。

若将液态灰铸铁进行孕育处理,即浇注前在铸铁液中加入少量孕育剂(如硅铁或硅钙铁合金)作为人工晶核,细化石墨片,这种铸铁称为孕育铸铁或变质铸铁,其显微组织为细珠光体＋细石墨片,强度、硬度都比变质前高,可用于制造压力机的机身、重负荷机床的床身、高压液压筒等机件。

灰铸铁的牌号、性能及应用见表 3-21。牌号中"HT"为灰铁二字汉语拼音的首字母,其后数字表示最低抗拉强度。

表 3-21　部分灰铸铁的牌号、性能及应用(GB/T 9439—2023)

牌号	铸件壁厚/mm		最小抗拉强度/MPa	硬度/HBW	显微组织		应用举例
	大于	至			基体	石墨	
HT150	5	10	—	125～205	F+P	较粗片	端盖、汽轮泵体、轴承座、阀壳、管子及管路附件、手轮;一般机床底座、床身及其他复杂零件、滑座、工作台等
	10	20	—				
	20	40	120				
	40	80	110				
	80	150	100				
	150	300	90				
HT200	5	10	—	150～230	P	中等片状	气缸、齿轮、底架、机体、飞轮、齿条、衬筒;一般机床床身及中等压力(8 MPa以下)液压筒、液压泵和阀的壳体等
	10	20	—				
	20	40	170				
	40	80	150				
	80	150	140				
	150	300	130				

续表

牌号	铸件壁厚/mm 大于	铸件壁厚/mm 至	最小抗拉强度/MPa	硬度/HBW	显微组织 基体	显微组织 石墨	应用举例
HT250	5	10	—	180～250	细珠光体	较细片状	阀壳、油缸、气缸、联轴器、机体、齿轮、齿轮箱外壳、飞轮、衬筒、凸轮、轴承座等
	10	20	—				
	20	40	210				
	40	80	190				
	80	150	170				
	150	300	160				
HT300	10	20	—	200～275	索氏体或托氏体	细小片状	齿轮、凸轮、车床卡盘、剪床、压力机的机身；导板、转塔、自动车床及其他重负荷机床的床身；高压液压筒、液压泵和滑阀的壳体等
	20	40	250				
	40	80	220				
	80	150	210				
	150	300	190				

2) 球墨铸铁

球墨铸铁的成分大致为：$w_C=3.8\%\sim4.0\%$，$w_{Si}=2.0\%\sim2.8\%$，$w_{Mn}=0.6\%\sim0.8\%$，$w_S<0.04\%$，$w_P<0.1\%$，$w_{RE}<0.03\%$。其铸态显微组织为铁素体＋球状石墨、铁素体＋珠光体＋球状石墨、珠光体＋球状石墨，如图 3-15 所示。在生产实践中，应用较为广泛的是铁素体＋球状石墨和珠光体＋球状石墨这两种球墨铸铁。

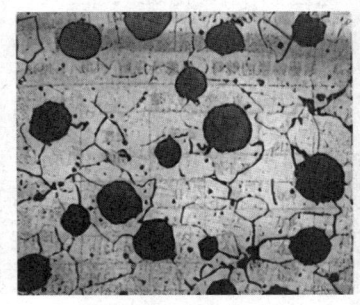 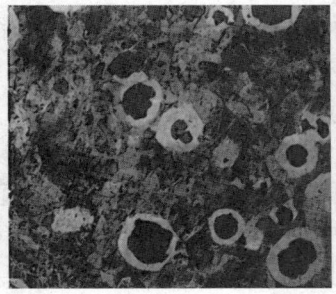 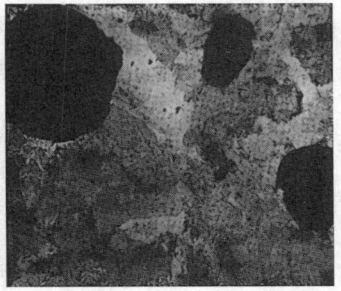

(a) 铁素体基体(100×)　　(b) 铁素体＋珠光体基体(200×)　　(c) 珠光体基体(400×)

图 3-15　球墨铸铁的显微组织

为了使石墨呈球形，浇注前需向液态铸铁中加入一定量的球化剂(如 Mg、Ce、RE)进行球化处理，同时在球化处理后还要加少量的硅铁或硅钙铁合金进行孕育处理，以促进石墨化，增加石墨球的数量，减小球的尺寸。

由于此类铸铁中的石墨呈球状，对基体的割裂作用小，应力集中也小，使基体的强度得到了充分的发挥。研究表明，球墨铸铁的基体强度利用率可达 70%～90%，而灰铸铁的基体强度利用率仅为 30%～50%。因此，球墨铸铁既具有灰铸铁的优点，如良好的铸造性、耐磨性、可切削加工性及低的缺口敏感性，又具有与中碳钢媲美的抗拉强度、弯曲疲劳强度及良好的塑性与韧性。此外，还可以通过合金化及热处理来改善与提高它的性能。所以，生产上已用球墨铸铁代替中碳钢及中碳合金钢（如 45 钢、42CrMo 钢等）制造发动机的曲轴、连杆、凸轮轴和机床的主轴等。

球墨铸铁的牌号、性能及应用见表 3-22，牌号中的"QT"为球铁二字汉语拼音的首字母，其后面的两组数字分别代表最低抗拉强度和最低断后伸长率。

表 3-22 球墨铸铁的牌号、性能及应用（GB/T 1348—2009）

牌号	基体组织	力学性能				应用举例
		R_m/MPa	$R_{p0.2}$/MPa	A/%	硬度/HBW	
		最小值				
QT400-18	铁素体	400	250	18	120～175	卫星载荷安装平台、航天电子设备固定基板等；汽车底盘零件；1 600～6 400 MPa 阀门的阀体和阀盖
QT400-15	铁素体	400	250	15	120～180	
QT450-10	铁素体	450	310	10	160～210	
QT500-7	铁素体＋珠光体	500	320	7	170～230	火箭发射台、卫星运输车等地面设备中高强度齿轮箱、传动部件；机油泵齿轮等
QT600-3	铁素体＋珠光体	600	370	3	190～270	柴油机、汽油机曲轴；磨床、铣床、车床的主轴；空压机、冷冻机缸体、缸套等
QT700-2	珠光体	700	420	2	225～305	

3）可锻铸铁

可锻铸铁的成分大致为 $w_C=2.4\%\sim2.8\%$、$w_{Si}=1.2\%\sim2.0\%$、$w_{Mn}=0.4\%\sim1.2\%$、$w_S\leqslant0.1\%$、$w_P\leqslant0.2\%$。此类铸铁是将亚共晶成分的白口铸铁进行石墨化退火，使其中的 Fe_3C 在固态下分解形成团絮状的石墨而获得的。根据石墨化退火工艺不同，可以形成铁素体基体及珠光体基体的两类可锻铸铁。

将浇注成的白口铸铁加热到 900～980 ℃，在高温下经 15 h 左右的长时间保温，使其组织中的渗碳体发生分解，得到奥氏体与团絮状的组织，随后在缓慢冷却的过程中，奥氏体将沿着已形成团絮状石墨的表面再析出二次石墨，冷至共析转变温度范围（750～720 ℃）时，进行长时间保温，奥氏体分解为铁素体与石墨，结果得到铁素体＋团絮状石墨组织。因其断口心部存在大量石墨而呈灰黑色，表层因退火时脱碳，石墨数量少而呈灰白色，故称为黑心可锻铸铁，如图 3-16a 所示。若通过共析转变区时的冷却速度较快，则奥氏体直接变为珠光体，获得珠光体可锻铸铁，如图 3-16b 所示。如果将白口铸铁置于氧化性介质中退火，使深度为 1.5～2.0 mm 的表面层完全脱碳得到铁素体组织，其心部仍为珠光体＋团絮状石墨组织，其断口中心呈白亮色，表面呈灰暗色，故称为白心可锻铸铁，由于其生产工艺复杂，退火周期长，其性能又和黑心可锻铸铁相近，故应用较少。

由于可锻铸铁中的石墨呈团絮状，对基体的切割作用小，故其强度、塑性及韧性均比灰铸铁高，尤其是珠光体可锻铸铁可与铸钢媲美，但是不能锻造。通常可用于铸造形状复杂、要求承受冲击载荷的薄壁零件，如汽车、拖拉机的前后轮壳、减速器壳、转向节壳等。但由于其生产周期长，工艺复杂，成本高，不少可锻铸铁零件已逐渐被球墨铸铁所代替。

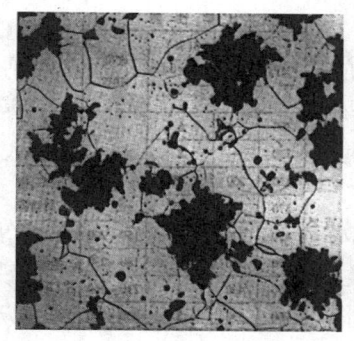 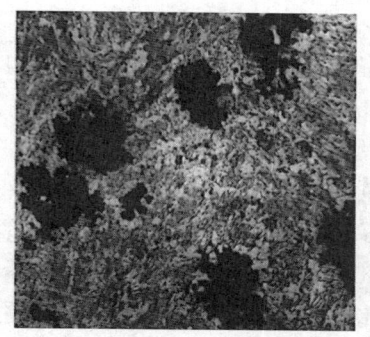

(a) 黑心可锻铸铁(α+G团絮)(400×)　　(b) 珠光体可锻铸铁(P+G团絮)(200×)

图 3-16　可锻铸铁的显微组织

可锻铸铁的牌号、性能及应用见表 3-23。牌号中"KT"为可铁二字的汉语拼音的首字母,"KTH"表示黑心可锻铸铁,"KTZ"表示珠光体可锻铸铁,"KTB"表示白心可锻铸铁,它们后面的两组数字分别表示最低抗拉强度和最低断后伸长率。

表 3-23　部分可锻铸铁的牌号、性能及应用(GB/T 9440—2010)

分类	牌号	试样直径 d/mm	力学性能			硬度/HBW	应用举例
			R_m/MPa	$R_{p0.2}$/MPa	A/%($L_0=3d$)		
			不小于				
黑心可锻铸铁和珠光体可锻铸铁	KTH300-06	12 或 15	300	—	6	不大于 150	弯头、三通等管件
	KTH350-10		350	200	10		工装夹具的耐磨部件;汽车、前后轮壳、减速器壳、转向节壳、制动器等
	KTH370-12[①]		370	—	12		
	KTZ450-06		450	270	6	150~200	曲轴、凸轮轴、连杆、齿轮、活塞环、轴套、把片、万向接头、棘轮、扳手、传动链条
	KTZ550-04		550	340	4	180~230	
白心可锻铸铁	KTB35-04	6	270	—	10	不大于 230	机械制造、汽车零部件、工程设备等场景,尤其适用于需要高强度和耐蚀性的部件,如衬板、耐磨零件等
		9	310	—	5		
		12	350	—	4		
		15	360	—	3		
	KTB450-07	6	330	—	12	不大于 220	常用于需要结合锻造工艺和高强度的应用场景,如工程机械、汽车发动机零件、轨道交通等
		9	400	230	10		
		12	450	260	7		
		15	480	280	4		

① 为过渡牌号。

4) 蠕墨铸铁

蠕墨铸铁的成分大致为 $w_C=3.5\%\sim3.9\%$, $w_{Si}=2.2\%\sim2.8\%$, $w_{Mn}=0.4\%\sim0.8\%$, w_P、$w_S<0.1\%$。其铸态显微组织为铁素体+蠕虫状石墨、铁素体+珠光体+蠕虫状石墨、珠

光体＋蠕虫状石墨。

为了使石墨呈蠕虫状，浇注前向高于 1 400 ℃ 的液态铸铁中加入稀土硅钙合金（$w_{RE}=$10%～15%、$w_{Si}≈50\%$、$w_{Ca}=15\%～20\%$）进行蠕化处理，处理后加入少量孕育剂（硅铁或硅钙铁合金）以促进石墨化。由于蠕化剂中含有球化元素 Mg、稀土（RE）等，故在大多数情况下，蠕虫状石墨总是与球状石墨共存。

与片状石墨相比，蠕虫状石墨的长宽比值明显减小，尖端变圆变钝，对基体的切割作用减小，应力集中减小，故蠕墨铸铁的抗拉强度、塑性、疲劳强度等均优于灰铸铁，而接近铁素体基体的球墨铸铁。此外，这类铸铁的导热性、铸造性、可切削加工性均优于球墨铸铁，而与灰铸铁相近。

蠕墨铸铁常用于制造在热循环载荷条件下工作的零件，如钢锭模、玻璃模具、柴油机气缸、气缸盖、排气管、制动件等，以及结构复杂、要求高强度的铸件，如液压阀的阀体、耐压泵的泵体等。

蠕墨铸铁的牌号、性能及用途见表 3-24。牌号中"RuT"为蠕铁二字的汉语拼音的首字母，其后面的数字表示最低抗拉强度。

表 3-24 蠕墨铸铁的牌号、性能及用途（GB/T 26655—2022）

牌号	蠕化率/% ≥	屈服强度 $R_{p0.2}$/MPa ≥	伸长率 A/% ≥	布氏硬度值范围/HBW	基体组织	应用举例
RuT500	50	350	0.5	220～260	P	气缸套、高负荷汽车缸体
RuT450	50	315	1.0	200～250	P+F	气缸套、活塞环、火车制动盘
RuT400	50	280	1.0	180～240	F+P	发动机的缸体和缸盖、泵壳和液压件
RuT350	50	245	1.5	160～220	F	机床床座、托架和联轴器
RuT300	50	210	2.0	140～210	F	排气歧管件、涡轮增压器壳体

3.7 高温合金

高温合金是指能够在 600 ℃ 以上的高温及应力作用下长期稳定工作的一类金属材料。其具有优异的高温强度、抗蠕变性能、抗氧化性、抗热腐蚀性和抗疲劳性能，因此被广泛应用于航空航天、能源、核工业及石化等高温环境。特别是在航空发动机和燃气轮机中，高温合金是涡轮盘、涡轮导向叶片、涡轮工作叶片、燃烧室等关键热端部件的主要材料，直接影响发动机的工作效率和使用寿命。

根据基体成分的不同，高温合金主要分为镍基、铁基和钴基高温合金，其中镍基高温合金因其卓越的高温性能，成为应用最广泛的高温结构材料。此外，随着材料科学的不断发展，新型高温合金（如金属间化合物基合金、高熵合金等）也逐步受到关注，并在超高温领域展现出潜在应用价值。表 3-25 总结了目前常见的高温合金类别及其主要特点。

表 3-25 目前常见的高温合金类别及其主要特点

类别	主要成分	特点	代表合金
镍基高温合金	Ni 基体，含 Cr、Co、Mo、W、Al、Ti、Nb 等	高温强度高，抗蠕变、抗氧化、耐腐蚀性能优异	Inconel600、Rene 41、GH4169

续表

类别	主要成分	特点	代表合金
铁基高温合金	Fe 基体,含 Ni、Cr、Mo、W、Al、Ti 等	成本低,适用于中等温度,但高温性能逊于镍基	A-286、GH2132
钴基高温合金	Co 基体,含 Cr、W、Ni、Mo、Al、Ti 等	高温耐腐蚀性强,抗氧化性优异,但高温强度较低	Stellite、MAR-M509
新型高温合金	铂族金属、金属间化合物、高熵合金等	极端耐高温、轻质高强,部分仍在研究阶段	TiAl、$MoSi_2$、高熵合金

3.7.1 镍基高温合金

镍基高温合金自 20 世纪 40 年代问世以来,已成为高温结构材料中应用最广泛的一类合金。随着航空航天、能源动力和核工业的不断发展,对发动机及燃气轮机部件的工作温度和服役性能提出了更高要求,而镍基高温合金凭借其优异的高温强度、抗氧化性、耐热腐蚀性和组织稳定性,成为燃气轮机、航空发动机等热端部件的关键材料。目前,镍基高温合金的使用温度已超过 1100 ℃,并随着新型合金的开发及先进制造技术的应用,仍在持续向更高温度发展。

目前,镍基高温合金已形成多个系列,主要可分为变形高温合金、铸造高温合金和粉末高温合金三类。常见的典型合金牌号包括:

(1) 变形高温合金(适用于锻造、轧制等):Inconel 718、Waspaloy、GH4169、GH738;

(2) 铸造高温合金(适用于叶片、导向器等铸造件):Rene N5、MAR-M247、K403;

(3) 粉末高温合金(适用于涡轮盘、耐高温模具等):FGH96、Udimet 720、Astroloy。

其中,Inconel 718(GH4169)由于其优异的综合性能,已成为航空发动机和燃气轮机广泛使用的合金之一,而 Rene N5 等单晶高温合金则被应用于先进航空发动机叶片中,以提高工作温度和推重比。

国外在镍基高温合金的研发方面起步较早,美国、英国、德国、日本等国家在单晶合金、粉末高温合金及新型强化机制等领域取得了诸多突破。例如,美国 GE、Pratt & Whitney、Rolls-Royce 等公司开发了多代单晶高温合金,推动了航空发动机的技术进步。英国的 Rolls-Royce 在粉末高温合金方面也取得了重要进展,成功研制了多种用于燃气轮机的高性能合金。

中国近年来在高温合金研究方面取得了重要进展,尤其在单晶高温合金、粉末高温合金及高熵合金领域发展迅速。北京航空材料研究院、西北有色金属研究院、钢铁研究总院等科研机构在高温合金成分优化、组织控制及制备工艺方面取得了诸多突破,部分高温合金已成功应用于国产航空发动机和燃气轮机。例如,中国自主研发的 DD6、DD9 单晶合金已广泛应用于航空发动机涡轮叶片,而粉末合金 FGH96 也已应用于航空发动机涡轮盘材料(图 3-17),性能接近国际先进水平。

随着高温合金研究的不断深入,未来的研究重点将集中在更高温度服役合金的开发、合金组织稳定性的提高、新型制造技术(如增材制造)的应用等

图 3-17 北京科技大学董建新团队研制的 GH4169 高温合金涡轮盘

方面,以满足航空发动机、燃气轮机等装备的更高需求。

3.7.2 铁基高温合金

铁基高温合金是以 Fe(铁)为基体,并加入 Ni(镍)、Cr(铬)、Mo(钼)、W(钨)、Al(铝)、Ti(钛)等元素的高温合金。与镍基和钴基高温合金相比,铁基高温合金的成本较低,并且具有良好的耐高温强度和抗氧化性能,因此在中等温度(一般不超过 750 ℃)的高温环境下得到了广泛应用。

铁基高温合金最早在 20 世纪 40 年代由美国开始研发,最初主要用于燃气轮机、航空发动机和核电设备。由于其性能优越且经济性较好,特别适用于 600~750 ℃工作环境,因此仍在特定领域具有竞争力。随着现代制造技术的进步,铁基高温合金的耐热性能不断提升,在部分应用中逐步替代传统镍基合金。目前,铁基高温合金主要分为两类:一是马氏体铁基高温合金,主要用于高温耐磨部件;二是奥氏体铁基高温合金,主要用于燃气轮机、核电、石化设备。

国外在铁基高温合金的研究方面,主要集中在高温强度提升、抗蠕变性能优化及抗氧化性能改进。美国、德国、日本等国家的研究机构和公司,如 GE、Pratt & Whitney、德国的 ThyssenKrupp、日本的 Sumitomo Metal 等,针对燃气轮机和核电站的耐热部件开发了多种新型铁基高温合金。例如,美国 A-286 合金已广泛应用于航空发动机高温螺栓和紧固件,而德国开发的 Super-304H 已用于超超临界火电机组管材。

在中国,北京航空材料研究院、钢铁研究总院、西北有色金属研究院等机构在铁基高温合金的合金成分优化、热处理工艺及制造技术方面取得了重要进展。例如,GH2132、GH1140 等合金已广泛应用于航空发动机、核电设备和燃气轮机部件。此外,中国也在探索粉末冶金技术、纳米析出强化技术及新型复合强化机制,以进一步提高铁基高温合金的综合性能。

随着航空航天、能源和核电行业的发展,铁基高温合金仍具有较大的应用潜力。未来的研究方向将主要集中在提高其工作温度、优化组织稳定性、开发新型制造工艺(如增材制造)等方面,以提升合金的服役能力并拓展其应用领域。

3.7.3 钴基高温合金

钴基高温合金是一类以 Co(钴)为基体,并添加 Cr(铬)、W(钨)、Mo(钼)、Ni(镍)、Al(铝)等合金元素,以提高其高温强度、抗氧化性和耐热腐蚀性的高温合金。相比镍基和铁基高温合金,钴基高温合金具有更优异的抗热腐蚀性和抗氧化性能,但其高温强度和抗蠕变能力相对较低,因此主要用于需要极高抗氧化性和抗热腐蚀性的部件,如燃气轮机的涡轮导向叶片、燃烧室衬套及某些特殊高温环境的结构件。

钴基高温合金的研究始于 20 世纪 50 年代,最初用于航空发动机的高温部件,随着材料科学的进步,其应用逐步扩展至工业燃气轮机、核反应堆、石化设备及生物医学领域(如耐磨人工关节)。值得注意的是,钴基高温合金不具备类似镍基合金 γ' 相(镍基与铁基合金中的常见强化相)强化的显著优势,其主要依靠固溶强化和碳化物强化进行强化,因此在高温条件下的强度和抗蠕变性能不如镍基合金,但耐腐蚀性更强。

国外在钴基高温合金的研究主要集中在成分优化、抗热腐蚀性能提升及粉末冶金技术应用。美国 GE、Pratt & Whitney、Rolls-Royce 等公司开发了多个高性能钴基高温合金,如 FSX-414、MAR-M509,并广泛应用于航空发动机和燃气轮机。德国、日本等国家也在钴基高温合金的应用领域取得了重要突破,例如日本住友金属(Sumitomo Metal)研制的高温钴基合金已用于核反应堆结构件。

中国在钴基高温合金的研究方面,也取得了一系列进展。北京航空材料研究院、钢铁研究总院、西北有色金属研究院等科研机构在高温耐蚀合金开发、粉末冶金及激光增材制造方面取得了重要突破。中国已成功研制并应用了 K640、K965 等国产钴基高温合金，部分性能接近国际先进水平，已在航空航天和燃气轮机领域得到应用。

随着对高温环境耐腐蚀要求的不断提升，未来钴基高温合金的研究将重点关注高温强度、抗热腐蚀能力，并发展新型制备技术。为弥补 γ' 相的缺失，探索新型强化相（如 $L1_2$ 相）以提高高温强度。通过成分调整（如添加 Hf、Re 等微量元素）进一步提高耐久性和优化抗热腐蚀能力。发展新型制备技术，如增材制造（3D 打印）和粉末冶金，以提高合金的均匀性和使用寿命。

3.7.4 新型高温合金

1) TiAl 合金

TiAl 合金是一种以钛（Ti）和铝（Al）为主要元素的金属间化合物合金，具有高比强度、低密度和优异的高温性能。随着航空航天技术的进步，TiAl 合金成为替代传统高温合金的重要材料。它的密度仅为镍基合金的 50% 左右，且在 800～1 000 ℃ 范围内具有较高的抗蠕变能力。自 20 世纪 80 年代以来，TiAl 合金逐渐被应用于航空发动机、燃气轮机和航天器热防护系统，尤其在航空发动机低压涡轮叶片和涡轮增压器等部件中得到了重要应用。

近年来，TiAl 合金的研究主要集中在提高合金的高温性能、延展性和抗蠕变能力，以应对高温环境下的应用需求。在国外，美国 GE 和欧洲 MTU 等航空公司已将 TiAl 合金成功应用于航空发动机低压涡轮叶片，并取得了显著的性能突破。此外，TiAl 合金的增材制造技术也在不断推进，相关研究表明，通过 3D 打印等先进制造方法，可以更好地控制合金的微观结构，从而提升其性能。在中国，北京航空材料研究院和中国科学院金属研究所等单位也在积极开展 TiAl 合金的研发，取得了诸如 TiAl 合金涡轮叶片的工程化验证，并开始逐步应用于国产航空发动机，实现了与国际先进水平的接轨。总体而言，TiAl 合金的高温性能和轻量化优势使其在航空航天及其他高温领域的应用前景广阔。

2) NiAl 合金

NiAl 合金是一类以镍（Ni）和铝（Al）为主要成分的金属间化合物合金。它具有优异的高温强度、抗氧化性和耐腐蚀性，且密度较低，是航空航天、能源、化学等高温领域的重要材料。NiAl 合金的熔点高达 1 600 ℃，在高温下仍能保持良好的力学性能，因此被广泛应用于高温涡轮叶片、燃烧室、热防护系统等领域。随着对高温材料要求的不断提高，NiAl 合金成为高温合金领域中的研究热点之一。

目前，NiAl 合金的研究主要集中在合金的加工性、韧性和高温性能的提升。由于纯 NiAl 合金的脆性较大，研究者通过添加其他元素（如 Ti、Cr、Zr），来改善其韧性和延展性。添加 Ti 可以增强 NiAl 合金的高温强度和蠕变性能，尤其是在 900～1 100 ℃ 的温度范围内。

在国外，美国、德国、日本等国家在 NiAl 合金的高温性能研究方面已取得一定突破，例如，美国 GE Aviation 公司开发的 NiAl 基复合材料已成功应用于燃气涡轮的热防护系统。在中国，中国科学院金属研究所、北京航空航天大学等机构也在开展 NiAl 合金的研究，尤其在提高其韧性和抗氧化性方面取得了显著进展，研究成果有望应用于国产航空发动机、航天器、核能反应堆等高温领域。总体而言，NiAl 合金作为一种高温轻质合金，其研究仍在不断深入，未来将通过合金化和新工艺的结合，进一步提升其性能，满足更加苛刻的应用需求。

3) 高熵合金

高熵合金（HEAs）是由五种或更多元素等摩尔比例组成的合金，其最大特点是高混合熵，即合金中各元素的摩尔比接近，从而使得合金的晶格结构具有高的稳定性。传统合金一般由一个主元素和少量合金元素组成,而高熵合金则突破了这一局限,利用多个主元素协同作用来优化合金的性能。自2004年高熵合金概念提出以来,它因其极优异的力学性能、抗腐蚀性及热稳定性,逐渐成为高温材料研究的一个重要方向。尤其是在航空航天、能源及化学工程等高温领域,高熵合金展现出比传统合金更为突出的性能,成为未来高温合金研究的热点。

目前,高熵合金(HEAs)在高温领域的研究正快速发展,主要集中在提升其高温强度、抗氧化性、抗蠕变性和高温稳定性。在国外,美国、欧洲等国家或地区已成功开发出多种Ni基、Co基和Fe基高熵合金,并在航空发动机、燃气轮机、核能反应堆和航天器热防护系统中进行应用。在中国,清华大学、上海交通大学等高校也在加紧高熵合金的研发,尤其在提高合金的高温性能和抗氧化能力方面取得了显著进展。尽管如此,高熵合金仍面临加工性差、成本高、长时间高温稳定性差等挑战,需要进一步优化合金设计和加工工艺,从而推动其在高温领域的广泛应用。

参考文献

[1] 沈莲.机械工程材料[M].4版.北京:机械工业出版社,2018.
[2] 王正品,李炳,要玉宏.工程材料[M].2版.北京:机械工业出版社,2020.
[3] 谭娜,郝鹏,卢翔,等.航空材料与工艺[M].北京:科学出版社,2022.
[4] 程秀全,刘晓婷.航空工程材料[M].北京:电子工业出版社,2020.
[5] 崔忠圻,覃耀春.金属学与热处理[M].3版.北京:机械工业出版社,2020.
[6] 徐吉林.航空材料概论[M].哈尔滨:哈尔滨工程大学出版社,2013.
[7] 崔占全,孙振国.工程材料[M].北京:机械工业出版社,2017.
[8] 李成功,傅恒志,于翘.航空航天材料[M].北京:国防工业出版社,2002.
[9] 王立军,胡满红.航空工程材料与成型工艺基础[M].北京:北京航空航天大学出版社.2010.
[10] 梁文萍,王少刚.航空航天工程材料[M].北京:北京航空航天大学出版社,2016.
[11] 温乘权,黄勇.金属材料手册[M].北京:电子工业出版社,2009.
[12] 朱张校,姚可夫.工程材料[M].北京:清华大学出版社,2011.

第 4 章

有色金属材料

4.1 概述

黑色金属材料以外的金属材料为有色金属材料。有色金属按金属性能可分为下列五类：①有色轻金属，即密度<4.5g/cm³ 的有色金属，如 Al、Mg、Ti 等。②有色重金属，即密度>4.5g/cm³ 的有色金属，如 Cu、Pb、Zn、Ni 等。③贵金属，如 Au、Ag 和 Pt 族等。④稀有金属，包括：稀有轻金属，如 Li、Be、Rb、Cs 等；稀有高熔点金属，如 W、Mo、NbZr 等；稀土金属，如 Re 等；分散金属，如 Ga、In、Ge、Tl 等；稀有放射性金属，如 Ra、Ac、Th、U 等。⑤半金属，如 Si、B、Se、Te、As 等。本章主要介绍制造业中常用的 Al、Cu、Ti、Mg 等有色金属材料，重点讨论它们的合金化、热处理以及常用合金的牌号、组织与性能。

相对来说，黑色金属一般价格低廉，成本较低，而有色金属一般价格昂贵。对黑色金属和有色金属材料可以从以下四个方面进行比较：①从成分上来看，黑色金属以 Fe 为主；而有色金属以各类有色金属材料为主。②从微观结构来看，黑色金属以常见的奥氏体、珠光体、马氏体、回火组织等为主，常见的是碳化物；而有色金属以固溶组织、析出相为主要微观结构，常见于合金化合物。③从制备、加工的角度来看，黑色金属主要采用常规的铸锻焊工艺和热处理工艺，这些工艺相对复杂，主要参考 Fe-C 相图；而有色金属主要采用特殊的铸锻焊工艺，而其热处理以固溶和时效为主，所需工艺相对简单，主要参考各类有色金属的相图。④从性能的角度来看，黑色金属以力学性能为主，而有色金属一般不再以力学性能为主要指标，而是以其他性能指标为主。

关于两类金属的应用领域，黑色金属主要用于制造机械和建筑工程领域的结构件、零部件等；而有色金属材料主要用于航空航天、电力电气以及消费电子、生物医药等领域。

轻合金和超高强度钢共同的特点是比强度高，综合性能好。因此，特别适合于制造航空航天飞行器。铝合金密度小、塑性好、耐腐蚀、易加工、价格低，因此长期以来就是航空航天工业的主要结构材料，至今仍被大量用于制造飞机机体和运载火箭箭体结构。钛合金比强度高、热强性好，它的发展一开始就和在航空工业中的应用联系在一起，目前越来越多地被用于制造飞机机体和发动机中温度较高的部位，也在航天工业中有一定的应用。镁合金比铝合金和钛合金的密度更低，曾在航空和火箭上有较多的应用，但由于其耐腐蚀性较差和一些其他问题，目前在航空和航天工业中应用不多。近几年来，由于镁合金性能的改进，它在航空和航天上的应用有上升趋势。

4.2 铝及铝合金

4.2.1 纯铝

纯铝(aluminum，Al)是一种银白色轻金属，熔点为 660 ℃，结晶后具有面心立方晶格，无同素异构转变，密度约 2.70 g/cm³(仅为钢的 1/3)，是轻量化材料的首选。电导率为 37.7 MS/m(约为铜的 61%)，可用于电力传输。热导率 237 W/(m·K)，适用于散热器件。纯铝表面易形成致密氧化铝(Al_2O_3)钝化膜，在常温下对大气、淡水及部分酸具有良好抗性。纯铝延展性高，可冷轧至 0.006 mm 厚箔材(如食品包装铝箔)，或拉拔成细丝。纯铝与其他金属的基本物性对比见表 4-1。

表 4-1 纯铝与其他金属的基本物性对比

性能	纯铝	铜	钢(304 不锈钢)
密度/(g/cm³)	2.70	8.96	7.93
电导率/(MS/m)	37.7	58.5	1.45
抗拉强度/MPa	50～100	200～250	505～860

根据国际标准(ISO 209:2007)，工业纯铝按纯度可分为：高纯铝：≥99.99%(4N)，用于半导体靶材、超导材料；工业纯铝：99.0%～99.9%(如 1070、1060 牌号)，用于导电部件、化工容器。

纯铝的工业化生产主要有两大工艺。

(1) 拜耳法。从铝土矿(bauxite)提取氧化铝(Al_2O_3)，反应式如下：

$$Al_2O_3 \cdot nH_2O + 2NaOH \rightleftharpoons 2NaAl(OH)_4 \quad 分解结晶(<100\ ℃)$$

当溶出一水铝石和三水铝石时，n 分别等于 1 和 3；当分解铝酸钠溶液时，$n=3$。

(2) 霍尔-赫鲁特电解法。在 950 ℃下电解熔融冰晶石(Na_3AlF_6)中的 Al_2O_3，耗电量约 13 500 kW·h/吨铝。

纯铝可应用于：电力工业的高压输电导线(如 ACSR 导线，铝占比 60% 以上)；包装材料，如饮料罐(全球年消耗超 2 000 亿个)、药品铝塑泡罩；建筑领域：幕墙板、隔热窗框(耐候性达 50 年以上)；交通运输：新能源汽车电池壳体(减重 30% 以上)。

4.2.2 铝合金分类

工业纯铝的强度和硬度都很低，虽然可以通过冷作硬化的方式强化，但是也不能直接用于制作结构材料。因此必须加入合金元素，形成铝合金。目前制造铝合金的常用合金元素大致可分为主加元素和辅加元素。主加合金元素有 Si、Cu、Mg、Mn、Zn 和 Li 等，这些元素单独加入或配合加入，可以获得性能各异的铝合金以满足各种工程应用需求；辅加元素有 Cr、Ti、Zr、Ni、Ca、B 和 RE 等，其目的是进一步提高铝合金的综合性能，并改善铝合金的某些工艺性能。

以铝为基的合金，其相图大多属共晶型，如图 4-1 所示。按合金成分和工艺特点可分为变形铝合金和铸造铝合金两大类。成分在 D 点以左的合金，当加热至固溶线以上时，可得到均匀的单相固溶体，其

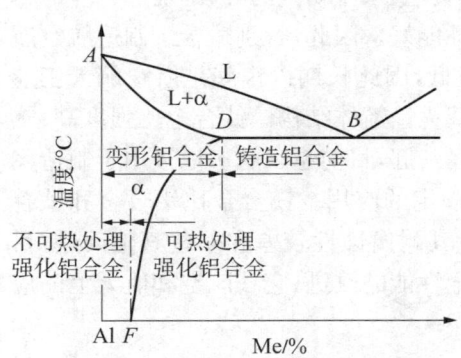

图 4-1 铝合金分类示意图

塑性很好,适宜进行压力加工,故称为变形铝合金。变形铝合金又可分为两类:成分在 F 点以左的合金,其 α 固溶体的成分不随温度而变化,故不能用热处理方法使之强化,称为不可热处理强化铝合金;成分在 $D\sim F$ 点之间的铝合金,其 α 固溶体的成分随温度而变化,可用热处理方法强化,故称可热处理强化铝合金。成分位于 D 点右边的合金,由于有共晶组织的存在,适于铸造,故称为铸造铝合金。

4.2.3 变形铝合金

1) 变形铝合金及其状态的标记和命名

国际上,变形铝合金是按其主要合金元素来标记和命名的,这种标记法用四位数字,其第一位数字表示主要合金系、第二位数字表示合金的改型、第三和第四位数字表示合金的编号,见表 4-2。各系铝合金在民用客机中的应用比例如图 4-2 所示。

表 4-2 国际变形铝合金的标记法

合金系	四位数字标记	合金系	四位数字标记
≥99.9%铝	1×××	铝镁硅	6×××
铝铜	2×××	铝锌	7×××
铝锰	3×××	其他	8×××
铝硅	4×××	备用	9×××
铝镁	5×××		

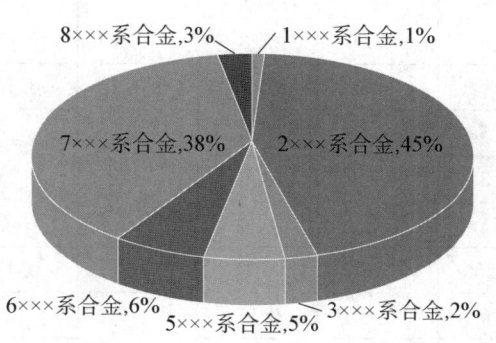

图 4-2 各系铝合金在民用客机中的应用比例

对于变形铝及铝合金状态代号,中国也已制订新的国家标准,自 1997 年 1 月 1 日起实行。此国家标准接近国际通用的状态代号命名方法。合金的基础状态分为 5 种:F-自由加工状态,O-退火状态,H-加工硬化状态,W-固溶热处理状态,T-热处理状态。

T 状态细分为 T×、T×× 及 T×××,还有消除应力状态。常见的 T×、T×× 状态有:T3-固溶、冷作、自然时效;T4-固溶、自然时效;T6-固溶、人工时效;T7-固溶、过时效;T8-固溶、冷作、人工时效;T73-固溶及时效以达到规定的力学性能和抗应力腐蚀。其中,T74-与 T73 状态定义相同,抗拉强度大于 T73、小于 T76;T76-与 T73 状态定义相同,抗拉强度大于 T73、T74,抗应力腐蚀性能低于 T73、T74,但抗剥落腐蚀性能仍较好。

在主要状态标记符号后常带有附加符号,表示变形产品的消除应力情况。常见的有:51-通过拉伸消除应力;52-通过压缩消除应力。

2）航空航天工业中常用的变形铝合金

变形铝合金在飞机各部位的典型应用见表4-3。

表4-3 变形铝合金在飞机各部位的典型应用

应用部位	典型应用	应用部位	典型应用
机身蒙皮	2024-13，7075-T6，7475-T6	机翼下蒙皮	2024-13，7475-T73
机身桁条	7075-T6，7075-173，7475-176，7150-T77	机翼下桁条	2024-T3，7075-T6，2224-T39
机身框架/隔框	2024-T3，7075-T6，7050-T6	机翼下壁板	2024-T3，7075-T6，7175-T73
机翼上蒙皮	7075-T6，7150-T6，7055-T77	翼肋和翼梁	2024-T3，7010-T76，7150-T77
机翼上桁条	7075-T6，7150-T6，7055-T77，7150-T77	尾翼	2024-T3，7075-T6，7050-T76

航天工业中主要应用的铝合金有2A12、2A14、2219、6A02、7A04、7A09，以及5000系的5A03、5A06等。航空航天工业中常用变形铝合金的名义成分见表4-4。

表4-4 航空航天工业中常用变形铝合金的名义成分（摘自GB/T 3190—2020） 单位：%

合金	Zn	Mg	Cu	Mn	Cr	Zr	其他
2014		0.5	4.4	0.8			Si0.8，Fe0.7*
2017		0.6	4.0	0.7	—	—	Si0.5，Fe0.7*
2024		1.5	4.4	0.6			Si0.5*，Fe0.5*
2219			6.3	0.3	V0.1	0.18	Si0.2*，Fe0.3*
2224	—	1.5	4.1	0.6			Si0.12*，Fe0.15*
2324		1.5	4.1	0.6			Si0.10*，Fe0.1*
2524		1.4	4.25	0.6			Si0.06*，Fe0.12*
2519		0.25	5.8	0.3	V0.1	0.18	Si0.2*，Fe0.3*
6013		1.0	0.8	0.35	—		Si0.8，Fe0.30*
7010	6.2	2.35	1.7			0.1	Si0.12*，Fe0.15*
7049	7.7	2.45	1.6		0.15	—	Si0.25*，Fe0.35*
7050	6.2	2.25	2.3			0.1	Si0.12*，Fe0.15*
7055	8.0	2.05	2.3			0.1	Si0.1*，Fe0.15*
7075	5.6	2.5	1.6		0.23	—	Si0.4*，Fe0.4*
7079	4.3	3.2	0.6	0.2	0.15		Si0.3*，Fe0.4*
7150	6.4	2.35	2.2			0.1	Si0.12*，Fe0.15*
7178	6.8	2.8	2.2	—	0.23		Si0.4*，Fe0.5*
7475	5.7	2.25	1.6		0.21		Si0.10*，Fe0.12*

注：① *表示最大值。
② 大部分铸锭法生产的铝合金含有约0.05%~0.1% Ti，以细化铸锭晶粒。

3) 不能热处理强化的铝合金

不能热处理强化的铝合金也称为热处理不强化铝合金。这类合金主要靠加工硬化、固溶强化(Al-Mg)、弥散强化(Al-Mn)或几种方式(Al-Mg-Mn)共同作用。但是，这类合金的强度相对较低，在航空航天上应用不是太多。主要有 Al-Mn 系合金(3000 系列)，中国常用的有 3A21 等，以及 Al-Mg 系合金(5000 系列)，中国常用的有 5A02、5A03、5A06 等。

4) 可以热处理强化的铝合金

可以热处理强化的铝合金的强度高，是航空航天领域主要应用的铝合金。主要有 Al-Cu-Mg 和 Al-Cu-Mn 系合金(2000 系列)、Al-Mg-Si 系合金(6000 系列)、Al-Zn-Mg-Cu 系合金(7000 系列)等。

航空航天应用最多的变形铝合金是 2000 系和 7000 系合金。近来，6000 系和含 Li 的 8000 系合金也有一定的应用。

航空航天用 2000 系合金的代表是 2024，其名义成分是 Al-4.4Cu-1.5Mg-0.6Mn。2024 广泛用于各种航空航天结构，属于中强度的热处理强化合金。它在 T3 状态下断裂韧性高，疲劳裂纹扩展速率低。但 2024 合金的抗蚀性不够好，有时会产生晶间腐蚀，通常需薄板包铝后使用。如果 2024 合金需要用于 120~150℃，应在 T8 状态下使用，此时合金的抗蚀性较好。2024 系列中目前最新的、性能最好的合金是 2524。其韧性和抗疲劳性能均较 2024 合金有重大的改进。2524 合金已用于波音 777 客机。2000 系中的 2219 合金的耐热性较高，其低温性能和焊接性能也很好，常用于液体推进剂储箱。

航空航天用 7000 系合金的代表是 7075，其名义成分是 Al-5.6Zn-2.5Mg-1.6Cu-0.26Cr。7075 在 T6 状态强度最高，但合金的抗蚀性差，断裂韧性也不高。7075 合金早在 1943 年就已研究成功，但由于其应力腐蚀倾向严重而无法广泛应用。1960 年发明了 T73 处理，解决了应力腐蚀问题，使合金得到了广泛的应用。不过 T73 处理使合金强度下降约 15%。后来还研究了 T76 处理，使合金强度有所提高。7475 是 7075 系列中损伤容限性能最好的合金。7000 系合金中的 7050 合金用 Zr 代 Cr 来控制合金再结晶，合金淬透性好，可用于大规格厚截面半成品。7055 是目前铝合金中合金化程度最高，强度也最高的铝合金。近期研究成功的 T77 热处理工艺，使此合金在高强度下仍能保持较高的断裂韧性和良好的应力腐蚀抗力。7055-T77 也已用于 B777 客机的主结构。

2024 和 7075 合金都是 20 世纪 30—40 年代研制成功的合金，至今仍在大量使用。当然，这些合金已经过改进和改型。特别是，发展了各种高纯合金，使合金的综合性能有很大提高。

2024 系列和 7075、7050 系列高纯合金的主要成分和杂质含量分别见表 4-5、表 4-6。

表 4-5 2024 系列主要成分和杂质含量(摘自 GB/T 3190—2020)   单位：%

合金	Cu	Mg	Mn	Si	Fe
2024	3.8~4.9	1.2~1.8	0.3~0.9	0.5	0.5
2124	3.8~4.9	1.2~1.8	0.3~0.9	0.2	0.3
2224	3.8~4.4	1.2~1.8	0.3~0.9	0.12	0.15
2324	3.8~4.4	1.2~1.8	0.3~0.9	0.10	0.12
2524	4.0~4.5	1.2~1.6	0.45~0.7	0.06	0.12

表 4-6 7075、7050 系列主要成分和杂质含量(GB/T 3190—2020)   单位:%

合金	Zn	Mg	Cu	Cr	Zr	Si	Fe
7075	5.1~6.1	2.1~2.9	1.2~2.0	0.18~0.28	—	0.40	0.50
7175	5.1~6.1	2.1~2.9	1.2~2.0	0.18~0.28	—	0.15	0.20
7475	5.2~6.2	1.9~2.6	1.2~1.9	0.18~0.25	—	0.10	0.12
7050	5.7~6.7	1.9~2.6	2.0~2.6	0.04	0.08~0.15	0.12	0.15
7150	5.9~6.9	2.0~2.7	1.9~2.5	0.04	0.08~0.15	0.12	0.15
7055	7.6~8.4	1.8~2.3	2.0~2.6	0.04	0.08~0.25	0.10	0.15

一般地,7000 系合金的强度较高,适用于需要高强度的部位。2000 系合金的损伤容限性能较好,适用于需要高损伤容限性能的部位。

除 2000 系和 7000 系合金外,6000 系合金也在飞机机体上使用。6000 系合金的密度比 2000 系合金小,有很好的抗蚀性。近年发展的 6013 合金,其强度接近 2024 薄板,不包铝使用。近年来 Sc 在铝合金中的作用受到较多关注,特别是 Al-Mg-Sc 系合金。

4.2.4 铸造铝合金

1) 铸造铝合金牌号

中国铸造铝合金牌号由 ZAl、主要合金化元素符号以及表明合金化元素名义百分含量的数字组成。当合金元素多于两个时,合金牌号中应列出足以表明合金主要特性的元素符号及其名义百分含量的数字。合金元素符号按其名义百分含量递减的次序排列。除基体元素的名义百分含量不标注外,其他合金化元素的名义百分含量均标注于该元素符号之后。对那些杂质含量要求严、性能高的优质合金,在牌号后面标注大写字母"A"以表示优质,如 ZAlSi7MgA 等。

中国铸造铝合金代号由字母 ZL 及其后面的三个阿拉伯数字组成。ZL 后面第一个数字表示合金系列。其中 1、2、3、4 分别表示铝硅、铝铜、铝镁、铝锌系列合金,ZL 后面第二、三位数字表示顺序号。优质合金,在代号后面标注大写字母"A"。如 ZAlSi7MgA 牌号的优质铸造铝合金的代号是 ZL101A。

国际上铸造铝合金牌号也是用主要合金化元素符号以及表明合金化元素名义百分含量的数字组成的。如与中国 ZAlSi7MgA 牌号的优质铸造铝合金(代号是 ZL101A)相近的是 Al-Si7Mg。

美国铸造铝合金牌号是四位数字标记法。第一位数字代表合金系,如 3××.× 代表最常用的 Al-Si-Mg、Al-Si-Cu、Al-Si-Cu-Mg 系,2××.× 代表 Al-Cu 系等。中间两位数字表示不同合金成分。小数点后的数字表示产品形式,0 为铸件,1 为铸锭。四位数字前的字母表示合金改型。如与中国的 ZAlSi7MgA 牌号的优质铸造铝合金(代号是 ZL101A)相近的是 A356.0。

2) 铸造铝合金的合金化特点及应用

铸造铝合金中的主要合金元素为 Si、Cu、Mg、Zn 及稀土等。Si 是铸造铝合金中最常用的合金元素。在这类合金中由于存在大量 Al-Si 共晶体而具有很好的流动性,铸造性能优异。这类合金一般为亚共晶或共晶成分,需经变质处理以细化组织。在 Al-Si 系中加入 Mg 和 Cu 而形成的合金可以通过沉淀强化提高强度。如 356 合金(Al-7Si-0.3Mg),通过

Mg_2Si 的沉淀强化产生较大的强化效果,在航空和汽车工业中有广泛的应用。此外,这类合金的抗蚀性和焊接性均较好。在各工业部门应用的铸造铝合金中,Al-Si 系合金占绝大部分。

Al-Cu 系铸造铝合金具有高的强度和耐热性。在 Al-Cu 系中加入过渡族元素可以进一步提高这类合金的耐热性。多年来用于柴油机活塞和飞机发动机气冷气缸头的 242 合金(Al-4Cu-2Ni-1.5Mg)就是这类合金。在 Al-Cu 系中加入少量 Ag 可以明显提高沉淀强化效果,提高合金强度,如 201.0 合金(Al-4.7Cu-0.7Ag-0.35Mg)。在这类合金中加入稀土元素,能进一步提高合金的耐热性。

Al-Mg 系铸造铝合金具有良好的抗蚀性和切削加工性,但其铸造性能较差。Al-Zn 系铸造铝合金可以不进行热处理,但其抗蚀性差、密度高、铸造热裂倾向性大,故应用较少。

4.2.5 铝合金的热处理

铝合金热处理,作为提升材料性能、优化微观结构及消除内应力的关键工艺,涵盖加热、保温及冷却等多个环节。其目的在于赋予铝及铝合金材料所需的组织结构和性能,诸如增强强度、硬度及韧性,提升耐腐蚀性,以及改善其加工性能等。铝合金的热处理主要包括以下几种工艺:

1) 退火

将铝及铝合金材料加热至特定温度(约 300~500 ℃)并保温一段时间,随后以特定冷却速度降至室温的过程。此过程通过原子扩散和迁移,使材料组织更为均匀和稳定,同时消除内应力,从而显著提升材料的塑性。但需注意,退火会降低材料的强度。退火可进一步细分为三类:

(1) 铸锭均匀化退火。在高温下长时间保温,使铸锭的化学成分、组织和性能达到均匀化。

(2) 中间退火。在较低温度下保温较短时间,旨在提高材料塑性并消除加工应力。

(3) 完全退火。又称成品退火,在较高温度下保温一定时间,以获得完全再结晶的软化组织,兼具最佳塑性和最低强度。

2) 固溶淬火处理

将可热处理强化的铝合金材料加热至较高的固溶温度(约 450~550 ℃)并保持一段时间,使第二相或其他可溶成分充分溶解于铝基体中,形成过饱和固溶体。随后采用快速冷却(如水冷)方法将这种过饱和固溶体保持至室温。此过程使材料处于高能位状态,溶质原子易于析出,从而提高材料的塑性和延展性,并为其后的冷加工或矫直工序提供条件。固溶淬火处理可分为在线淬火和离线淬火两类:

(1) 在线淬火。适用于淬火敏感性较低的合金材料,利用挤压时的高温进行固溶,并通过空冷或水雾冷却进行淬火。

(2) 离线淬火。对于淬火敏感性较高的合金材料,需在专门热处理炉中重新加热至较高温度并保温一段时间,然后以不超过 15 s 的转移时间淬入水中或油中。

3) 时效处理

铝合金时效过程中的组织转变与性能变化是一个关键的热处理环节。分为自然时效和人工时效。自然时效在室温下进行,时间较长;人工时效在中等温度下加热(约 100~200 ℃),保温数小时至几十小时。时效处理促使合金元素在铝基体中析出强化相,显著提升铝合金的机械性能。时效过程一般可分为溶解阶段和淬火阶段。在溶解阶段,铝合金坯料在固溶区内加热至一定温度并保温,使合金元素在固溶体中均匀溶解,晶格结构变化不大。随后进入淬火阶段,通过快速冷却将过饱和固溶体保持至室温,从而引发后续的组织转变与性能变化。

将铝合金从固溶温度迅速冷却至室温的过程,被称为淬火。这一步骤会导致固溶体结构的不稳定性增加,进而促使合金元素开始析出并逐渐聚集。随着这一过程的进行,铝合金的强度会逐渐提升。

紧接着进入时效阶段,铝合金在室温或更高的温度下进行保温。在此期间,合金元素会进一步析出并聚集,形成细小且均匀的析出相。这些新形成的析出相与铝合金的基体之间会产生复杂的交互作用,从而引发铝合金性能的显著变化。

4) 回火

其目的是消除淬火引起的应力,提高韧性。在淬火后将铝合金加热至较低温度,保持一段时间后冷却。回火可以保持材料的韧性和硬度。

通过以上这些热处理工艺,铝合金的力学性能、耐腐蚀性能和加工性能可以得到显著提升,满足不同领域的应用需求。例如,2A12铝合金常用于航空航天、汽车制造和机械工程等领域,其热处理规范包括均匀化退火、完全退火、快速退火、淬火和时效等步骤。

4.2.6 铝合金在航空航天领域的应用

铝合金是应用最广泛的金属结构材料,在军事工业中扮演着关键角色。在航空、航天以及舰船等追求装备轻量化的领域,高性能铝合金更是不可或缺的重要轻质结构材料。铝合金材料占民用飞机结构质量的70%~80%、占军用飞机结构质量的40%~60%。从飞机的机身蒙皮到机翼,再到火箭的燃料箱,铝合金都是首选材料。特别是2×××系和7×××系铝合金,因其优异的断裂韧性和抗疲劳性能,被大量用于飞机机身和机翼的制造。载人飞行器的骨架和操纵杆的大多数主要零部件,都是用高强度铝合金制成。其他部分如托架、压板折叠装置、防护板、门和蒙皮板、两个推进器的氮气缸等,是用成型性能良好的中等强度铝合金制成。此外,铝锂合金和铝基复合材料也因其独特的性能,在航空航天领域占有重要地位。

铝锂合金是以锂为主要合金元素的一种新型铝合金。铝锂合金主要应用于航空航天领域及军械和核反应堆,还应用于坦克穿甲弹、鱼雷和其他兵器结构件方面,此外在汽车和机器人等领域也有很多应用。铝锂合金在航空航天领域主要应用于飞机结构件、航天器与导弹、火箭燃料箱等。

1) 飞机结构件

铝锂合金因其低密度、高强度和良好的抗疲劳性能,被广泛应用于飞机的关键结构部件中。

(1) C919国产民用大飞机。C919项目首次大规模使用第三代铝锂合金,其机体结构重量占比达到7.4%,处于国际领先水平。这种合金主要应用于机身蒙皮、长桁结构、地板梁、支柱和座椅导轨等部位。铝锂合金的使用不仅减轻了飞机的重量,还提高了结构强度和耐久性。

(2) 空客A380。A380的下层客舱地板梁采用铝锂合金制造,因为其需要承受比上层地板更大的载荷。这种材料的高强度和高韧性使其能够满足飞机结构的严格要求。

(3) 波音787和空客A350。这些先进机型的机身框梁和蒙皮也大量使用了铝锂合金。铝锂合金的应用不仅降低了飞机的结构重量,还提高了燃油效率和经济性。

2) 航天器与导弹

铝锂合金在航天器和导弹中的应用主要集中在需要高强度和轻质结构的部位。

(1) F-16、F-22、F-35战斗机。第三代铝锂合金被应用于这些战斗机的机舱隔板和机舱面板等部位。例如,F-16战斗机采用2297铝锂合金制造后机身舱壁,部件减重5%,断裂韧性提高 7%，使用寿命延长一倍。

（2）导弹结构件。铝锂合金的高强度和低密度特性使其成为导弹结构件的理想材料，能够承受高速飞行中的高应力和高应变。

3）火箭燃料箱

铝锂合金在火箭燃料箱中的应用主要集中在末级燃料箱，因为其减重效果对火箭运载能力的提升至关重要。

（1）中国新一代运载火箭如长征五号、长征七号和长征八号的末级燃料箱采用铝锂合金制造。这种材料的使用使得燃料箱在保持高强度的同时，显著降低了重量，从而提高了火箭的运载能力。

（2）未来更大直径的重型火箭和新一代载人火箭也将采用铝锂合金燃料箱。这种材料不仅降低了火箭的结构重量，还提高了其整体性能和经济性。

（3）铝锂合金的可持续性和可回收性也使其在航空航天领域具有显著优势。铝是一种可无限回收的材料，回收铝所需的能量仅为从矿石中提取新铝的 5%。这种特性不仅降低了生产成本，还减少了碳排放，符合可持续发展的要求。

4.3 钛及钛合金

4.3.1 纯钛

纯钛是灰白色金属，密度小（4.507 g/cm³），熔点高（1 688 ℃），在 882.5 ℃发生同素异构转变。α-Ti 存在于 882.5 ℃以下，具有密排六方结构；β-Ti 存在于 882.5 ℃以上，具有体心立方结构，如图 4-3 所示。

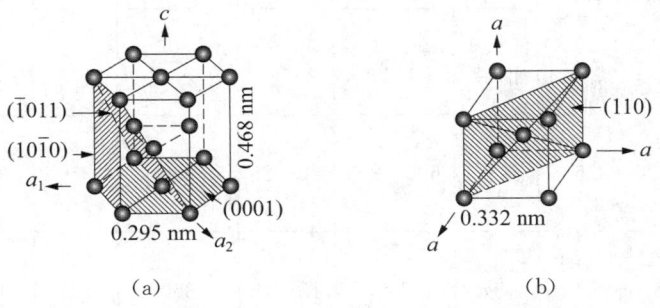

图 4-3 密排六方 α-Ti(a)和体心立方 β-Ti(b)的晶体结构

钛的化学活性极高，高温下能同许多元素发生强烈反应而受污染，不能用常规方法熔铸，只能用真空电弧炉熔铸。

纯钛在较多的介质中有很强的耐蚀性，尤其是在中性及氧化性介质中的耐蚀性很强。钛在海水中的抗蚀性优于不锈钢及铜合金，在碱溶液及大多数有机酸中也很耐蚀。纯钛一般只发生均匀腐蚀，不发生局部和晶界腐蚀现象，其抗腐蚀疲劳性能也较好。

钛极易吸氢而产生氢脆，但可利用这一特点，制成以钛为主要成分的储氢材料。

钛在 550 ℃以下空气中能形成致密的氧化膜，并具有较高的稳定性。但温度高于 550 ℃后，空气中的氧能迅速穿过氧化膜向内扩散使基体氧化，这是目前钛及钛合金不能在更高温度下使用的主要原因之一。

4.3.2 钛合金的分类

按照不同方法钛合金可分为不同类型,见表4-7。目前普遍按照亚稳状态下的相组成可分为α型、近α型、α+β型、近β型、亚稳β型和β型,按退火后的组织特点可分为α型钛合金、β型钛合金和α+β型钛合金,在中国钛合金牌号的表示分别以TA、TB和TC开头。

表4-7 常用工业纯钛及钛合金的牌号、化学成分、力学性能和用途(引用GB/T 228.1—2021)

组别	代号	化学成分/%	热处理	室温力学性能		高温力学性能			用途
				R_m/MPa	δ/%	试验温度/℃	R_m/MPa	σ_{100}/MPa	
工业纯钛	TA1	Ti(杂质极微)	退火	300~500	30~40	—	—	—	在350℃以下强度要求不高的零件
	TA2	Ti(杂质微)	退火	450~600	25~30	—	—	—	
	TA3	Ti(杂质微)	退火	550~700	20~30	—	—	—	
α型钛合金	TA4	Ti-3Al Al2.0~3.0	退火	700	12				在500℃以下工作的零件、导弹燃烧罐、超音速飞机的涡流机匣
	TA5	Ti-4Al-0.005B Al3.3~4.7 B0.005	退火	700	15				
	TA6	Ti-5Al Al4.0~5.5	退火	700	12~20	350	430	400	
β型钛合金	TB2	Ti-5Mo-5V-8Cr-3Al Mo4.7~5.7 V4.7~5.7 Cr7.5~8.5 Al2.5~3.5	淬火	1000	20	—	—	—	在350℃以下工作的零件、压气机叶片、轴、轮盘等重载荷旋转件、飞机构件
			淬火+时效	1350	8	—	—	—	
α+β型钛合金	TC1	Ti-2Al-1.5Mn Al1.0~2.5 Mn0.7~2.0	退火	600~800	20~25	350	350	350	在400℃以下工作的零件,有一定高温强度的发动机零件,低温用部件
	TC2	Ti-3Al-1.5Mn Al13.5~5.0 Mn0.8~2.0	退火	700	12~15	350	430	400	
	TC3	Ti-5Al-4V Al4.5~6.0 V3.5~4.5	退火	900	8~10	500	450	200	
	TC4	Ti-6Al-4V Al5.5~6.8 V3.5~4.5	退火	950	10	400	630	580	
			淬火+时效	1200	8				

4.3.3 常用钛合金

常用钛合金主要包括α型、α+β型和β型三类。其中,α+β型TC4(Ti-6Al-4V)应用最广,占钛合金总用量的50%以上,具有高强度、耐热性(400℃以下)和良好加工性,广泛用于航空发动机压气机叶片、飞机结构件及骨科植入物。α型TA7(Ti-5Al-2.5Sn)耐蚀性优异,适用于船舶和化工设备。β型TB3(Ti-10V-2Fe-3Al)冷成型能力强,多用于航空紧固件。近年来,中国开发的Ti-5553、Ti-6242等合金进一步提升了高温性能,支撑了航空航天装备升级需求。

1) α型钛合金

α型钛合金在室温和使用温度下具有α型单相态,不能通过热处理强化,主要依靠固溶强化。其室温强度一般低于β型和α+β型钛合金,但在高温(500～600℃)下的强度和蠕变强度是三类钛合金中最高的,且组织稳定,抗氧化性和焊接性能好,耐蚀性和可切削加工性能也较好。α型钛合金广泛用于制造航空发动机的风扇、高压压气机盘件和叶片等转动部件。这些部件不仅要承受很大的应力,还需要在高温下保持良好的抗高温强度、抗蠕变性和抗氧化性能。

这类钛合金中加入Al、B等α稳定元素及中性元素Sn、Zr等,这些元素主要起固溶强化作用。其中Al是强化α相的主要元素,并可提高耐热性和再结晶温度,但含量在6%以下。因含量超过6%,会出现脆性相α_2(Ti_3Al)。合金有时还加入少量β相稳定元素Cu、Mo、V、Nb等。这类合金在退火状态下的室温组织为单相α固溶体或固溶体加微量金属间化合物。

α型钛合金的牌号有TA4、TA5、TA6、TA7、TA8等。其中TA7(Ti-5Al-2.5Sn)是一种中等强度的α型单相钛合金,含有5%α稳定元素铝和2.5%中性元素锡。该合金不能通过热处理强化,通常是在退火状态下使用,在室温和高温下具有良好的断裂韧度。它的工艺塑性较低,板材成型应在加热状态进行,其特点是耐热强度较好。该合金还具有很好的熔焊性能,适用于惰性气体保护下的钨电极和金属电极熔焊工艺。

TA7钛合金长期工作温度可达500℃,短时工作温度可达800℃。低间隙杂质元素的TA7ELI合金适合于低温下使用。生产的半成品有板材、棒材、饼材和环形件等,还可用于生产铸件。采用TA7钛合金模锻件和环形件制成的发动机转接座、前机匣壳体、封严圈壳体以及板材热压成型的衬板、支架座和壁板等零件,已用于航空工业。由于该合金具有优良的耐腐蚀性能,特别适用于制造船舶零部件。TA4、TA5、TA6主要用作钛合金的焊丝材料。

2) 近α型钛合金

合金中含有少量的β稳定元素(<2%),退火组织中含有少量(8%～15%)的β相或金属间化合物。近α型钛合金具有良好的焊接性和高的热稳定性,对热处理制度不敏感。由于近α型合金添加了少量β稳定元素(如钼、钒、硅等)和中性元素(如锆、锡等),可进一步提高常温及高温性能,具有较高的蠕变强度和高温瞬时强度,最高使用温度可到600℃。典型的近α型钛合金有IMI834、Ti-1100、BT36、Ti60、TA10(Ti-0.3Mo-0.8Ni)、TA11(Ti-8Al-1Mo-1V)、TA12(Ti-5.5Al-4Sn-2Zr-1Mo-0.25Si-1Nd)、TA18(Ti-3Al-2.5V)、TA19(Ti-6Al-2Sn-4Zr-2Mo)、TC1(Ti-2Al-1.5Mn)、TC2(Ti-4Al-1.5Mn)和TA15(Ti-6.5Al-2Zr-1Mo-1V)等。

TC1和TC2合金是典型的低铝当量近α型钛合金。这类合金的主要特点是室温拉伸强度比较低,但塑性较高,热稳定性好,具有良好的焊接性能和成型性能,长期工作温度可达350℃,适用于制作形状复杂的板材冲压和焊接的零件。

高铝当量的合金主要用于发展热强钛合金。最早开发的商用高温钛合金是Ti-8Al-1Mo-1V(TA11),但是,由于其高铝当量导致的应力腐蚀问题,以及$Ti_3Al(\alpha_2)$脆性相析出的危险性,目前使用的其他传统钛合金的含铝量都控制在7%以下。20世纪70年代,RMI公司在研制高温钛合金 Ti-6Al-2Sn-4Zr-2Mo(TA19)过程中,发现添加少量的硅就可以显著提高合金的抗蠕变性能,这一发现已成为高温钛合金设计的一条重要途径。国内外目前使用温度最高(600℃)的高温钛合金都属于这类合金,如英国的 IMI834(Ti-5.8Al-4Sn-3.5Zr-0.7Nb-0.5Mo-0.35Si-0.06C)、美国的 Ti-1100(Ti-6Al-2.75Sn-4Zr-0.4Mo-0.45Si)、俄罗斯的 BT36(Ti-6.2Al-2Sn-3.6Zr-0.7Mo-5.0W-0.15Si)和中国的 Ti60等。这类合金的特点是具有最好的高温蠕变抗力、良好的热稳定性和较好的焊接性能,适用于长期工作温度在 500~600℃的范围。

3) α+β 型钛合金

α+β 型钛合金又称马氏体 α+β 型钛合金,退火组织为 α+β 相,β 相含量一般 5%~40%。α+β 型钛合金中同时加入了 α 稳定元素和 β 稳定元素,使 α 相和 β 相都得到强化。α+β 型钛合金具有优良的综合性能,室温强度高于 α 型钛合金,热加工工艺性能良好,可以进行热处理强化,适用于作航空结构件等。但是其耐热性和焊接性能低于 α 型钛合金,组织不够稳定,使用温度一般只能到 500℃左右。这类合金主要有 TC4、TC6(Ti-6Al-2.5Mo-1.5Cr-0.5Fe-0.3Si)、TC11(Ti-6.5Al-3.5Mo-1.5Zr-0.3Si)、TC16(Ti-3Al-5Mo-4.5V)、TC17(Ti-5Al-2Sn-2Zr-4Mo-4Cr)、TC19(Ti-6Al-2Sn-4Zr-6Mo)和 TC21(Ti-6Al-2Zr-2Sn-3Mo-1Cr-2Nb-0.1Si)等。

中等强度 α+β 型钛合金的典型代表是 TC4(Ti-6Al-4V)合金。它是目前使用最广泛的合金,具有优异的综合性能和加工性能,能进行固溶时效强化,但淬透截面一般不超过 25 mm,在航空航天以及民用等领域中得到了广泛的应用。主要用于制造发动机的风扇、压气机盘及叶片,以及飞机结构件中的梁、接头、隔框等主要承力构件。

高强 α+β 型钛合金的典型代表有 TC17(Ti-5Al-2Sn-2Zr-4Mo-4Cr)、TC19(Ti-6Al-2Sn-4Zr-6Mo)和 TC21(Ti-6Al-2Zr-2Sn-3Mo-1Cr-2Nb-0.1Si)等,其特点是含有较多的 β 稳定元素,具有较高的强度和淬透性,TC21 合金还具有高损伤容限性能,适合于制作截面尺寸较大的结构件。

α+β 型钛合金还包含某些热强钛合金,如 TC6(Ti-6Al-2.5Mo-1.5Cr-0.5Fe-0.3Si)和 TC11(Ti-6.5Al-3.5Mo-1.5Zr-0.3Si)等。其特点是在合金中除了含有 6%以上的铝和一定数量的锡、锆之外,还含有一定数量的 β 稳定元素,特别是添加了少量的 β 共析元素硅,可进一步提高合金的抗蠕变能力,其使用温度大多在 400~500℃的范围内。

此外,某些紧固件用钛合金也属于 α+β 型钛合金,如 TC16(Ti-3Al-5Mo-4.5V)等。其特点是含铝量较少,β 稳定元素较多,退火状态强度中等,塑性非常好,可以像 β 合金一样采用冷镦成型,并可热处理强化到 1 030 MPa 以上,主要用于制作铆钉及螺栓等紧固件。

4) 亚稳定 β 型钛合金

亚稳定 β 型钛合金含有高于临界浓度的 β 稳定元素,采用空冷或水淬,几乎可以全部得到亚稳定 β 相。这类合金在退火或固溶状态具有非常好的工艺塑性和冷成型性,焊接性能良好。可热处理强化,经时效处理后可达到很高的强度水平,是发展高强钛合金的基础。这类合金具有优于 α+β 合金的室温强度、断裂韧性和淬透性,可制造大型结构件。亚稳定 β 型钛合金的缺点是对杂质元素敏感性高,尤其是对氧高度敏感。组织不够稳定,耐热性较低,一般只能在 300℃以下使用。此外,该类合金的冶金工艺也较一般合金复杂,焊接性较差。这类合金主要有 TB2(Ti-5Mo-5V-8Cr-3Al)、TB5(Ti-15V-3Cr-3Sn-3Al)、TB6(Ti-10V-2Fe-3Al)、TB8(Ti-15Mo-3Al-2.7Nb-0.2Si)、TB9(Ti-3Al-8V-6Cr-4Mo-4Zr)、TB10

(Ti-5Mo-5V-2Cr-3Al)和 Ti-55531(Ti-5Al-5V-5Mo-3Cr-1Zr)等。

世界上第一个商用亚稳定β型钛合金是20世纪50年代由REM Cru Titanium公司开发的Ti-13V-11Cr-3Al合金,该合金强度高,淬透性好,曾在洛克希德公司的SR-71"黑鸟"飞机上大量应用。但是,由于存在熔炼、加工和再现性方面的问题,特别是TiCr2化合物析出造成的合金脆性,限制了其广泛的应用。

亚稳定β型钛合金中包含多种紧固件和钣金件用合金,如TB2(Ti-5Mo-5V-8Cr-3Al)、TB3(Ti-10Mo-8V-1Fe-3Al)、TB5(Ti-15V-3Cr-3Sn-3Al)和TB8(Ti-15Mo-3Al-2.7Nb-0.2Si)等。这类合金的特点是在固溶状态下具有良好的塑性,冷成型性好,TB2和TB3合金多用作航空、航天的铆钉和螺栓等紧固件。TB5具有优良的冷轧和冷成型性,可在室温下成型中等复杂的钣金零件,并可冷镦铆钉和螺栓。TB8钛合金具有与TB5钛合金相似的冷轧和冷成型性能。此外,TB8钛合金还具有高温性能良好,可在550℃下长期工作、抗氧化性好等优点,除生产板材、带材之外,也可生产箔材、丝材和管材。TB8钛合金箔材是金属基复合材料的主要基体材料。

TB6(Ti-10V-2Fe-3Al)合金的β稳定元素含量较少,具有比强度高、断裂韧性和淬透性好、锻造温度低和抗应力腐蚀能力强等优点,适用于制造高强度的锻件。国外已广泛应用于波音系列飞机结构件,如波音777的主起落架、前起落架操纵机构和较大的襟翼导轨等。但是,TB6钛合金中含有非共析β稳定元素铁,如果熔炼或热加工工艺不当,容易因为铁元素偏析形成β斑点,严重降低材料的室温塑性和低周疲劳性能。Ti-5553(Ti-5Al-5Mo-5V-3Cr)是美国波音公司与俄罗斯VSMPO公司共同研制的一种高强度钛合金,与Ti-10V-2Fe-3Al相比,具有强度高(约高15%)、截面淬透性好、加工成本低等优点,已应用于波音787飞机起落架部件和飞机骨架结构件。

TB8(Ti-3Al-8V-6Cr-4Mo-4Zr)是公认的用于飞机的高强度弹簧材料。该合金具有高的强度和良好的抗腐蚀性能,可用于制作多种弹簧、扭杆和各种管道设备。

5) 稳定β型钛合金

β稳定元素的含量超过一定数值后,β转变温度就会降至室温以下,退火后全为稳定的单相β组织,这种合金称为稳定β型钛合金。目前稳定β型钛合金很少,只有耐蚀材料TB7(Ti-32Mo)、阻燃钛合金Alloy C(Ti-35V-15Cr)和Ti40(Ti-25V-15Cr-0.2Si)。TB7合金具有优异的耐蚀性能(耐H_2SO_4、HCl等),因此可以选用其作为一些化工设备等的零件;Alloy C和Ti40合金具有良好的抗燃烧性能和高温性能,长期工作温度在500℃左右。常规钛合金作为航空发动机材料使用时,在一定条件下可能会发生快速氧化燃烧,引发"钛火"故障,从而造成重大事故。为了解决这个问题并满足高推重比航空发动机的需要,各国开展了高温阻燃钛合金的研制。美、英等国从20世纪70年代就积极开展钛燃烧问题的研究,并先后研制成功各自的阻燃钛合金。美国研发的Alloy C(Ti-35V-15Cr)是一种高稳定化的β钛合金,该钛合金具有良好的阻燃性能和力学性能,已在F119发动机中得到实际应用。英国研制的Ti-25V-15Cr-2Al-xC阻燃钛合金已处于工程化研制阶段。俄罗斯研发的Ti-Cu-Al系阻燃钛合金BTT-1和BTT-3仍处于实验室阶段。

中国研制的Ti40阻燃钛合金的名义成分为Ti-25V-15Cr-0.2Si,国标中命名为TB12。Ti40钛合金经过10余年的研究,已取得一系列成果。掌握高质量铸锭制备、大规格铸锭开坯、大规格棒材锻造、环材轧制等关键技术,可制备出大规格棒材和环件。采用摩擦点燃实验方法测试表明,Ti40钛合金具有良好的阻燃性能,同时该钛合金具有优良的力学性能。目前

Ti40 钛合金主要目标是用于航空发动机的压气机机匣,以后还将应用于其他部位。

4.3.4 钛合金的热处理

在不同的加热、冷却条件下,钛合金中会出现各种相变,得到不同的组织。适当的热处理可控制这些相变并获得所希望的显微组织,从而改善合金的力学性能和工艺性能。

1) 退火

退火的主要目的是提高塑性,消除应力,稳定组织,保证一定的机械性能。常见的钛合金退火方式有普通退火、再结晶退火、去应力退火、β 退火、等温退火、双重退火及真空除氢退火等。各种方式退火温度的相对范围如图 4-4 所示,具体的退火温度可查阅有关手册。对于两相钛合金,在退火过程中会发生 β→α 相变,退火温度较低或冷却速度较慢时,容易得到 α+晶间 β 组织。

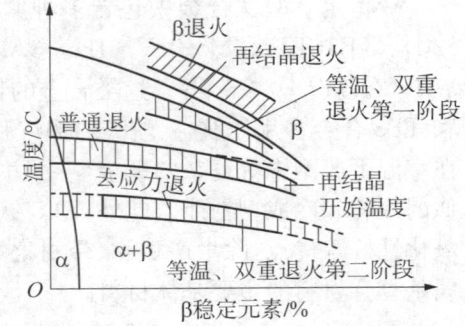

图 4-4 钛合金各种方式退火温度范围示意图

退火常用的冷却方式为:炉冷到一定温度后空冷;空冷;分级冷却(在加热保温后,将工件迅速转入另一温度较低的炉中保温一定时间后空冷);两次(或三次)加热,每次加热后均空冷(即双重或三重退火)。

两相钛合金中,β 稳定元素含量越少,退火冷速对合金组织、性能的影响越小。

亚稳 β 钛合金中的 β 相比较稳定,空冷即可阻止 α 相的析出。炉冷时,α 相有少量析出,分布不均匀,性能不如空冷时的单一 β 相组织好。

大多数钛合金的 β 转变温度高于其再结晶温度,只有一些 β 稳定元素含量很高的合金例外。

再结晶温度与变形度有关。两相钛合金的再结晶过程比单相钛合金复杂,这是因为 α、β 两相都要发生再结晶,又因两相的特性及变形量不同,故再结晶过程不完全相同。此外,β 相对 α 相的再结晶有一定的阻碍作用。一般合金的变形度要达到 20% 以上才能使合金中的 α、β 均沿变形方向伸长,再结晶退火时,两个相才均能发生再结晶。退火空冷时,在再结晶的 β 相中析出次生 α,成为 β 转变组织。钛合金的临界变形度为 2%~10%。

(1) 去应力退火。其目的是部分消除合金在机加、冲压、弯边、焊接和其他工艺过程中出现的内应力。进行这种退火时,退火温度较低,组织中空位浓度下降,发生部分多边化,形成亚结构。退火后,合金屈服强度略有降低,其他性能基本不变。退火保温时间取决于工件的变形加工历史、所需消除应力的程度和工件的截面尺寸。对机加件一般为 0.5~2h,对焊接件为 2~12h。

(2) 普通退火。其目的是使钛合金半成品基本消除应力,并具有较高的强度和符合技术条件要求的塑性。普通退火温度一般与再结晶开始温度相当或略低。这种退火是一般冶金产品出厂时常用的热处理,故也称工厂退火。

这种退火的实质是使经过热变形的半成品组织发生完全多边化和部分再结晶及热变形后得到的一些亚稳 β 相发生分解,从而使半成品既能完全消除内应力,又能适当保持强化状态,并具有符合要求的塑性。通过调整退火温度和时间,可控制半成品的强度和塑性。

(3) 再结晶退火。其目的是彻底消除加工硬化,调整组织中初生 α 比例和稳定组织。退火温度应高于或接近再结晶终了温度。根据工件厚度保温一定时间(小于 5 mm 时保温少于半小时,大于 5 mm 后,随厚度增加,适当增加保温时间,但一般不超过 2 h)后,炉冷至一定温度时出炉空冷。

该过程的实质是将变形晶粒通过再结晶变为等轴晶粒。退火后的性能取决于晶粒尺寸、初生α相数量及再结晶程度等。一般情况下,再结晶退火后的材料强度低于普通退火,但塑性高于普通退火。

(4) 双重退火和三重退火。其目的是改善合金的断裂韧性、稳定组织,并获得良好的强度和塑性配合。此类退火一般适用于高温下工作的钛合金。

所谓双重退火,是对合金进行两次加热和空冷。第一次加热温度相当于再结晶终了温度,使组织发生再结晶并具有合适体积分数的初生α,然后空冷。第二次再加热到低于再结晶温度的某一温度(约低于β相变点300~500 ℃),保温较长时间,使第一次退火空冷得到的亚稳β相(对不太厚的工件,甚至可得到马氏体相)充分分解,从而可产生一定程度的时效强化效果,以得到具有与普通退火强度相近、断裂韧性高及高温下稳定的组织。

有的合金采用三重退火,原理与双重退火类似,只是将第二次退火再分两次完成。三重退火的第一次退火与双重退火第一次退火目的及工艺相同;第二次退火温度略低于再结晶开始温度,保温时间较短,主要使成型工序中的热校形易于进行,并有使组织进一步稳定的作用;第三次退火过程与双重退火的第二次退火相同(保温时间略短),目的仍是进一步稳定组织和造成一定程度的时效强化。

(5) 等温退火。其目的是获得最好的塑性及热稳定性,适合于含β稳定元素较多的、高温下工作的两相钛合金。等温退火采用分级冷却方式,可使β相充分分解,并有一定聚集。经退火后组织的热稳定性及塑性均很高,但强度低于双重退火。有时,等温退火可用双重退火代替。

(6) β退火。其目的是得到具有较高断裂韧性和蠕变抗力的魏氏组织。这种退火只适用于要求高温蠕变性能好的某些钛合金。β退火工艺是将工件加热至比β相变点高20~30 ℃的温度,保温后空冷或油冷,然后在约500~600 ℃加热保温较长时间。可见,β退火与β相区的固溶时效相近。因β相区加热会严重损害合金的塑性,故此工艺应慎用,尤其应严格控制加热温度,以免β晶粒过度长大。

(7) 真空退火。其目的是降低钛合金中的含氢量。钛合金极易吸氢而引起氢脆。含氢量超过规定值时,可用真空退火除氢。真空退火温度为600~890 ℃,保温1~6 h,维持0.013 Pa的真空度。在这种条件下,合金中的TiH化合物发生分解,氢可从合金中逸出。

2) 淬火

钛合金在淬火过程中发生的相变比铝合金和钢要复杂,因合金成分不同,淬火温度不同。图4-5为β相稳定元素钛合金亚稳态示意图。

图中两条虚线分别为马氏体转变开始线(M_s)及马氏体转变终了线(M_f)。当β相稳定元素含量小于C_k'时,马氏体转变终了线高于室温,合金自β相区淬火将发生无扩散的马氏体转变,生成α′或α″。它们是β相稳定元素在六方晶格的α-Ti中形成的置换式过饱和固溶体,分别为六方马氏体和斜方马氏体。α′型马氏体有两种形态,合金元素含量少时,M_s点高,形成块状马氏体;合金元素含量高时,M_s点降低,形成针状马氏体。α″型马氏体含合金元素更多,M_s更低,马氏体针更细小。当β相稳定元素含量大于C_k时,马氏体转变开始温度低于室温,合金自β相区淬火得不到马氏体,由于α相来不及析出,因此形成过饱和β即β′相,时效后β′相中析出弥散α相使合金强化。如成分处于C_k与C_k'之间,由于M_f点低于室温,马氏体转变不完全,若

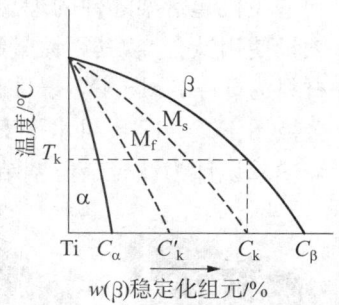

图4-5 β相稳定元素钛合金亚稳态示意图

从β单相区淬火,得到α'+β'组织;如果加热温度在T_k以下,此时两相共存,其中β相成分大于C_k,淬火不发生马氏体相变,淬火组织为α+β;如加热温度高于T_k,但处于两相区,β相成分小于C_k,淬火后部分转变为马氏体,这时淬火组织为α+α'+β'。

淬火和时效的目的是提高钛合金的强度和硬度。α型钛合金和含β稳定化元素较少的α+β型钛合金,自β相区淬火时,发生无扩散型的马氏体转变β→α',变为β稳定化元素在α-Ti中的过饱和固溶体。α'马氏体与α的晶体结构相同,具有密排六方晶格。α'硬度低、塑性好,是一种不平衡组织,加热时效时分解成α相和β相的混合物,强度、硬度升高。

对于α+β型钛合金,淬火温度一般选在α+β两相区的上部范围,但未达到β单相区,以防止晶粒粗大,导致合金的塑性韧性下降。对于β型钛合金,淬火加热温度一般选择在临界温度附近,若加热温度过低,β相固溶合金元素不够充分,原始α相多,合金经时效后的强度低;若加热温度过高,则晶粒粗大,导致合金时效后的强韧性降低。一般淬火温度为760~950℃,保温5~60 min,水中冷却。

3) 时效

淬火加热温度决定了亚稳β相的成分与数量,而时效的温度与时间直接控制着α相析出的形貌、数量、尺寸及分布。钛合金的时效温度一般在450~550℃之间,时效时间则依合金类型而定,为几小时至几十小时不等。

4.3.5 钛合金在航空航天领域的应用

采用钛合金制造高压压气机盘和叶片,不仅可以减轻结构重量,还能节省燃料。据统计,飞机结构每减轻10%,便可节省燃料4%。对于火箭而言,每减轻1 kg的重量,其射程便可增加15 km。这些优势使得钛合金成为航空领域不可或缺的重要材料。

1950年,美国首次在F-84战斗轰炸机上采用钛合金制作后机身的隔热板、导风罩以及机尾罩等非承力部件。自20世纪60年代起,钛合金的应用逐渐从后机身扩展至中机身,部分地替代了结构钢,用于制造隔框、梁和襟翼滑轨等关键承力部件。俄罗斯的伊尔-76飞机采用高强度BT22钛合金制造起落架和承力梁等关键部件。起落架是飞机的重要组成部分,它承受着飞机起飞、降落以及地面滑行时的巨大冲击力。因此,制造起落架零件的材料必须具备出色的强度和耐久性。钛合金恰好满足了这些要求,其高强度、轻质且耐腐蚀的特性使得它成为制造飞机起落架零件的理想选择。进入20世纪70年代后,民用飞机如波音747客机也开始大量使用钛合金,其用钛量超过3 640 kg,占飞机总重量的28%。波音747主起落架传动横梁材料为Ti-6Al-4V,锻件长6.20 m,宽0.95 m,质量达1545 kg。高强高韧Ti-62222S钛合金被用于C-17飞机水平安定面转轴关键部位。F-22飞机发动机所处的后机身区域及机尾隔热罩设计为钛合金薄壁结构,具备良好的耐温性能。随着加工技术的进步,新型的钛合金材料也开始在火箭、人造卫星、航天飞机等航天设备中得到应用。

航空发动机方面,钛合金材料的应用领域有压气机盘、叶片、鼓筒、高压压气机转子、压气机机匣等。现代涡轮发动机结构重量的30%左右为采用钛合金材料制造,钛合金的应用降低了压缩机叶片和风扇叶片的质量,同时还延长了零部件的寿命与检查间隔。图4-6所示波音747-8GENX发动机风扇叶片的前缘与尖部,采用了钛合金防护套,在10年的服役期内仅做过3次更换。

图4-6 波音747-8GENX发动机

飞机技术的不断革新推动了钛合金使用量的持续增长。例如,美国 F-14A 战斗机钛合金用量占比高达 25%、F-15A 战斗机为 25.8%、F-22 战斗机钛合金用量高达 41%、SR-71 侦察机(Blackbird)高达 93%,是目前已知最高的。随着现代飞机航行速度的不断提升,尤其是超音速飞行,飞机与空气摩擦产生的热量急剧增加。当飞行速度超过音速的 2.2 倍时,铝合金材料便无法承受如此高温的环境。因此,耐高温的钛合金成为不可或缺的选择。

4.4 镁及镁合金

4.4.1 纯镁

镁是地壳中储量最丰富的金属之一,储量占地壳质量的 2.5%,仅次于铝和铁。镁的密度仅为 $1.74\,\text{g/cm}^3$。其熔点为 651 ℃。

镁的电极电位很低,抗蚀能力差,在大气、淡水及大多数酸、盐介质中易受腐蚀。但镁在氢氟酸水溶液和碱类以及石油产品中具有比较高的抗蚀性。镁的化学活性很高,在空气中极易氧化,形成的氧化膜疏松多孔,不能起到保护作用。

由于镁的晶体结构为密排六方晶格,在 25 ℃,$a=0.3202\,\text{nm}$、$c=0.05199\,\text{nm}$、$c/a=1.6235$ 及配位数等于 12 时,原子半径为 0.162 nm,原子体积为 $13.99\,\text{cm}^3$/克原子。滑移系数量少,塑性较低,延伸率仅为 10% 左右,冷变形能力差。但当温度升高至 150～250 ℃ 时,滑移系增加,塑性增加,可进行各种热加工变形。

工业上主要采用熔盐电解法制备镁。纯镁强度低,铸造镁 $\sigma_b=115\,\text{MPa}$,因而不能直接用作结构材料,主要用作制造镁合金的原料、化工及冶金生产的还原剂及烟火工业等。

镁的主要物理性能见表 4-8,其特点是比重小,比热和膨胀系数较大(超过铁的一倍,也高于铝),而弹性模量在常用航空金属中则是最低的。

表 4-8 镁的主要物理性能

比重/(g/cm^3)	熔点/℃	膨胀系数/$(\times 10^{-6}/℃)$	导热系数/$[\text{W}/(\text{m}\cdot℃)]$	比热/$[\text{J}/(\text{kg}\cdot℃)]$	弹性模量/GPa
1.74	651	26.1	145	101.7	44.6

由于镁属六方晶体结构,主滑移面为基面,滑移系少。虽然镁单晶在取向有利时,伸长率可达 100%,但对多晶镁,室温和低温塑性仍较低,容易脆断。温度提高到 150～225 ℃ 时,则棱柱面(1010)和棱锥面(1011)也参与滑移,因而高温塑性较好,可进行各种形式的热变形加工。镁除以滑移方式进行塑性变形外,孪晶也起重要作用,主要孪晶面是{1012}和{1013}。

镁及镁合金机械性能的另一特点是屈服强度较低,压力加工制品的性能具有比较明显的方向性。表 4-9 为铸镁和变形镁的典型机械性能数据。

表 4-9 工业纯镁的机械性能

加工状态	R_m/MPa	R_y/MPa	δ/%	ψ/%	HB/kgf
铸态	115	25	8	9	3
变形状态	200	90	11.5	12.5	3

镁的化学活性很强,电动序在常用金属中占最低一位,所以镁的抗蚀性很差。镁在空气中

也能形成有保护性的氧化膜，但这种膜很脆、不致密，远不如铝合金氧化膜坚实，故防护性很差。镁在潮湿大气、淡水、海水及绝大多数酸、盐溶液中易受腐蚀，因此在镁合金的生产、加工、储存和使用期间，应采取适当防护措施，如表面氧化处理或涂漆等。镁合金在与其他金属接触时，会发生接触腐蚀。为此，在和铝合金（Al-Mg合金除外）、钢、铜合金及镍基合金组装时，接触面上应垫以浸油或浸石蜡的硬化纸。

镁合金在氢氟酸、铬酸、碱和矿物油（如汽油、煤油等）中比较稳定，可用作输油管道。

镁中主要杂质是镍、铁、铜、硅、锡。其中镍、铜、铁特别是镍的危害性最大，会急剧降低镁的抗蚀性。镍的熔点和比重远超过镁，但它与铁、钴、铬等金属不同，很容易在液态镁中溶解。因此，规定熔炼镁合金坩埚必须用含镍量很低的钢材制造，以防污染。

铁对镁的抗蚀性也有不利影响，含铁量从0.003%增加到0.026%时，抗蚀性下降为原来的1/5，但铁在镁中溶解度很低，因此熔镁坩埚和其他用具可用钢材制作。

4.4.2 镁合金分类与编号

由于纯镁的力学性能不高，要满足结构件的要求，必须进行镁的合金化。镁合金中常加入的主要元素是铝、锌、锰、铬、稀土和锂等。镁的合金化原则与铝合金十分接近，主要是利用固溶强化和沉淀强化来提高合金的力学性能，也要考虑到晶粒细化强化和合金元素对耐蚀性和工艺性能的影响。中国镁合金的牌号是按成型工艺来划分和标记的，用两个汉语拼音字母和其后合金顺序号（阿拉伯数字）组成。依据前两个字母将镁合金分为四类：变形镁合金（MB）、铸造镁合金（ZM）、压铸镁合金（YM）和航空镁合金。合金的顺序号表示合金之间的化学成分差异。

按成型工艺可将镁合金分为两大类，即变形镁合金和铸造镁合金，两者在成分、组织和性能上有很大的差异。中国常用镁合金的牌号及主要化学成分见表4-10。

表4-10 常用镁合金的牌号及主要化学成分 单位：%

种类	合金系	牌号	主要化学成分					
			w_{Al}	w_{Mn}	w_{Zn}	$w_{其他}$	w_{Mg}	$w_{杂质总量}$ ≤
变形镁合金	Mg-Mn	MB1	—	1.30~2.50	—	—	余量	0.2
		MB8	—	1.30~2.20	—	Ce 0.15~0.35	余量	0.3
	Mg-Al-Zn	MB2	3.0~4.0	0.15~0.50	0.2~0.8	—	余量	0.3
		MB3	3.7~4.7	0.30~0.60	0.8~1.4	—	余量	0.3
		MB5	5.5~7.0	0.15~0.50	0.5~1.5	—	余量	0.3
		MB6	5.0~7.0	0.20~0.50	2.0~3.0	—	余量	0.3
		MB7	7.8~9.2	0.15~0.50	0.2~0.8	—	余量	0.3
	Mg-Zn-Zr	MB15	—	—	5.0~6.0	Zr 0.3~0.9	余量	0.3
铸造镁合金	Mg-Zn-Zr	ZM1	—	—	3.5~5.5	Zr 0.5~1.0	余量	0.3
		ZM2	—	—	3.5~5.0	Zr 0.5~1.0 RE 0.75~1.75	余量	0.3
		ZM7	—	—	7.5~9.0	Zr 0.5~1.0 Ag 0.6~1.2	余量	0.3

续表

种类	合金系	牌号	主要化学成分					
			w_{Al}	w_{Mn}	w_{Zn}	$w_{其他}$	w_{Mg}	$w_{杂质总量}$ ≤
铸造镁合金	Mg-RE-Zn	ZM3	—	—	0.2~0.7	Zr 0.5~1.0 RE 2.5~4.0	余量	0.3
		ZM6	—	—	0.2~0.7	Zr 0.4~1.0 RE 2.0~2.8	余量	0.3
	Mg-Al-Zr	ZM5	7.5~9.0	0.15~0.50	0.2~0.8	—	余量	0.5
		ZM10	9.0~10.2	0.10~0.50	0.6~1.2	—	余量	0.5
压铸镁合金	Mg-Al-Zn	YM5	7.5~9.0	0.15~0.50	0.2~0.8	—	余量	0.5

4.4.3 铸造镁合金

铸造镁合金按其成分及性能,分为高强铸造镁合金及耐热铸造镁合金,有八个牌号。常铸造镁合金的牌号、成分及性能见表4-11。

表4-11 常用铸造镁合金的牌号、成分及性能

牌号	主要成分/%					铸造方法	取样部位厚度	热处理状态	力学性能(不小于)	
	Al	Zn	Mn	Zr	稀土				R_m/MP	A/%
ZM1	—	3.5~5.5	—	0.5~1.0	—	S	无规定	T1(T6)	210	2.5
ZM2	—	3.5~5.0	—	0.5~1.0	0.9~1.7	S	无规定	T1	170	1.5
ZM3	—	0.2~0.7	—	0.3~1.0	2.5~4.0	S, J	无规定	T2	105	1.5
ZM5	7.5~9.0	0.2~0.8	0.15~0.5	—	—	S	≤10 mm	T4	175	2.5
						S	≤10 mm	T6	175	1.0
						S	≥20 mm	T4	155	1.5
						S	≥20 mm	T6	155	1.0

属于高强铸造镁合金的牌号有ZM1、ZM2和ZM5,其中ZM1、ZM2属于Mg-Zn-Zr系合金,ZM5属于Mg-Al-Zn系合金。这些合金具有较高的强度,良好的塑性和铸造工艺性能,适于铸造各种类型的零部件。但由于耐热性不足,一般使用温度低于150℃。其中ZM5合金成为航空航天工业中应用最广的铸造镁合金。一般在淬火或淬火加人工时效下使用,可用于飞机、卫星、仪表等承受较高载荷的结构件或壳体等,如飞机轮毂、方向舵的摇臂支架等。

近年来,铸造镁合金出现了新的发展趋势,主要表现在研制开发了稀土铸造镁合金、铸造高纯耐蚀镁合金、快速凝固镁合金及铸造镁基复合材料等方面。

4.4.4 镁的合金化及热处理

1) 主要合金元素及其作用

按合金元素与镁的作用性质,镁的二元相图可分为三类:

(1) 在液态及固态只能有限互溶的合金系,如镁与碱金属钠、钾、铷、铯及高熔点过渡族元

素钒、铌、铀等组成的二元系属于这种情况。

(2) 在液态及固态均可完全互溶的合金系,如 Mg-Cd。

(3) 在固态有限溶解并具有共晶或包晶转变的二元系。绝大多数元素属于这种情况,也是工业镁合金的主要合金系。

镁的合金化原则与铝合金十分相近,它们都是利用固溶强化和时效处理所造成的沉淀硬化来提高合金的常温和高温性能。因此,所选择的合金元素在镁基体中应有较高的固溶度,且固溶度随温度有较明显的变化,并在时效过程中能形成强化效果显著的第二相。此外,也要考虑合金元素对抗蚀性和工艺性的影响。

根据上述原则,目前实际应用的镁合金,无论是铸造合金或是变形合金,都集中在以下几个合金系:

Mg-Al-Zn 系:如 MB2、MB3、ZM5;

Mg-Zn-Zr 系:如 ZM1、MB15;

Mg-RE-Zr 系或 Mg-RE-Mn 系:如 ZM3、MB8。

这里,Mg-Al-Zn 系和 Mg-Zn-Zr 系是发展高强镁合金的基础,其中铝、锌是主要合金元素,它们与镁均构成共晶系相图(图 4-7、图 4-8)。Mg-Al 系共晶温度为 437 ℃,L→δ(Mg)+γ,共晶成分为 32.3% Al,γ 相为 $Mg_{17}Al_{12}$,具有与 α-Mn 相同的立方晶体结构,a=1.0469~1.0591 nm。铝在镁中的溶解度在 437 ℃ 时为 12.6%,并随温度下降而迅速减小,室温下约为 1.5%;经固溶时效处理后,γ 相弥散析出,有一定的强化作用。

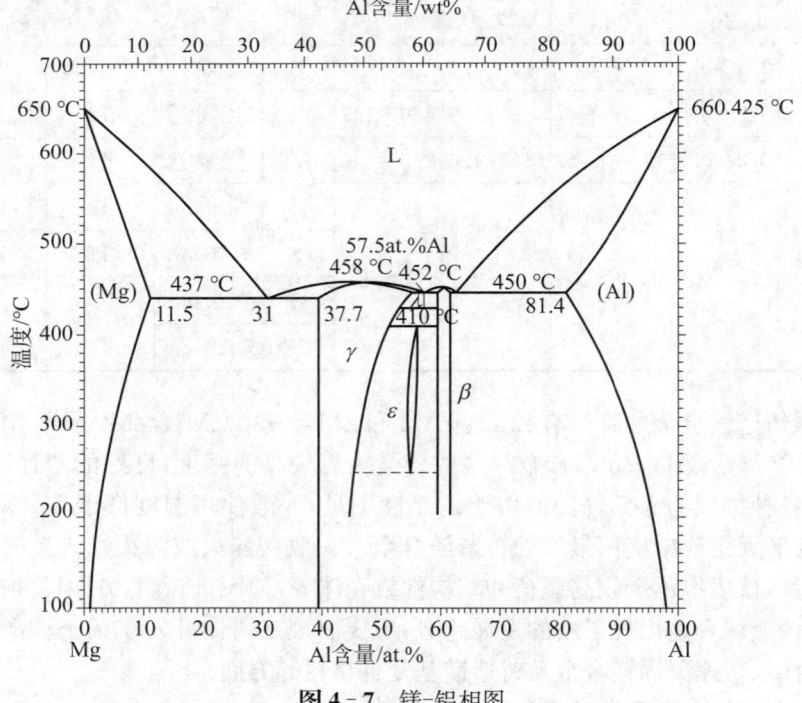

图 4-7 镁-铝相图

Mg-Zn 二元相图较复杂,其中某些转变至今尚未完全确定。从图 4-8 可以看出,富镁端于 343 ℃ 进行共晶转变:L→α+Mg_7Zn_3;330 ℃ 时,发生共析转变:Mg_7Zn_3→α+$MgZn_9$。$MgZn$ 化合物具有六方结构,a=0.533 nm、c=1.716 nm,熔点为 349 ℃。在共晶温度下,锌在镁中的溶

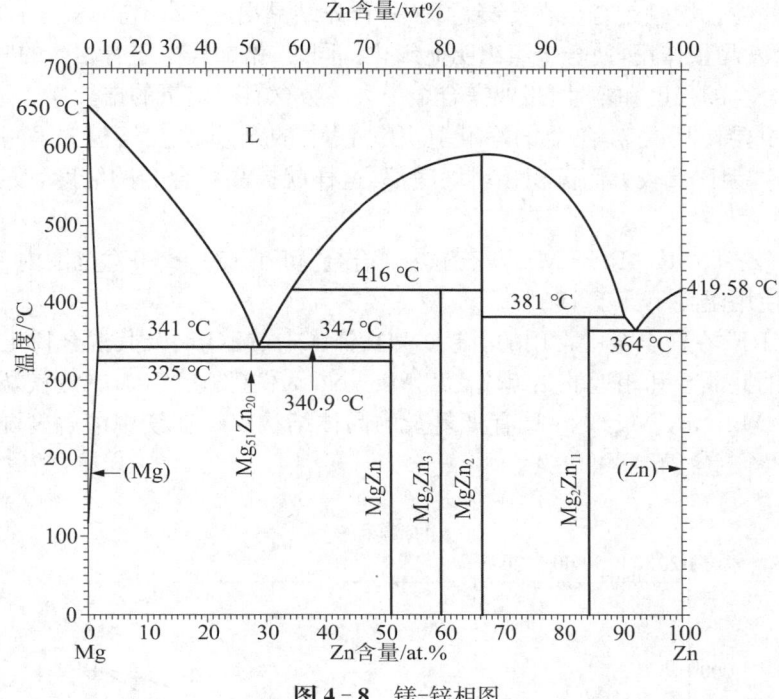

图 4-8 镁-锌相图

解度为 8.4%，室温下则小于 1.0%。在 Mg-Zn 系中强化相为 MgZn，它对合金性能的影响与 $Mg_{17}Al_{12}$ 时 Mg-Al 系的影响相似，但 MgZn 在 Mg-Zn 系中强化效果更大一些。

锆在镁合金中为辅助元素。Mg-Zr 组成包晶系，包晶温度为 654℃，反应为 L→α(Zr)→α（图 4-9）。锆在镁中的溶解度在 654℃时为 3.6%，300℃时降到 0.3%。锆在合金中的主

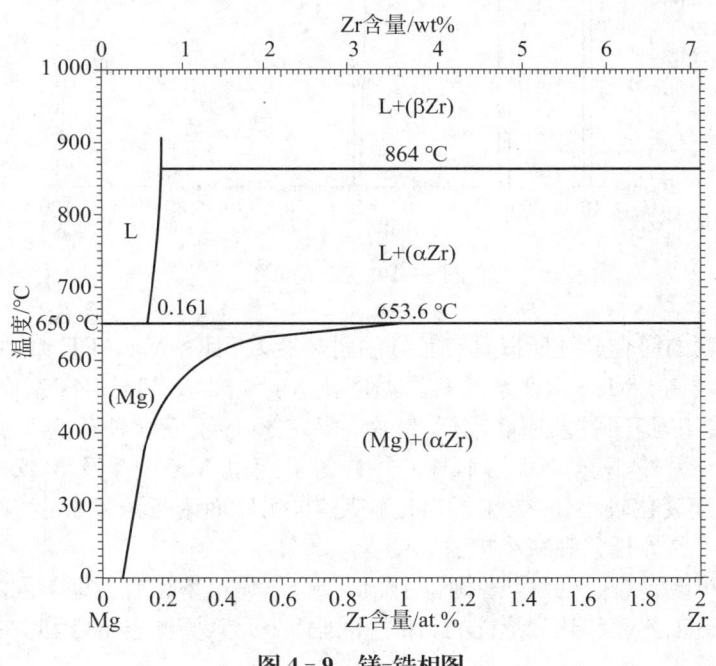

图 4-9 镁-锆相图

要作用是细化晶粒。熔融镁合金在冷凝过程中,首先结晶出 α‑Zr,它与镁具有相同的晶体结构,能起到非自发晶核作用,使合金组织明显细化。同时,锆在镁中还有相当的固溶强化效果,故可全面改善合金的强度和塑性,工业镁合金中大多数含有一定量的锆。

锆的另一重要作用是对合金的净化作用。镁中的杂质铁在熔炼过程中与锆化合成 Zr_2Fe_3 及 $ZrFe_2$,因比重较大而沉积在坩埚底部,这样就提高了合金的纯度,改善了机械性能及抗蚀性。

Mg‑RE‑Zr 和 Mg‑RE‑Mn 属于耐热镁合金,可在 150～250 ℃范围内工作,而上述高强镁合金通常使用温度不高于 150 ℃。

稀土元素(RE)在镁合金中常用的有钕(Nd)、铈(Ce)、镧(La)及其混合稀土(MM)。它们与镁构成类似的共晶系和相近的相组成。以 Mg‑Nd 为例(图 4‑10),在近镁端 552 ℃进行共晶转变:L→α+Mg_9Nd,Mg_9Nd 具有极复杂的晶体结构。钕在镁中溶解度随温度而变化,540 ℃时为 3.2%,室温下为 0.08%。

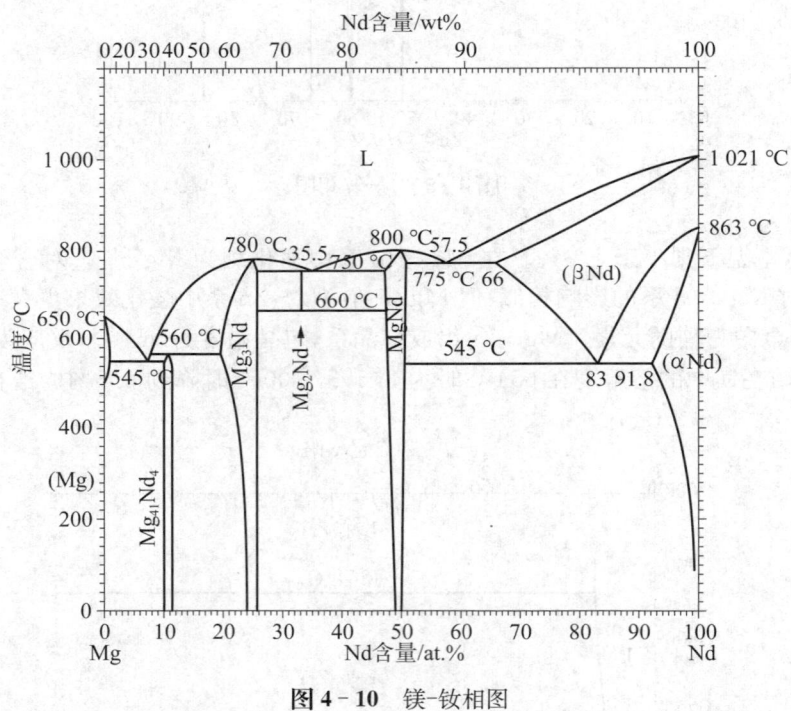

图 4‑10 镁‑钕相图

含稀土族元素的镁合金之所以具有较好的耐热性,是因为 Mg‑RE 系中 α 固溶体及化合物相的热稳定性较高。Mg‑RE 系的共晶温度比 Mg‑Al 及 Mg‑Zn 系高得多。在 200～300 ℃的使用温度下,原子扩散速度较低,镁中加入三价稀土元素被认为可提高其电子浓度,增强原子结合力。另外,Mg、Nd 相本身的热稳定性超过 Mg_7Al_{12} 及 MgZn;Mg‑RE 系在 200～300 ℃固溶度变化较小,时效相析出比较均匀,相界面附近浓度梯度较低。这些因素都有助于阻止高温下晶界迁移和减小扩散蠕变。

稀土元素除可改善合金的耐热性外,对降低合金氧化速率也有帮助。同时,Mg‑RE 系合金还有良好的铸造工艺性和热变形能力,加之中国稀土元素资源丰富,因此在工业应用中很有发展前途。

在稀土金属中,钕的综合作用最佳,可保证在高温及常温下同时获得强化;铈或铈混合稀土,对改善耐热性效果较好,但常温强化效果低;镧的作用则在这两方面均不如钕和铈。

Mg-RE-Zr 系中,Zr 的主要作用仍为细化晶粒,这样可减少铸造合金的壁厚效应(即铸件壁厚对其性能的影响),使铸件机械性能接近单根铸造试样的性能。另外,如前所述,锆在镁合金熔炼过程中对杂质有净化作用,故可改善合金的抗蚀性。

Mg-RE-Mn 系中的锰,有一定的固溶强化效果,同时降低合金的原子扩散能力,提高耐热性,并有增加合金抗蚀性的作用。

2) 镁合金的固态相变特点

和铝合金相同,镁合金的基本固态相变形或是过饱和固溶体的分解,它也是时效硬化的理论根据。由于其基本规律前面在铝合金一节中已有详细阐述,此处不再重复。下面仅就某些主要镁合金系各自的相变特点,做扼要补充说明。

(1) Mg-Al 系。该系合金在共晶温度以下,平衡组织应为 δ 固溶体 + $Mg_{17}Al_{12}$ 化合物。由于铝在镁中的固溶度随温度下降有明显变化,从 437℃ 的 12.6% 降到室温下的约 1%,故利用淬火处理可获得过饱和 δ 固溶体。大量试验证明,在随后的时效过程中,过饱和 δ 固溶体不经过任何中间阶段直接析出非共格的平衡相 $Mg_{17}Al_{12}$,不存在预沉淀或过渡相阶段。但 $Mg_{17}Al_{12}$ 相在形成方式上有两种类型,即连续析出和非连续析出。在一般情况下,这两种析出方式是共存的,但通常以非连续析出为先导,然后再进行连续析出。这表明前者在能量上处于有利地位,易于形成。

非连续析出大多从晶界或位错处开始,$Mg_{17}Al_{12}$ 相以片状形式按一定取向往晶内生长,附近的 δ 固溶体同时达到平衡浓度。由于整个反应区呈片层状结构,故有时也称为珠光体型沉淀。反应区和未反应区有明显的分界面,后者的成分未发生变化,仍保持原有的过饱和程度。因此,在 X 射线衍射图上同时出现两种固溶体的衍射线条,即反应区内具有平衡成分的 δ 固溶体和反应区外尚未发生成分变化的 δ 固溶体。

从晶界开始的非连续析出进行到一定程度后,晶内产生连续析出。$Mg_{17}Al_{12}$ 相以细小片状形式沿基面(0001)生长。与此相应,基体含铝量不断下降,晶格常数连续增大,由于此时晶格常数变化是连续的,故有此名。

连续及非连续析出在时效组织中所占相对量,与合金成分、淬火加热温度、冷却速度及时效规范等因素有关。在一般情况下,非连续析出优先进行,特别是在过饱和程度较低、固溶体内存在成分偏析及时效不充分的情况下,更有利于发展非连续析出;反之,在含铝量较高、铸锭经均匀化处理以及采用快速淬火与时效温度较高时,则连续析出占主导地位。

由于 Mg-Al 系及 Mg-Al-Zn 系合金在时效过程中直接析出平衡相,且弥散度较低,故时效硬化作用不十分显著,尤其是非连续析出占较大比例时,强化作用更弱,见表 4-12。由表还可看出,时效主要是提高合金的屈服强度。

表 4-12 淬火速度对 Mg-9Al-2Zn 系合金时效组织及性能的影响

从 410℃ 到 190℃ 的冷却时间/s	连续析出量和非连续析出量的比例	时效规范		δ/%	$\sigma_{0.2}$ /MPa	R_m /MPa
		时间/h	温度/℃			
190	0.40	18	175	2	169	281
65	0.65	18	175	1.8	176	294

续表

从 410 ℃ 到 190 ℃ 的冷却时间/s	连续析出量和非连续析出量的比例	时效规范		δ/%	$\sigma_{0.2}$/MPa	R_m/MPa
		时间/h	温度/℃			
5	0.88	18	175	2.2	211	312
0.5	0.96	18	175	3.5	209	338
各种冷却速度*	—	—	—	2	110	280

* 指淬火状态性能。

(2) Mg-Zn 系。该系合金的时效过程比较复杂,存在预沉淀阶段。在 110 ℃ 以下,观察到 G. P. 区→β′→β(Mg-Zn)。在 110 ℃ 以上,不形成 G. P. 区,而是 α→β′→β(Mg-Zn)。β′ 为亚稳定过渡相,稳定性较高。在 250 ℃ 时效时,可保持到 5 000 h。

Mg-Zn 系合金时效为连续析出,β′ 相尺寸很小,呈片状,并与基面平行。在长期时效后,利用电子显微镜可观察到 β′ 相的形态及分布特征。

Mg-Zn 系合金的时效强化效果超过 Mg-Al 系,且随含锌量的增加而提高。但 Mg-Zn 系合金晶粒容易长大,故工业合金中常添加少量锆,以细化晶粒,改善机械性能。

(3) Mg-RE 系。该系合金时效强化相为 Mg、RE 或 $Mg_{12}RE$。在稀土元素中,钕在 α 固溶体中溶解度较大(约 4%),铈、镧、镨则较低(最大固溶度分别为 0.74%、1.9%、2.0%),故 Mg-Nd 系合金的时效强化效果最显著。

对于 Mg-RE 系合金的时效序列,目前尚有分歧。一些研究认为,在这类合金的过饱和固溶体分解过程中,不存在明显的预析出阶段,直接形成 Mg、Nd 或 Mg、Ce 等平衡相;另外有一些试验结果则表明,存在中间过渡相,沉淀序列为过饱和 α 固溶体→G. P. 区→β″→β′→β(Mg, Nd),过渡相与基体之间保持共格关系。

工业 Mg-RE 合金中常常添加少量锌,除有补充固溶强化作用外,还能增加时效硬化效应。此时,强化相 Mg_9RE 中固溶了一部分锌,成为 $(MgZn)_9RE$。

(4) Mg-Mn 系。单独的 Mg-Mn 系合金应用较少,但锰是大多数工业镁合金中常见的辅助元素,它对改善合金耐热性及抗蚀性具有良好作用。Mg-Mn 系合金在时效期间,不经过预析出阶段,直接形成 α-Mn。α-Mn 具有立方晶格,强化效果较差,但热稳定性较高。

3) 镁合金热处理的主要类型

镁合金的热处理方式与铝合金基本相同,但镁合金中原子扩散速度慢,淬火加热后通常在静止或流动空气中冷却即可达到固溶处理目的。另外,绝大多数镁合金对自然时效不敏感,淬火后在室温下放置仍能保持淬火状态的原有性能。值得注意的是,镁合金氧化倾向比铝合金强烈,当氧化反应产生的热量不能及时散发时,容易引起燃烧。因此,热处理加热炉内应保持一定的中性气氛。镁合金常用的热处理类型有:

(1) T1。铸造或铸锭变形加工后,不再单独进行固溶处理而是直接人工时效。这种处理工艺简单,也能获得相当的时效强化效果。对 Mg-Zn 系合金,因晶粒容易长大,重新加热淬火会造成粗晶粒组织,时效后的综合性能反而不如 T1 状态。

(2) T2。指为了消除铸件残余应力及变形合金的冷作硬化而进行的退火处理。例如,Mg-Al-Zn 系铸造合金 ZM5,退火规范为:350 ℃ 加热 2~3 h,空冷,冷却速度对性能无影响。对某些热处理强化效果不显著的镁合金如 ZM3,T2 则为最终热处理状态。

(3) T4。指淬火处理。可用以提高合金的抗拉强度和延伸率。ZM5合金常用此规范。

为了获得最大的过饱和固溶度,淬火加热温度通常只比固相线低5~10℃。镁合金原子扩散能力弱,为保证强化相充分固溶,需要较长的加热时间,特别是砂型厚壁铸件。对于薄壁铸件或金属型铸件加热时间可适当缩短,对于变形合金则更短,这是因为强化相溶解速度除与本身尺寸有关外,晶粒度也有明显影响。例如,ZM5金属型铸件,淬火加热规范为415℃ 8~16 h,薄壁(<10 mm)砂型铸件加热时间延长到12~24 h,而厚壁(>20 mm)铸件为防止过烧应采用分段加热,即360℃ 3h+420℃ 21~29 h。淬火加热后一般进行空冷。

(4) T6。指淬火+人工时效。目的是提高合金的屈服强度,但塑性相应有所降低。T6状态主要应用于Mg-Al-Zn系及Mg-RE-Zr系合金。高锌的Mg-Zn-Zr系合金,为充分发挥时效强化效果,也可选用T6处理。

(5) T61。指热水中淬火+人工时效。一般T6为空冷淬火,T61则采用热水淬火,可提高时效强化效果,特别是对冷却速度敏感性较高的1Mg-RE-Zr系合金,例如MJI10合金(Mg-2.2~2.8Nd-0.4~1.0Zr-0.1~0.7Zn)。和铸态性能相比,T6处理使强度提高40%~50%,而T61处理可提高60%~70%,而延伸率仍可保持原有水平。

镁合金热处理时,在工艺上应特别注意防止零件在高温加热过程中发生氧化与燃烧。加热炉常选用带空气循环的电炉,炉温波动≤±5℃,加热体与零件之间应安置屏蔽罩,一般用不锈钢制作。炉内需保持中性气氛(二氧化碳或氩气)或含0.5%~1%二氧化硫的大气气氛。二氧化硫由管道通入炉膛或事先在炉内按0.5~1 kg/m³的比例放置黄铁矿(FeS_2)或黄铜矿($CuFeS_2$)。

热处理常见缺陷为淬火不完全、晶粒长大、表面氧化、过烧及变形等。

4.4.5 镁合金在航空航天领域的应用

镁的密度大约是铝的2/3、铁的1/4,是实用金属中最轻的金属,同时具有高的强度和刚性。镁合金是航空器、航天器和火箭导弹制造工业中使用的最轻金属结构材料。镁的密度比铝轻,作为结构件其强度不够高,只有200~300 MPa,主要用于制作低承受力的零件。镁合金在潮湿空气中容易氧化和腐蚀,因此,在零件使用前,表面需要经过化学处理或涂漆。德国首先生产并在飞机上使用含铝的镁合金。镁合金具有较高的抗振能力,在受冲击载荷时能吸收较大的能量,还有良好的吸热性能,因而是制造飞机轮毂的理想材料。镁合金在汽油、煤油和润滑油中很稳定,适于制造发动机齿轮机匣、油泵和油管,又因在旋转和往复运动中产生的惯性力较小而被用来制造摇臂、舱门和舵面等活动零件。民用飞机和军用飞机,尤其是轰炸机上广泛使用镁合金制品。镁合金也用于导弹和卫星上的一些部件,如某地空导弹的仪表舱、尾舱和发动机支架等都使用了镁合金。中国稀土资源丰富,已于20世纪70年代研制出加钇镁合金,提高了高温强度,使其能在300℃下长期使用,并已在航空航天工业推广应用。

镁合金在空天领域具有如下应用特点:

(1) 低密度。由于飞行器的质量直接影响到它的机动性能(机动性能改善可以极大提高战斗力和生存能力),而空间站和卫星的质量决定了对运送工具的要求和费用,所以航空航天要求材料尽可能的轻质,也就是尽可能的低密度。

(2) 比刚度和热导率。材料的比刚度和热导率是非常关键的参数。镁合金具有比刚度高和高的热导率,可用于某些部位(如飞机的机翼)的振动以及在低重力、高真空的太空环境中,可避免太阳照射使得电子设备过热而烧毁。

(3) 减振能力。镁合金具有良好的减振能力,可以保证航空航天产品承受较大的振动载荷。

(4) 防辐射、防屏蔽。镁合金还具有高比强度、防辐射、良好的尺寸稳定性和电磁屏蔽性，可以抵御短波辐射和高能粒子的"轰击"。

(5) 缺点。镁合金存在高温强度差、抗蠕变性能差、耐腐蚀性能差、铸造缺陷严重、塑性变形差等缺点，限制了其在航天领域的广泛应用。近几十年来，学者和工业界一直在探索和开发新材料、新工艺，以期改善或解决镁合金上述问题。目前已取得系列成果，开发出适应不同工况和环境的轻量化镁合金零部件，应用于多种航空工业领域。常用的航空航天铸造镁合金及其性能和用途见表 4-13。

表 4-13 常用的航空航天铸造镁合金及其性能和用途

镁合金	性能	缺点	应用
AZ91、AZ91E	最常用的商业镁合金，属于低成本镁合金，新型高纯度 AZ91E 能提供优良的抗腐蚀能力	就收缩和脱模而言，其铸造性能一般；中等力学性能，在厚壁铸件中表现更差；最高工作环境温度不超过 100℃；要求 T6 态热处理	用于航空器控制装置，各种支架、传动器壳体
AZ92	由于含锌量更高，比 AZ91 具有更高的室温抗拉强度；高纯净度牌号具有高的抗腐蚀性能，但生产较困难	与 AZ91 相近的铸造性能；比 AZ91 更好的力学性能，仍然不能用于高温环境；要求 T6 态热处理	与 AZ91 相近
ZE41	良好的铸造性能，较容易生产；工作环境提高到了 150℃；优异的抗腐蚀能力	中等强度、中等抗腐蚀合金，比 AZ 合金更倾向于氧化	应用范围广、中等强度、具有较好高温性能的镁合金；主要用于航空发动机部件、辅助推进装置（APU）直升机壳体的铸造
QF22	优良的铸造性能，生产较容易；极好的振动吸收性能；工作环境可达到 250℃；中等成本合金；要求 T5 热处理	比 ZE41 更难于铸造；高的综合腐蚀率；由于含有银，故属高成本合金；要求 T6 态处理	高强度高温合金；通常用于航空发动机壳体、发动机结构部件、发电机壳体等高温环境中工作的部件
WE43A	很高的室温强度性能；极好的高温性能，工作温度可高达 300℃；优异的抗腐蚀能力	最难铸造的镁合金；需要额外的熔化和铸造控制手段；由于含有钇，故使其成为高成本合金；要求 T6 态热处理	高强度的高温抗蠕变合金；用于发动机变速箱和直升机传动箱
EZ33	优良的铸造性能，生产较容易；极好的振动吸收性能；工作环境可达到 250℃；中等成本合金；要求 T5 热处理	低强度合金；中等综合腐蚀率；比 AZ 合金更易氧化	适于较高工作温度的低强度应用，特别适合既要求铸造质量又要求减振的部件；适用于减振部件、齿轮传动部件

20 世纪 20 年代镁合金开始应用于航空领域，主要用于制造飞机、轰炸机、导弹等军用装备。战争年代武器装备大量战损，使用寿命较短，镁合金耐蚀性差的缺点被掩盖。到了 20 世纪七八十年代，由于发现镁合金的耐蚀性差，特别是电化学腐蚀以及抗疲劳和蠕变的性能差，加上铝合金的迅速发展，镁合金的用量骤减，主要用于座舱骨架等非承力或受力较小、需要承

受冲击和减振的部位。到了20世纪90年代，在汽车工业发展的推动下，解决了镁及其合金存在的一些问题，也重新引起了航空航天工业使用镁材料的兴趣。中国在20世纪50年代仿制的飞机和导弹的蒙皮、框架以及发动机机匣已采用镁稀土合金。20世纪70年代后，随着中国航空航天技术的迅速发展，镁合金也在强击机、直升机、导弹、卫星等产品上逐步得到推广和应用，见表4-14。

表4-14 中国航空航天领域镁合金的应用

时期	应用
20世纪20年代	飞机螺旋桨
20世纪30年代	发动机曲柄箱、发动机零件、气球吊篮、客机座椅、起落轮
20世纪40年代	JU88起落架支持框、FW190遮风支架、起落架、He&Jum90部件、BMW801发动机部件、机枪支架环、无线电设备底座定向仪、尾轮、B36轰炸机部件
20世纪50年代	RR Dant发动机部件、S55直升机发动机基座、火箭和导弹零件、直升机齿轮箱、车轮及发动机部件、主起落轮、C-21和C124运输机地板横梁
20世纪60年代	B-47和B52主起落轮、卫星零部件HC-直升机地板、飞机座舱顶棚框架、Applo振动监测设备、S64B起落架齿轮箱
20世纪70年代	F20减速装置及座舱顶棚框、CH53E直升机传送箱
20世纪80年代	直升机传动系，PW100涡轮发动机部件、Gae TPE331等涡轮发动机部件、恒速传动

4.5 铜及铜合金

由于有自然铜的存在，铜是人类历史上使用最早的金属之一。由于铜，人类走出了石器时代，创造了青铜时代的辉煌，并不断推进社会文明的进步。

铜具有许多可贵的物理化学性能，如电导率、热导率都很高，化学稳定性强等，但纯铜的强度很低，抗拉强度仅为230～240 MPa，因此结构件常使用铜合金。铜合金在电器、电子、机械、车辆、化工、船舶、航空、工艺品等传统领域具有广泛应用，目前也是无线通信、IC卡、计算机、网络以及电动汽车等新兴技术领域的重要材料。

纯铜（紫铜）为单一金属，铜合金按化学成分可分为黄铜、青铜和白铜三大类。

4.5.1 纯铜

纯铜是指含铜量极高（通常在99.5%以上）的金属材料，杂质含量极少，具有出色的导电性、导热性和加工性。根据杂质含量的不同，纯铜可以分为电解铜、无氧铜和含氧铜等类型。电解铜纯度极高，主要用于电气和电子工业制造导线、电缆等；无氧铜则由于含氧量极低，具有更好的导电性和延展性，常用于高端电缆和音频设备；含氧铜虽然含氧量略高，但在普通电气应用中仍表现出色。纯铜的导电性仅次于银，是制造电线、电缆、电子元件的首选材料；其导热性也极佳，常用于散热器和热交换设备。此外，纯铜的延展性非常好，易于加工成薄片和细丝，并且具有良好的抗腐蚀性能。纯铜广泛应用于电气工业、电子工业、建筑装饰、机械制造和热交换设备等领域。常用的纯铜标准编号包括T1、T2和T3（GB/T 5231），其中T1表示最高纯度的铜，T2是工业纯铜，T3纯度略低但仍保持良好性能。总体而言，纯铜因其优异的物理性能在许多行业中得到广泛应用。

4.5.2 铜合金分类与编号

铜合金根据其主要合金元素和用途分为黄铜、青铜、白铜等类别,并有多种编号标准。

黄铜是铜和锌的合金,分为普通黄铜和特殊黄铜,普通黄铜仅含铜和锌,用于机械零件和管材,而特殊黄铜添加铝、锡、铅等元素,适用于阀门和管接头等。青铜最初是铜锡合金,但也包括铝青铜、硅青铜和铍青铜等类型,其中锡青铜耐磨抗腐蚀,常用于轴承和齿轮;铝青铜强度高且耐海水腐蚀,适合海洋设备;硅青铜则用于电气连接器;铍青铜因高强度和弹性广泛用于弹簧和传感器。白铜是铜镍合金,抗腐蚀性强,常用于海洋环境中的船舶和淡化设备。紫铜(即纯铜)虽然不完全是合金,但由于其高导电性和导热性,也被视为铜合金的一种,广泛用于电气领域。此外,还有镍铜合金和铁铜合金,前者耐高温、耐腐蚀,用于航天和化工,后者则增强了耐磨性。

铜合金常用的编号系统包括以"H"开头的黄铜编号,如 H62(GB/T 5231—2001)表示62%的含铜量、以"Q"开头的青铜编号,如 QSn6-6-3(GB/T 5231)表示 6%锡、6%铅和 3%锌,以及以"B"或"T"开头的铍青铜和紫铜编号,如 T2(GB 5231—85)代表工业纯铜。通过不同合金元素的组合,铜合金在机械、电气、建筑和海洋等领域发挥着不可替代的作用。

4.5.3 常用铜合金

1) 黄铜

黄铜是以 Zn 为主要元素的铜合金。最简单的黄铜是 Cu-Zn 二元合金,简称普通黄铜。工业上使用的黄铜其 Zn 含量均在 50%以下。在二元 Cu-Zn 合金基础上加入一种或多种其他合金元素的黄铜,称为特殊黄铜。黄铜按其生产工艺可分为压力加工黄铜和铸造黄铜。

普通黄铜牌号用"黄"字的汉语拼音字头"H"后面加 Cu 含量表示(GB/T 5231—2001)。如 H62 表示含 62% Cu、38% Zn 的普通黄铜。特殊黄铜的牌号用"H"加主添元素的化学符号,再加 Cu 含量和添加元素的含量表示。如 HMn58-2 表示含 58% Cu、2% Mn 的特殊黄铜。铸造黄铜牌号用"铸"字的汉语拼音字头"Z"再加铜的化学符号和主添元素的化学符号及含量表示。如 $ZCuZn_{38}$ 表示平均 Zn 含量为 38%的铸造黄铜。常用压力加工黄铜牌号及主要化学成分见表 4-15。

表 4-15 常用压力加工黄铜牌号及主要化学成分

合金名称	牌号	主要化学成分/%	杂质总量/% ≤
普通黄铜	H68	67.0~70.0Cu,余量 Zn	0.3
	H62	60.5~63.5Cu,余量 Zn	0.5
锡黄铜	HSn70-1	69.0~71.0Cu, 1.0~1.5Sn,余量 Zn	0.3
铝黄铜	HAl59-3-2	57.0~60.0Cu, 2.5~3.5Al, 2.0~3.0Ni,余量 Zn	0.9
镍黄铜	HNi65-5	64.0~67.0Cu, 5.0~6.5Ni,余量 Zn	0.3
硅黄铜	HSi80-3	79.0~81.0Cu, 2.5~4.0Si,余量 Zn	1.5
铅黄铜	HPb74-3	72.0~75.0Cu, 2.4~3.0Pb,余量 Zn	0.25
锰黄铜	HMn58-2	57.0~60.0Cu, 1.0~2.0Mn,余量 Zn	1.2
铁黄铜	HFe58-1-1	56.0~58.0Cu, 0.3~0.75Sn, 0.7~1.3Fe, 03~1.3Pb,余量 Zn	0.5

Zn 含量小于 36% 的合金为单相 α 黄铜，铸态组织为单相树枝状晶，如图 4-11a 所示。形变及再结晶退火后得到等轴 α 相晶粒，具有退火孪晶，如图 4-11b 所示。Zn 含量 36%～46% 的合金为双相(α+β)黄铜，其铸态组织和形变及再结晶退火后的组织如图 4-12 所示。

 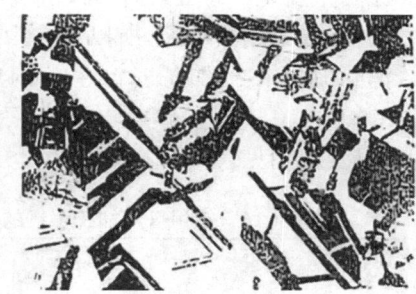

(a) 铸态　　　　　　　　　(b) 经过形变与再结晶退火后

图 4-11　单相 α 黄铜铸态及其形变与再结晶退火的组织

 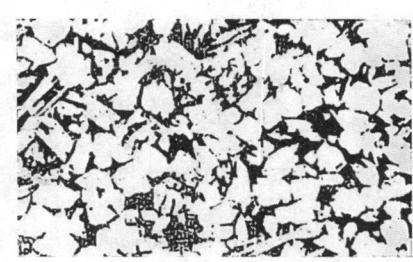

(a) 铸态　　　　　　　　　(b) 经过形变与再结晶退火后

图 4-12　双相(α+β)黄铜的显微组织

Zn 含量对黄铜的物理、力学与工艺性能有很大的影响。随着 Zn 含量的增加，黄铜的导电、导热性及密度降低，而线膨胀系数提高。Zn 和组织对黄铜性能的影响见图 4-13，铸态黄铜中 Zn 含量小于 32%，Zn 完全溶于 α 固溶体中，起固溶强化作用。黄铜的强度和塑性随 Zn 含量的增加而升高，直到 30% Zn 时，黄铜的延伸率达到最高值。当超过 32% Zn 时，由于合金组织中出现了脆性的 β′ 相，使塑性下降，而强度继续增高。在 45% Zn 时强度达到最大值。再增加 Zn 含量，则全部组织为 β′ 相，导致脆性增加，强度急剧下降。黄铜经过变形于再结晶退火后，其性能与 Zn 含量的关系与铸态相似。由于成分均匀和晶粒细化，其强度和塑性比铸态都有所提高。

从图 4-13 可以看出，单相 α 黄铜具有良好的塑性，能承受冷、热加工，但黄铜在锻造等热加工时易出现中温脆性，其具体温度范围随 Zn 含量不同而有所变化，一般在 200～700℃。双相(α+β)黄铜，由于 β′ 相在室温下脆性很大，冷变形能力很差，但加热到有序化温度以上，β′ 相转变为 β，具有良好的塑性变形能力。因此，双相(α+β)黄铜适宜于热加工，故又称为热加工黄铜。

从 Cu-Zn 二元合金相图可知，由于液相线与固相线间隔小，因而黄铜有良好的铸造性能，即流动性高，偏析倾

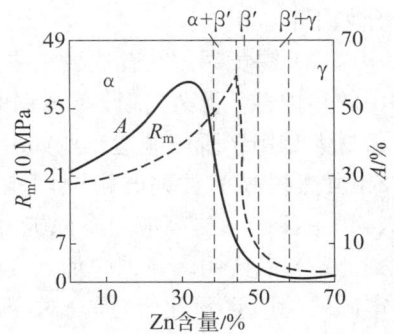

图 4-13　铸态黄铜组织和性能随 Zn 含量的变化

向小,适用于铸造复杂和精致的铸造制品。

黄铜在干燥的大气和一般介质中的耐蚀性比铁和钢好。但经过冷变形的黄铜制品在潮湿的大气中,特别是在含有氨气的大气或海水中,会发生自动破裂,通常称为黄铜的"季裂"或"自裂"。产生的原因主要是冷加工变形的黄铜制品内部存在着残余应力,在腐蚀性介质的作用下,发生应力腐蚀,导致制品破裂,所以又称为"应力破裂"。防止黄铜季裂的方法是采用低温去应力退火,消除制品在冷加工时产生的内应力。此外,在黄铜中加入 1.0%～1.5% Si、0.02%～0.06% As、0.1% Mg 等均能减少季裂现象。表面镀锌也能防止季裂。常用普通加工黄铜的特点以及应用见表 4-16。

表 4-16 常用普通加工黄铜的特点以及应用(GB/T 5231—2001)

分类	牌号	主要特性	应用举例
α 黄铜	H96	导热、导电性好,在大气和淡水中有高的耐蚀性,且有良好的塑性,易于冷、热压力加工,易于焊接、锻造和镀锡,无应力腐蚀破裂倾向	用作导管、冷凝管、散热器管、散热片、空速表、组合空速表的导管及仪表壳体
α 黄铜	H90	性能和 H96 相似,但强度较 H96 稍高,可镀金属。H96、H90 具有鲜艳的金黄色,有"金色黄铜"之美称	用作航空器的结构件和连接件,如支架、固定件等,以及恶劣环境中的管道和设备
α 黄铜	H70 H68	有极好的塑性和较高的强度,可切削加工性好。易焊接,对一般腐蚀非常安定,但易产生腐蚀开裂。H68 是普通黄铜中应用最广泛的一个品种	用作复杂的冷冲件和深冲件,如航空设备散热器外壳、导管、波纹管、弹壳、垫片、雷管等,也常被称为"弹壳黄铜"
(α+β) 黄铜	H62	有良好的力学性能,热态下塑性良好,冷态下塑性也可以,可切削性好,易钎焊和焊接,耐蚀,但易产生腐蚀破裂,此外价格便宜	各种弯折制造的受力零件,如销钉、铆钉、垫圈、螺母、导管、气压表弹簧、筛网、散热器零
(α+β) 黄铜	H59	价格最便宜,强度、硬度高而塑性差,但在热态下仍能很好承受压力工,耐蚀性一般,其他性能和 H62 相近	一般机器零件、焊接件、热冲及热轧零件。H59 和 H62 也俗称"商业黄铜"

为了改善和提高黄铜的耐蚀性能、力学性能和切削加工性能等,在普通黄铜中加入少量的 Si、Al、Pb、Sn、Mn、Fe 和 Ni 等元素形成特殊黄铜。特殊黄铜是加入合金元素后组织发生改变的黄铜,α/(α+β)相界发生移动,有的缩小 α 相区,有的扩大 α 相区。特殊黄铜简介如下:

(1) 锡黄铜。在普通黄铜中加入 0.5%～1.5% Sn,可提高合金的强度和硬度以及在海水中的耐蚀性。此外,能改善黄铜的切削加工性能。锡黄铜(如 HSn70-1)主要以管材、棒材、板材大量用于舰艇制造工业如冷凝管、船舶零件、船舰焊接件的焊条等,故有"海军黄铜"之称。Sn 虽然提高了黄铜的耐蚀性能,但不能从根本上消除应力腐蚀破裂倾向,可采用低温退火(440～470 ℃)提高应力腐蚀抗力。

(2) 铝黄铜。黄铜中加入少量 Al(0.7%～3.5%)可在合金表面形成致密并和基体结合牢固的 Al_2O_3 氧化膜,提高对介质特别是对海水的耐蚀性。Al 有细化晶粒的作用,可防止退火时晶粒粗化,还可提高合金的强度。但 Al 使黄铜铸造组织粗化,Al 含量超过 2% 时塑性、韧度下降。含 2% Al、20% Zn 的铝黄铜具有最高的热塑性,所以 HAl77-2 合金得到广泛应用。此外,Al 缩小了 Cu-Zn 合金包晶反应温度间隔,从而显著改善了黄铜的铸造性能。含铝的特殊黄铜焊接比较困难,且有高的应力腐蚀破裂倾向,必须进行充分的低温退火加以消除。

(3) 镍黄铜。Ni 可扩大 α 相区,故双相黄铜添加适当的 Ni 可转变为单相黄铜。Ni 能提高黄铜的强度、韧性、耐蚀性及耐磨性。镍黄铜适合于冷、热加工。镍黄铜(如 HNi65-5)的应力腐蚀破裂倾向小,可制造轮船的压力表及冷凝管等,还可作锡-磷青铜的代用品。

(4) 硅黄铜。普通黄铜中加入 1.5%~4.0% Si,能显著提高黄铜在大气及海水中的耐蚀性能以及应力腐蚀破裂能力,改善合金的铸造性能,并能与钢铁焊接。HSi80-3 硅黄铜显微组织为 α+β,它具有较高的力学性能和优良的耐蚀性能,适合冷、热加工或压铸。且在超低温(-183℃)仍具有较高的强度和韧性,主要用于舰船制造和其他工业中的耐蚀零件和接触蒸汽的配件等。HSi65-1.5-3 硅黄铜有足够的强度、耐磨性和耐蚀性,并具有优良的热轧、挤压和锻造性能,可作为耐磨锡青铜的代用品。

(5) 铅黄铜。分单相 α 及双相(α+β)。HPb74-3 是单相 α 铅黄铜,Pb 呈细小质点分布在晶界;而 HPb59-1 是双相(α+β)铅黄铜。Pb 在 α 黄铜中溶解度小于 0.03%。它作为金属夹杂物分布在 α 黄铜枝晶间,引起热脆。但其在双相(α+β)黄铜中,凝固时先形成 β 相,随后继续冷却,转变为(α+β)组织,使 Pb 颗粒转移到黄铜晶内,Pb 的危害减轻。

α 铅黄铜有足够高的强度、耐磨性、耐蚀性以及良好的切削性能。因此,适用于冷变形和切削加工,可用作钟表机芯的基础部件,汽车、拖拉机等的机械零件如衬套、螺钉,电器插座等。由于 HPb59-1 切削性能良好,也被称为易切削黄铜,其强度高、热加工性能好,适用于制造各种零件和标准件。

(6) 锰黄铜。黄铜中加入一定量 Mn 有细化晶粒的作用,并能在不降低塑性的前提下,提高强度、硬度和在海水及热蒸汽中的耐蚀性。具有良好的冷、热加工性,广泛用于造船等工业,如 HMn58-2 用于制造轮船零件及电信器材,ZCuZn40Mn3Fe1 用于制造螺旋桨,显微组织为 β 相基体上分布着 α 相,在 α 相边缘或中间分布着星形富铁相。

(7) 铁黄铜。微量铁能细化黄铜铸造组织,并抑制退火时的晶粒长大。铁在 α 相中的溶解度为 1.0%,且溶解度随 Zn 含量的增加而减小。由于 Fe 的溶解度随温度而变化,因而具有析出硬化效果,提高了黄铜的强度、硬度和改善了黄铜的减摩性能,但对黄铜的耐蚀性不利,为消除铁的这种有害作用,Fe 常与 Mn 配合使用,以改善耐蚀性。铁黄铜用于制造船舰工业和电信工业的摩擦件、阀体及旋塞等。

2) 青铜

青铜是人类历史上最早应用的一种合金。青铜最早指的是铜-锡合金。但进入 21 世纪以来,人们在工业上应用了大量的含 Al、Si、Be、Mn、Pb 的铜基合金,这些也被称为青铜。为了加以区别,通常把铜-锡合金称为锡青铜(普通青铜),把其他称为无锡青铜(特殊青铜)。

青铜牌号的表示方法是:"青"字的汉语拼音字头"Q"加上第一个主加元素的化学符号及含量,再加上其他合金元素的含量。如 QSn4-3 表示含 4% Sn、3% Zn 的锡青铜;QAl5 表示含 5% Al 的铝青铜。铸造青铜的牌号为:"Z"表示铸造,"Cu"表示铜基体元素符号。如 $ZCuPb_{30}$ 表示铸造铅青铜,Pb 的平均含量为 30%。典型加工青铜和铸造黄铜的牌号及主要化学成分分别见表 4-17、表 4-18。

表 4-17 典型加工青铜牌号及主要合金元素（GB/T 5233—2001）

合金名称	牌号	主要合金元素/%	杂质总量/% ≤
锡青铜	QSn4-3	3.5～4.5Sn，2.7～3.3Zn	0.2
	QSn4-4-2.5	3.5～5.0Sn，3.5～5.0Zn，1.5～3.5Pb	0.2
铝青铜	QAl7	6.0～8.0Al	1.6
	QAl9-2	8.0～10.0Al，1.5～2.5Mn	1.7
铍青铜	QBe2	1.8～2.1Be，0.2～0.5Ni	0.5
	QBe1.9-0.1	1.85～2.1Be，0.2～0.4Ni，0.10～0.25Ti，0.07～0.13Mg	0.5
	QBe1.7	1.6～1.85Be，0.2～0.4Ni，0.10～0.25Ti	0.5

表 4-18 典型铸造青铜牌号及主要合金元素（GB/T 5233—2001）

合金名称	牌号	主要合金元素/%	杂质总量/% ≤
铸造锡青铜	$ZCuSn_3Zn_{11}Pb_4$	2.0～4.0Sn，3.0～6.0Pb，9.0～13.0Zn	1.0
	$ZCuSn_{10}Zn_2$	9.0～11.0Sn，1.0～3.0Zn	1.5
铸造铅青铜	$ZCuPb_{10}Sn_{10}$	9.0～11.0Sn，8.0～11.0Pb	1.0
	$ZCuPb_{17}Sn_4Zn_4$	3.0～5.0Sn，14.0～20.0Pb，2.0～6.0Zn	0.75
铸造铝青铜	$ZCuA_8Mn_{12}Fe_3$	7.9～9.0Al，2.0～4.0Fe，12.0～14.5Mn	1.0
	$ZCuAl_{10}Fe_3$	8.5～11.0Al，2.0～4.0Fe	1.0

Cu-Sn 系合金称锡青铜，是历史上应用最早的一种合金。锡青铜有较高的强度、耐蚀性和良好的铸造性能。Sn 是较稀少和昂贵的金属元素，因而除特殊情况外，一般较少使用锡青铜。为了节约 Sn 或改善铸造性、力学性能和耐磨性，锡青铜还常常加入 P、Zn 和 Pb 等。当前国内外多用价格便宜和性能更高的特殊青铜或特殊黄铜来代用。

锡青铜有较高的强度、硬度和耐磨性。抗拉强度随 Sn 含量的增加而升高，图 4-14 显示了铸态锡青铜的力学性能与 Sn 含量之间的关系。当 Sn 含量＞6% 后，断后伸长率即开始迅速降低。Sn 含量＞20%，因组织中出现大量 δ 相，合金变脆，强度也随之降低。因此，工业用锡青铜的 Sn 含量均在 3%～14%，很少达到 20%。Sn 含量＜7%～8% 的合金，有高的塑性和较高的强度，适用于塑性加工；Sn 含量＞10% 的合金，因塑性低，只适用于铸造用。

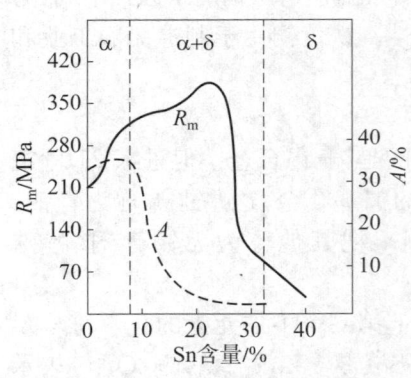

图 4-14 铸态锡青铜力学性能与 Sn 含量的关系

锡青铜铸造性的优点是铸件收缩率小，适宜于形状复杂、壁厚变化大的零件。这是因为 Cu-Sn 合金的结晶间隔大，液体流动性差，Sn 原子扩散慢，结晶时树枝晶发达，易形成分散型缩孔，所以收缩率小，且不易裂。锡青铜由于存在分散缩孔,致密性差,在高压下易渗漏,所以不适合制造密封性高的铸件。此外,锡青铜合金凝固时铸锭中易出现反偏析现象,严重时会在表面出现灰白色斑点的"锡汗",它主要由 δ 相所组成。

锡青铜在大气、海水、淡水和蒸汽中的耐蚀性都比黄铜高,广泛用于蒸汽锅炉、海船的铸件,但锡青铜在亚硫酸钠、氨水和酸性介质中极易被腐蚀。

Cu 与 Al 形成的合金称为铝青铜,是特殊青铜的一种。铝青铜的强度和耐蚀性比黄铜和锡青铜还高,是应用最广的一种铜合金,也是锡青铜的重要代用品,但铸造和焊接性较差。

Al 含量对铝青铜的力学性能有较大的影响。随着 Al 含量的增加,强度和硬度明显提高,但塑性下降。当合金中 Al 含量<7.4%时,为单相 α 固溶体,其塑性好易于加工。当 Al 含量>7%~8%时,塑性强烈下降。当 Al 含量超过 10%~11%时,不仅塑性降低,而且强度也随之降低。工业用铝青铜中常加入 Fe、Mn、Ni 等元素,以进一步改善合金的力学性能。

铝青铜塑性较差,具有"自发退火"现象,即在生产条件下,由于冷却速度缓慢,β 相发生共析分解,形成($\alpha + \gamma_2$)相。而 γ_2 相是硬脆相,且往往呈连续链状的粗大晶粒析出,造成严重脆性。铝青铜结晶间隔小,偏析不严重,流动性很好,易获得致密铸件;但体积收缩率大,故集中缩孔大,而且易形成粗大柱状晶。

铝青铜与黄铜和锡青铜相比,具有更高的硬度、强度以及耐大气、海水腐蚀性,但在过热蒸汽中不稳定。同时,铝青铜具有耐磨性好、在冲击下不产生火花的特点,所以铝青铜是特殊青铜中应用最广泛的一种,主要用于制造耐磨、耐蚀和弹性零件,如齿轮、轴套、弹簧以及船舶制造中的特殊设备等。

铍青铜是指加入 1.5%~2.5% Be 的铜合金,铍青铜中除主添加元素外,还加入 Ni、Ti、Mg 等合金元素。Cu - Be 二元合金主要有 α、β 和 γ_2 相。α 相是 Be 固溶于 Cu 中的固溶体。在 866 ℃时,Be 的溶解度为 2.7%;605 ℃时为 1.55%;室温时为 0.16%,故有强烈的时效硬化效果。γ_1 相是以电子化合物 CuBe 为基的体心立方结构无序固溶体,高温有好的塑性。γ_1 相在 605 ℃发生共析转变,转变产物为 $\alpha + \gamma_2$。此转变速度很快,只有在淬火时才能抑制其共析转变。γ_2 相是以电子化合物 CuBe 为基的固溶体,是体心立方结构的有序固溶体,硬而脆。表 4-19 列举了常用铍青铜的主要特性及应用。

表 4-19 常用铍青铜的主要特性及应用

牌号	主要特性	应用举例
QBe2	含少量 Ni 的铍青铜是力学、物理、化学综合性能良好的一种合金。经调质后,具有高的强度、弹性、耐磨性、疲劳极限、耐热性和耐蚀性;同时还具有高的导电性、导热性和耐寒性;无磁性;撞击时无火花,易于焊接和钎焊	各种精密仪器中的弹簧和弹性元件,各种耐磨零件以及在高速、高压和高温下工作的轴承、衬套,经冲击不产生火花的工具等
QBe1.7 QBe1.9	含少量 Ni、Ti 的铍青铜,具有和 QBe2 相近的特性。其优点是:弹性迟滞小、疲劳强度高、温度变化时弹性稳定,性能对时效温度变化的敏感性小,价格较低廉	各种重要用途弹簧、精密仪表弹性元件、敏感元件以及承受高变向载荷的弹性元件,可代替 QBe2

3) 白铜

白铜是一种由铜和镍组成的合金,因其银白色的外观而得名。通常,白铜的含镍量在 10%~30%之间,这赋予了它卓越的耐腐蚀性和良好的机械性能。白铜的优点在于其出色的抗氧化和耐腐蚀特性,尤其是在海水环境中,这使得它广泛应用于造船和海洋工程领域,如船舶的冷凝管、蒸发器和热交换器。此外,白铜在化工行业被用作腐蚀性液体的输送管道和容器材料。由于其耐高温性能,白铜还被用于制造高温气体仪表、火花塞外壳等。白铜不仅在工业上广受欢迎,其美观的外观也使得它在珠宝首饰和厨房用具等消费品中有一定应用。不同于其他铜合金,白铜具有优异的延展性和可焊性,能够承受极端的温度变化。同时,白铜的热电偶性能使其能够用于制造测温仪器。在全球市场上,白铜也被认为是一种重要的战略材料。总之,白铜因其能够在苛刻环境中保持稳定的性能,成为众多行业不可或缺的材料。

白铜的牌号及表示方法主要根据其铜和镍的含量,以及加入的其他元素进行分类和标识。在中国,白铜的牌号通常以拼音字母"B"开头(GB/T 5231—2017),后跟数字表示主要成分的比例。例如,B10、B30分别表示含镍量为10%、30%的铜镍合金,这两种是应用最广泛的白铜类型,其中B10白铜主要用于冷凝管、海洋工程设备等,而B30白铜因其更高的耐腐蚀性常用于更为苛刻的环境中。在国际上,白铜的牌号还可采用美国ASTM标准或其他国家的标准进行标识,如$CuNi_{10}$表示含镍量为10%的白铜合金。除了镍之外,白铜中还可能添加铁、锰等元素来提高强度和耐腐蚀性能,如Fe白铜和Mn白铜,它们的牌号也会依据这些添加元素的含量来命名。白铜的表示方法通常直接体现主要合金元素的比例,以便快速识别其成分和应用领域。

白铜以其优异的性能在多个工业领域中得到了广泛应用。具体体现在:首先,白铜因含有较高的镍成分,具有卓越的耐腐蚀性,尤其是耐海水腐蚀,因此常用于海洋环境中,如造船业和海水淡化装置。其次,白铜具有较高的抗氧化性和抗高温性,使其能够在极端环境下保持稳定,不易变色或氧化,这在高温仪表和加热元件中是非常重要的。此外,白铜的机械性能良好,拥有较高的强度和良好的延展性,这使其适合用于加工成复杂形状的部件,同时其优良的可焊性也方便了其应用于生产和维修中。白铜的导电性和导热性适中,多用于电气连接部件和热交换器等领域。由于颜色接近银白且具有独特的光泽,白铜也被广泛用于装饰性制品和硬币制造。白铜因其优良的耐腐蚀性、高温抗性、机械性能以及美观的外观,成为一种在多个领域具有重要价值的合金材料。

4.5.4 铜合金的热处理

1) 黄铜的热处理

铜无同素异构转变,且铜-锌二元相图中锌在铜中的溶解度随温度降低而增大,故普通黄铜不能热处理强化。因此,黄铜的热处理主要采用再结晶退火和去应力退火。

黄铜再结晶退火可分为中间退火和最终再结晶退火,其目的是消除冷变形强化恢复塑性,以利于下一道冷加工工序的进行。中间再结晶退火是在连续冷变形加工中间进行的,冷加工使材料产生变形强化,并随着变形程度的增加,在板宽的方向上发生"边裂"。所以,加工黄铜时通常都将冷加工的变形量限制在50%~70%范围内轧制,然后进行中间再结晶退火使其软化。这样冷轧与退火工序交替反复进行,最终使工件达到规定的厚度。

衡量中间再结晶退火质量如何,除要求使冷变形后的变形强化消除,以便继续进行冷加工外,还要考虑材料再结晶后的晶粒尺寸。因为晶粒尺寸与半成品的冷加工工艺性能有密切关系。具有细晶粒的黄铜,强度、硬度较高,加工后表面质量好,但塑性变形抗力较大,冷加工过程中易破裂。具有粗晶粒的黄铜则变形抗力较小,易于加工,但加工后表面质量不好,疲劳性能较差。若晶粒过粗,冲压后工件表面粗糙,易形成所谓"橘皮"现象。

成品最终再结晶退火,是指成品最终一次退火,其目的是使产品的性能满足使用条件的要求,改善再结晶组织及均匀性。这种工艺与中间再结晶退火相比,退火温度、加热时间的范围要严格控制,退火必须均匀,并根据产品表面质量要求控制炉内气氛。

黄铜的去应力退火通常是在制品加工完成后进行的,主要作用是去除铸件、焊接件及冷成型制品的内应力,以防止制品变形与开裂及提高弹性。几种黄铜的退火温度见表4-20。

表4-20　几种黄铜的退火温度

合金名称	牌号	去应力退火温度/℃	再结晶退火温度/℃
普通黄铜	H90	200	650～720
	H70/H68	260～270	520～650
	H62	270～300	600～700
锡黄铜	HSn70-1	300～350	560～580
	HSn62-1	350～370	550～650
铝黄铜	HAl77-2	300～350	600～650
铅黄铜	HPb59-1	285	600～650
镍黄铜	HNi65-5	300～400	600～650

2) 锡青铜的热处理

从 Cu-Sn 二元相图可见,尽管有共析转变,但由于 Cu-Sn 合金中原子扩散过程较慢,在生产条件下,这些共析转变常常不能进行到底,特别是 350℃时的共析转变,只有在长时间保温后才能进行。因此,一般在生产条件下,由于冷却速度快,合金中不会出现($\alpha+\varepsilon$)组织。另外从工程角度出发,锡青铜的 Sn 含量一般小于 10%,否则 Sn 含量高会产生脆性。锡青铜经铸造均匀化退火后,得到单相 α 组织,故锡青铜通常不进行热处理强化。

根据锡青铜的使用目的、加工方法,通常对其进行均匀化退火、再结晶退火和去应力退火。

锡青铜的铸造性能不良,易产生枝晶偏析,尤其是 Sn 含量>8%的锡青铜和 Sn-P 青铜,不但铸锭中存在严重的枝晶偏析,晶内还存在着硬而脆的 δ 相($Cu_{31}Sn_8$)。为了消除这种枝晶偏析,就要进行均匀化退火。通常均匀化处理温度为 625～725℃,保温时间 1～6h。

与黄铜一样,加工锡青铜在冷变形工序之间也需要进行中间再结晶退火,消除形变强化,如 QSn6.5-0.4、QSn4-0.25 再结晶退火温度为 600℃。用作弹性元件的锡青铜 QSn4-3、QSn6.5-0.4 等不能进行再结晶退火,只能进行去应力退火,退火温度为 250～300℃。

3) 铍青铜的热处理

铍青铜热处理特点是淬火状态具有极好的塑性,可冷加工成管材、棒材、带材等各种型材。若经过固溶处理及冷变形后,不仅能提高强度、硬度,而且更可贵的是能显著提高弹性极限、减少弹性滞后值,这对仪表弹簧有特别重要的意义。铍青铜淬火的主要目的是使铍青铜中富铍相固溶于基体中,快速冷却获得过饱和固溶体,为时效强化做准备。

铍青铜淬火时必须严格控制加热温度,其温度的选择以能保证材料淬火后在沉淀硬化处理时获得最佳性能为准则。加热温度过高超过上限时,会引起晶粒急剧长大(过热),甚至局部熔化(过烧)。加热温度过低,富铍相不能充分固溶于基体中,而且分布不均匀,这不仅降低了材料的沉淀硬化能力,时效过程中还容易发生不连续脱溶和晶界反应,从而恶化材料的弹性稳定性并增大弹性滞后。

4) 白铜的热处理

白铜的热处理主要是为了改善其机械性能和工艺性能,但由于白铜属于固溶强化型合金,因此通常不会像其他合金那样进行复杂的时效处理或淬火工艺。白铜在热处理过程中最常见的方法是退火,退火主要用于消除白铜在加工过程中产生的应力,使其恢复塑性和韧性,并提高其加工性能。退火温度一般在 600~800 ℃之间,根据具体的合金成分和加工要求,温度和时间可有所调整。对于含有铁、锰等元素的白铜合金,热处理还可以进一步改善其耐腐蚀性和强度。白铜在高温下具有良好的稳定性,因此可以承受较高温度的热处理而不影响其耐腐蚀性。由于白铜的导热性较差,在热处理过程中需要确保温度分布均匀,以避免产生不均匀的组织结构。

4.5.5 铜合金在航空航天领域的应用

铜合金广泛应用于各类高端制造领域,尤其在航空航天行业中,其优秀的导电、导热、耐蚀与力学性能使其成为关键零部件的潜在候选材料。铜合金可用于航空发动机、机舱配管、电子系统散热器等关键零部件和对材料耐蚀性、散热性、强度及韧性均有较高要求的部件中,如白铜 C71000 正展现出潜在价值。C71000 合金(亦称"白铜"或"铜镍合金"某一牌号)因其在多种环境中表现出的优异耐腐蚀性、高温稳定性及良好的加工成型性,而在航空领域具有一定发展潜力。近年来,随着对高性能、轻量化与耐极端环境需求的提升,通过对 C71000 的热处理工艺进行创新与优化,可使材料在高温冲刷、疲劳载荷环境下保持更稳定的组织结构,提高安全系数与使用寿命。

未来航空设计中,为实现进一步减重与提升性能,C71000 与其他合金、非金属材料的复合或连接技术(钎焊、粘接、异种金属焊接等)将成为研究热点。如何在复合界面与焊缝附近维持高结合强度和低应力集中,需要结合热处理工艺与连接工艺的协同优化。

1) 航天器结构组件

高性能铜合金常用于制造航天器结构组件,如支架、框架、电缆槽、传感器支架等。这些部件需要具备高度的稳定性和抗腐蚀性能,在极端环境中也要保持稳定的性能。高性能铜合金能够满足这些要求,因此被广泛应用于航天器结构组件中。

2) 导航仪器

高性能铜合金的导电性和导热性能都非常出色,因此在航天器中用作导航仪器的材料非常合适。导航仪器通常需要具备高度精度和稳定性,因此选用高性能铜合金能够保证导航仪器的性能。

3) 热控制系统

航天器在进入大气层时通常会遇到极高的温度,因此需要有一定的热控制系统来保护航天器的结构和组件。高性能铜合金通常用于制造热控制系统中的热盾和导热管等部件。这些部件需要具备良好的热传导性能和抗腐蚀性能,因此高性能铜合金是非常合适的材料。

4.6 金属间化合物

4.6.1 金属间化合物及其分类

金属间化合物是一种合金。其组成元素间通过化学相互作用形成具有特定晶体结构的单相区域,该结构不同于其组成元素的固溶体或机械混合物。由于金属间化合物的单相区通常位于合金相图的中间区域,因此被称为中间相。金属间化合物通常兼具金属性和共价键特征,表现出较高的高温强度和良好的力学稳定性。共价键、金属键共存的特点使得金属间化合物存在长程有序的超晶格结构。典型的结构金属间化合物如 Ti-Al、Ni-Al、Nb-Si 有着优异的高温强度和较低的密度,非常适合应用于航空航天器的高温结构件中。但此类材料同时存在室温断裂韧性较低、高温抗氧化性能差等问题,使其在应用上受到限制,也成为该领域研究的难点与重点。

金属间化合物在高温下表现出优异的力学性能,主要得益于其长程有序的超晶格结构和较高的键合能。这些特性使位错运动受到抑制,从而维持较高的高温强度。此外,部分金属间化合物(如 Ni_3Al、TiAl)在高温环境中仍具有良好的蠕变抗力和抗热疲劳性能,使其成为航空航天发动机叶片、热防护结构等高温应用的理想材料。然而,某些金属间化合物的高温抗氧化性较差,限制了其长期服役能力,需要通过合金化或表面涂层等方式加以改善。

尽管金属间化合物在高温下具有优异的强度和稳定性,但其室温断裂韧性普遍较低,容易发生脆性断裂。这主要是由于其长程有序结构限制了位错滑移,使材料难以通过塑性变形吸收能量。此外,某些金属间化合物的晶界脆性较强,在应力作用下容易形成裂纹并快速扩展。为了改善其室温韧性,研究者常采用微合金化、细化晶粒、第二相弥散强化等方法,以提高位错的可动性和阻碍裂纹扩展,从而提升材料的综合力学性能。

常见的金属间化合物结构材料主要有 Ti-Al 系金属间化合物、Ni-Al 系金属间化合物和 Fe-Al 系金属间化合物。

4.6.2 Ti-Al 系金属间化合物

TiAl(金属间化合物)是钛(Ti)与铝(Al)按一定原子比形成的化合物,主要包括 γ-TiAl(TiAl) 和 α_2-Ti_3Al(Ti_3Al) 两种相,Ti-Al 二元合金相图如图 4-15 所示。其中,γ-TiAl 相具有面心四方($L1_0$)晶体结构,而 α_2-Ti_3Al 相则属于六方密排(DO_{19})结构。TiAl 合金因其优异的高温强度、低密度和良好的抗氧化性能,在航空航天和高温结构材料领域具有重要应用。

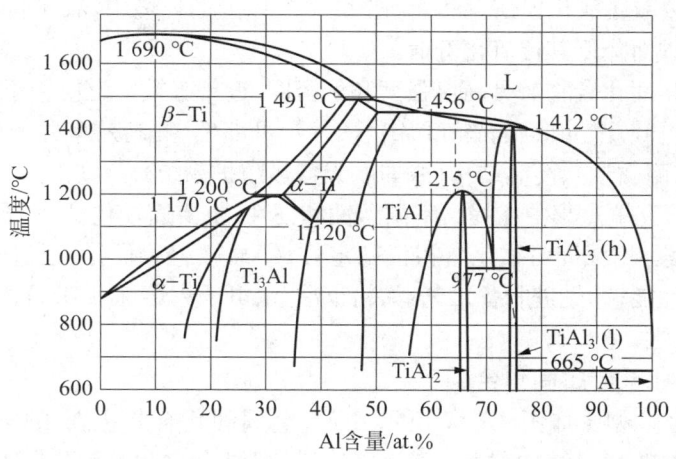

图 4-15 Ti-Al 二元合金相图

TiAl合金有四种典型的微观组织(图4-16),且不同形貌的微观组织对TiAl合金的力学性能影响很大。典型的组织结构包括:①全γ组织:塑性较好,但强度和蠕变抗力相对较低;②γ+α₂双态结构:兼具较高的强度与一定的塑性;③近γ组织与全片层结构:层片组织有助于提高蠕变抗性,而等轴组织有助于改善室温塑性。

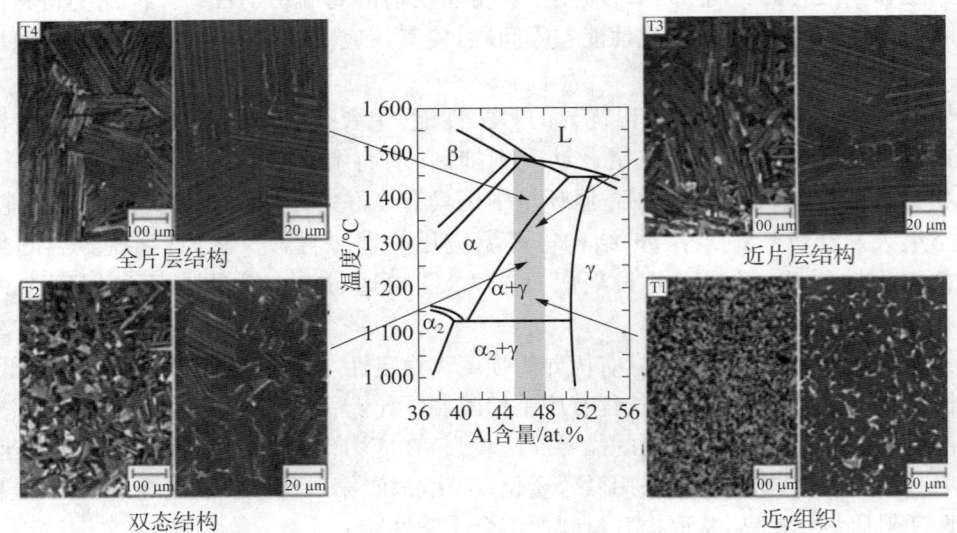

图4-16 TiAl合金四种典型的显微组织

TiAl金属间化合物在高温下具有较高的比强度(强度/密度),约为镍基高温合金的一半密度但强度相当,使其成为理想的高温结构材料。其主要力学特性包括:①高温强度高:可在800～1000℃环境下稳定服役;②低密度(约3.7～4.2 g/cm³),比镍基合金轻约50%;③室温塑性较低:脆性断裂易发生,尤其在拉伸变形时;④蠕变性较好,但仍需要优化显微组织,以进一步提升其高温性能。

TiAl合金的含铝量(约40～50at.%)赋予其较好的抗氧化能力,可在高温下形成致密的Al_2O_3保护膜,有效减缓氧化损伤。然而,在1100℃以上的环境中,氧化膜可能因氧扩散和应力作用导致开裂,进而降低其抗氧化寿命。

由于TiAl金属间化合物兼具高温强度和低密度,近年来被广泛应用于航空航天和汽车工业,包括航空发动机叶片(如低压涡轮叶片)、燃气轮机部件(提高效率并减轻重量)、汽车发动机排气阀(耐高温、耐腐蚀)、高温结构件(如航天器热防护系统)。

TiAl合金的研究重点集中在提高室温塑性和韧性,主要途径包括:①合金化设计:如添加Nb、Mo、Cr等元素,增强固溶强化与相位稳定性;②显微组织优化:通过热处理与热变形调控组织,提高综合性能;③先进制备工艺:如粉末冶金、电子束熔炼(EBM)、3D打印,以提升材料均匀性和可加工性。

4.6.3 Ni-Al系金属间化合物

Ni-Al二元合金相图如图4-17所示,NiAl金属间化合物主要由Ni_3Al(γ'相)和NiAl(β相)组成,是典型的高温结构材料。它们在镍基高温合金和高温抗氧化涂层中具有重要作用。

NiAl金属间化合物的主要特点包括:①高温强度高,适用于1000℃以上的高温环境;

②密度较低（5.9～6.5 g/cm³），比镍基合金轻，有助于减轻航空发动机的重量；③抗氧化性优异，尤其是 NiAl 相，可在高温下形成致密 Al_2O_3 氧化膜，防止氧化损伤；④室温塑性较差，Ni_3Al 在单晶状态下有良好塑性，但 NiAl 在室温下较脆。

NiAl 金属间化合物的典型组织包括：①$\gamma'(Ni_3Al)$ 强化组织：广泛存在于镍基高温合金中，以弥散分布的 Ni_3Al 颗粒强化 γ 基体，提高高温强度；②$\beta(NiAl)$ 相基体组织：主要出现在高温涂层和高温结构材料中，因其高温稳定性和抗氧化性而备受关注；③共晶组织（$NiAl+Ni_3Al$）：可通过合金化设计调控组织，提高综合力学性能；④弥散强化组织：在 NiAl 基体中加入弥散颗粒，（如 Y_2O_3、Hf 等）进一步提高高温性能。

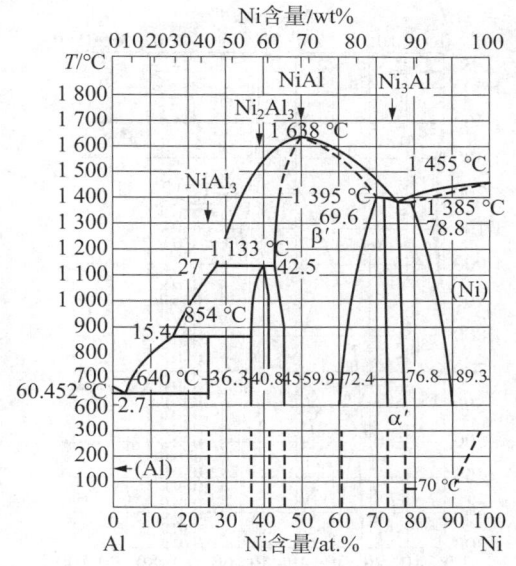

图 4-17　Ni-Al 二元合金相图

NiAl 金属间化合物在高温下表现出良好的力学性能。$Ni_3Al(\gamma'相)$ 作为强化 γ 基体相，具有较高的高温强度，能够提高镍基合金的持久强度。单晶 Ni_3Al 具有较好的室温塑性，但多晶 Ni_3Al 可能存在一定脆性。$NiAl(\beta 相)$ 室温脆性较大，但在高温下具有良好的延展性。NiAl 相密度较低，比传统镍基合金更轻，适用于高温结构材料，但耐蠕变性一般，需合金化或弥散强化改善。

NiAl 金属间化合物的抗氧化性能主要由 Al 含量决定。NiAl 由于 Al 含量高（约 50at.%），可在高温下自发形成 Al_2O_3 保护膜，提供卓越的抗氧化和抗热腐蚀能力。相比之下，Ni_3Al 的抗氧化性稍差，但仍优于大多数金属材料。

NiAl 金属间化合物广泛应用于航空航天、燃气轮机和高温合金涂层，主要包括：①镍基高温合金强化相（Ni_3Al）：如航空发动机涡轮叶片和涡轮盘；②高温抗氧化涂层（NiAl）：用于高温合金表面，增强抗氧化和抗腐蚀能力；③高温结构材料（NiAl 基合金）：如涡轮叶片、燃烧室衬套等。

尽管 NiAl 金属间化合物在高温领域表现出色，但仍存在挑战：①NiAl 室温脆性问题：需要通过合金化（如添加 Cr、Fe、Mo、Hf 等）或弥散强化来提高韧性；②Ni_3Al 的高温蠕变抗性限制：优化 γ' 相的形态和分布，提高镍基高温合金的综合性能；③加工难度大：NiAl 合金的低温加工性较差，需采用粉末冶金、定向凝固、3D 打印等先进制造技术。

4.6.4　Fe-Al 系金属间化合物

FeAl 金属间化合物主要包括 Fe_3Al（DO_3 型结构）和 FeAl（B2 型结构），这两种相在不同的 Al 含量范围内形成，并具有高温强度优异、抗氧化性好、密度低等特点，是潜在的高温结构材料。Fe-Al 二元合金相图如图 4-18 所示。

FeAl 合金的主要特点包括：①高温抗氧化性优异，能在高温环境下形成致密 Al_2O_3 氧化膜，提高抗氧化和抗腐蚀能力；②密度低（约 5.5～6.5 g/cm³），比传统的不锈钢和镍基合金更轻；③耐硫化和耐热腐蚀性能良好，适用于高温炉管、热交换器等；④室温脆性较大，尤其是 FeAl 相，需通过合金化（如添加 Cr、Mo、Zr 等）或热处理优化以改善塑性。

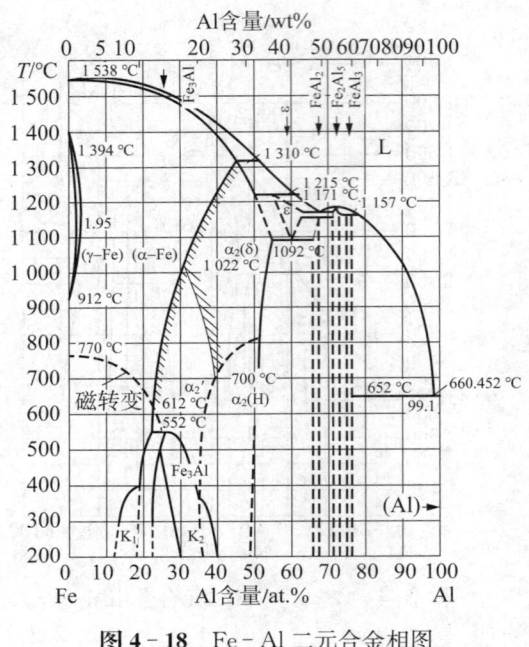

图 4-18　Fe-Al 二元合金相图

FeAl 金属间化合物的典型组织类型包括：①Fe_3Al（DO_3 型）组织：主要由 Fe_3Al 相组成，可包含少量 Fe 基固溶体。Fe_3Al（DO_3 型）组织兼具一定强度和良好的室温塑性，但高温蠕变抗性较差，适用于耐蚀耐磨材料，如高温热交换部件。②FeAl（B2 型）组织：主要由 FeAl 相组成，可存在微量 Fe_3Al 或第二相颗粒（如碳化物），高温强度和抗氧化性能优异，但室温脆性较大，适用于高温结构材料，如锅炉管、燃烧室衬套等。③双相（Fe_3Al+FeAl）组织：通过成分调控或热处理形成，结合了 Fe_3Al 的塑性和 FeAl 的高温性能，综合性能较好，适用于多种高温应用，用于高温耐蚀材料，如石化设备、高温炉衬等。④在 FeAl 基体中引入弥散颗粒（如 Y_2O_3、TiB_2 等），形成弥散强化组织，提高高温强度和耐蠕变性，用于极端高温环境，如航空发动机零部件。

在力学性能方面，Fe_3Al（DO_3 型）室温塑性较好，比 FeAl 更易加工和变形，但高温强度一般，通过合金化（Cr、Mo 等）可提高耐高温能力。抗氧化性能优异，可用于高温腐蚀环境。FeAl（B2 型）室温脆性较大，需优化加工和合金成分（如 Nb、B 微合金化），高温强度优异，耐蠕变性比 Fe_3Al 更好，适用于更高温度环境；其耐高温氧化和热腐蚀性能突出，特别适用于含硫、含氯等恶劣气氛。

FeAl 合金具有较好的高温抗氧化性能，抗氧化能力取决于 Al 含量：①Al 含量≥30at.%时，可在 1 000 ℃以上形成致密 Al_2O_3 氧化膜，提供极佳的高温防护能力；②Al 含量较低时（Fe_3Al 相），形成的氧化膜较疏松，抗氧化性稍差；③合金化元素（如 Cr、Y、Mo）可进一步改善抗氧化和抗硫化能力。

由于 FeAl 金属间化合物的轻量化、高温抗氧化性和耐腐蚀性，其主要应用包括：①高温耐蚀部件：如热交换器、燃烧室衬套、锅炉管道等；②耐磨材料：如耐磨涂层、轴承、模具材料等；③高温合金的替代材料：在镍基高温合金和不锈钢的部分应用领域，Fe-Al 合金可作为更轻、更耐蚀的替代材料。

4.6.5　金属间化合物在航空航天领域的应用

金属间化合物原子间的结合力强，晶体结构复杂，造成其变形困难，在室温下显现出硬而脆的特点。高性能、高推重比航空发动机的研制，促进了金属间化合物的开发与应用。金属间化合物是处于高温合金与陶瓷材料之间的一种新材料，其填补了这两种材料之间的空档，是航空发动机高温部件的理想材料之一。

在航空航天领域，金属间化合物的高温强度和抗氧化性能使其成为制造超高声速导弹、火箭、飞行器等装备机体构件的理想选择。

在全球航空发动机结构中，主要采用以 TiAl 和 NiAl 等为主的金属间化合物。TiAl 金属间化合物与钛的密度基本相同，但有更高的使用温度，TiAl 金属间化合物的使用温度在 700~800 ℃之间，常用于制造航空发动机的高压压气机整体叶盘、机匣等部件，能有效减轻发动机质量,提升推重比和使用性能。美国高性能 F119 型发动机的外机匣、涡轮盘都是采用的金属间化合物,验证机 F120 型发动机的压气机叶片和盘均采用了新的 TiAl 金属间化合物。美国 GE 公司将 Ti-48Al-2Nb-2Cr 型合金精铸成 CF6-80CZ 发动机涡轮叶片并取得地面试车成功;惠普公司也拟根据 Caesar 计划在 F119 发动机上试车,对 NiAl 金属间化合物也正在进行广泛的研究工作。美国开发的 Nb-Si 基合金因其优异的高温性能而被认为是航空航天镍基合金的替代材料之一,其耐温能力比单晶合金提高 200~300 ℃。

参考文献

[1] 崔忠圻,覃耀春. 金属学与热处理[M]. 3 版. 北京:机械工业出版社,2020.
[2] 王群骄. 有色金属热处理技术[M]. 北京:化学工业出版社,2007.
[3] 张宝昌. 有色金属及热处理[M]. 西安:西北工业大学出版社,1993.
[4] 谭树松. 有色金属材料学[M]. 北京:冶金工业出版社,1993.
[5] 李红英,汪冰峰. 航空航天用先进材料[M]. 北京:化学工业出版社,2019.
[6] 李成功,傅恒志,于翘. 航空航天材料[M]. 北京:国防工业出版社,2002.
[7] 吴承建,陈国良,强文江. 金属材料学[M]. 北京:冶金工业出版社,2000.
[8] 戴起勋. 金属材料学[M]. 北京:化学工业出版社,2005.
[9] 文九巴. 金属材料学[M]. 北京:机械工业出版社,2021.
[10] 张喜燕,赵永庆,白晨光. 钛合金及应用[M]. 北京:化学工业出版社,2005.
[11] 陈振华. 镁合金[M]. 北京:化学工业出版社,2004.
[12] 张津,章宗合,等. 镁合金及应用[M]. 北京:化学工业出版社,2004.
[13] 缪强,靓文萍. 有色金属材料学[M]. 西安:西北工业大学出版社,2016.
[14] 莱茵斯 C,皮特尔斯 M,等. 钛与钛合金[M]. 陈振华,等译. 北京:化学工业出版社,2005.
[15] Fritz Appel, Jonathan D H Paul, Michael Oehring. Gamma 钛铝合金:科学与技术[M]. 宋霖,等译. 北京:高等教育出版社,2022.
[16] 张翥,王群骄,莫畏. 钛的金属学和热处理[M]. 北京:冶金工业出版社,2009.
[17] 张毅,陈小红,田保红. 铜及铜合金冶炼、加工与应用[M]. 北京:化学工业出版社,2017.
[18] 张永刚,陈国良,郭建亭,等. 金属间化合物结构材料[M]. 北京:国防工业出版社,2001.

第 5 章

高分子材料

5.1 概述

高分子材料是指一类以高分子化合物为基材的材料的总称,而高分子化合物常被称为高分子、大分子或聚合物。这些大分子是由一种或多种小分子(称为单体)通过共价键相互连接形成的,主要呈现为链状大分子或网状(体型)大分子结构。高分子材料与低分子化合物之间的主要区别在于其相对分子质量的大小,其分子量通常在数千至数百万道尔顿之间。这些化合物通常是由小分子单体通过聚合反应连接而成的。高分子材料的许多奇特和优异性能如高弹性、黏弹性、物理松弛行为等,都与大分子的巨大相对分子质量相关。构成大分子的最小重复结构单元,简称结构单元,或称链节。构成结构单元的小分子称单体。例如聚乙烯大分子是由乙烯单体通过聚合反应首尾重复连接而成:

$$\cdots-CH_2-CH_2-CH_2-CH_2-CH_2-CH_2-\cdots$$

可以简写为

$$-(CH_2-CH_2)_n-$$

上式为聚乙烯大分子的一种结构表示式。其中—CH_2—CH_2—为结构单元(链节)。式中下标 n 代表重复结构单元数(又称聚合度),是衡量相对分子质量大小的一个指标。

高分子材料的应用非常广泛(图 5-1)。在建筑领域,高分子材料被用于制备防水材料、保温材料、装饰材料等;在汽车领域,高分子材料被用于制备汽车零部件、内饰材料等;在电子电器领域,高分子材料被用于制备绝缘材料、导电材料、电磁屏蔽材料等;在医疗器械领域,高分子材料被用于制备医疗器材、药物载体等;此外,高分子材料还被用于制备纤维、薄膜、胶黏剂等其他领域。在航空航天领域,高分子材料可以用于制备航空航天器材、卫星所需的各种零部件和结构材料,其具有重量轻、耐腐蚀、加工方便等优点。

(a) 建筑保温装饰材料

(b) 汽车内饰

（c）卫星零部件　　　　　　　　　（d）电气材料

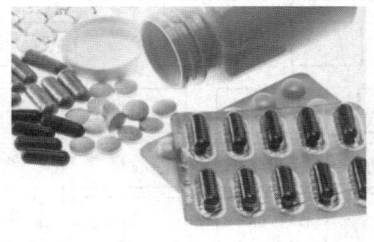 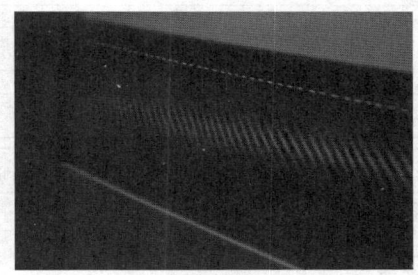

（e）药物载体　　　　　　　　　（f）高分子纤维

图5-1　高分子材料的一些应用场景

高分子材料在现代工业和生活中具有广泛的应用,但天然的高分子材料往往存在一些不足,如强度、硬度、耐热性、耐候性等方面的性能不佳,难以满足各种复杂和严苛的应用环境。因此,对高分子材料进行改性具有重要的意义。高分子材料改性技术是指通过物理、化学或机械等方法使高分子材料原有的性能进行改善,以达到提高性能、降低成本或赋予其新功能的目的。在改性的过程中既可以发生物理变化,也可以发生化学变化。通过高分子材料改性,可以显著提高材料的各项性能,如强度、硬度、耐热性、耐候性、耐磨性等,以满足各种应用场景的需求。同时,高分子材料改性还可以降低生产成本,提高生产效率,实现可持续发展。

5.2　常用高分子材料及特性

高分子材料的命名通常基于其化学结构、特征单元或原料名称,最简单的命名方式是在构成高分子材料的单体名称前冠以"聚"字。例如,聚乙烯(PE)就是由乙烯基单体聚合而成的。这种命名方式直接反映了高分子材料的基本组成单元,便于理解其化学结构。其次,对于某些含有特定化学单元的高分子材料,可以采用特征单元命名法。例如,环氧树脂(EP)是一类含有环氧基特征化学单元的高分子材料的统称。这种命名方式突出了材料的化学特性,有助于预测其性能和应用领域。此外,还有一些高分子材料是以其生产原料来命名的。例如,酚醛树脂是由苯酚和甲醛为原料合成的,因此得名。这种命名方式直接反映了材料的制备过程,有助于了解其生产工艺和原料来源。

对于共聚物来说,其命名通常是从各共聚单体的名称中各取一字(或字母)组成。例如,ABS树脂是由丙烯腈、丁二烯和苯乙烯共聚而成的,因此得名。如果共聚物是橡胶类材料,则需要在名称后加上"橡胶"二字,如丁苯橡胶。这种命名方式既体现了共聚物的组成单元,便于区分不同类型的共聚物。高分子材料按照不同的分类标准可以有不同的类别。如果按照来源分类,高分子材料可以分为天然高分子材料和合成高分子材料。天然高分子材料包括存在于动物、植物及生物体内的高分子物质,如天然纤维、天然树脂、天然橡胶、动物胶等。合成高分子材料则主要是指塑料、合成橡胶和合成纤维三大合成材料,此外还包括胶黏剂、涂料以及各种功能性高分子材料。常见高分子材料及分类如图5-2所示。常见的几种高分子材料分别介绍如下。

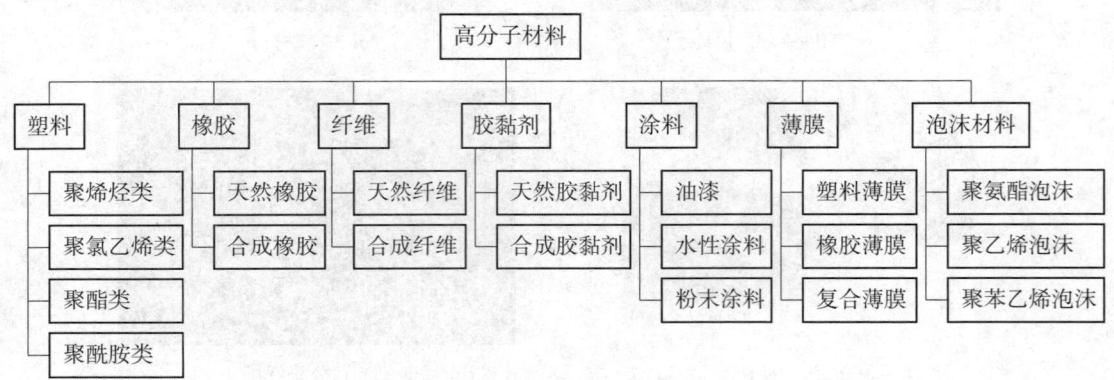

图5-2 常见高分子材料及分类

5.2.1 塑料

塑料是日常生活中最常用的一种高分子材料,具有优良的加工性能、低廉的成本和广泛的应用范围,被广泛应用于包装、建筑、汽车、电子、医疗等领域。塑料可以通过注塑、挤出、压延、吹塑等加工方法制成各种形状和结构的制品。此外,塑料也可以进行二次加工如机械切削、钻孔、弯曲等。塑料主要是由聚合反应制备而来,聚合反应是由小分子单体通过化学反应生成高分子聚合物。

塑料按照用途可分为通用塑料与工程塑料。工程塑料是指能承受一定的外力,有良好的力学性能和尺寸稳定性,在一定温度范围内能保持其优良性能,用作工程结构件的塑料。工程塑料除具有通用塑料所具有的一般性能外,还具有机械强度高或耐高温、耐腐蚀、耐辐射等特殊性能,可替代金属作某些机械构件。

5.2.1.1 塑料的组成

塑料主要组成成分为合成树脂,为改善其性能,一般还需要加入各类添加剂。

树脂是塑料中最重要的成分,在塑料中主要起胶结作用,把填料等其他组分胶结为一体,并使塑料获得流动性和可塑性,它决定了塑料的类型和基本性能(如热性能、物理性能、化学性能、力学性能等)。树脂有天然树脂和合成树脂之分。天然树脂是指由自然界中动植物分泌物所得的无定形有机物质,如松香、琥珀、虫胶等。合成树脂是指由简单有机物经化学合成或某些天然产物经化学反应而得到的树脂产物。在塑料生产中,通常都采用合成树脂。

为改善塑料的性能,塑料中除树脂外还需要加入其他组分,主要包括:

(1) 填料。又称填充剂,是塑料中重要的组成成分。其作用主要有两个:一是减少树脂用量,降低塑料成本;二是改善塑料的某些性能,扩大塑料的应用范围。填充剂的种类按照材质可分为矿物类、有机类和金属类;按照聚集状态分有粒状、粉末状、棒状、板状和纤维状等;按照功能分有增强、耐热、阻燃、导电、耐磨、磁性等。如在聚乙烯、聚氯乙烯等树脂中加入木粉后,既克服了它的脆性,又降低了成本;用玻璃纤维作为塑料的填充剂,能使塑料的力学性能大幅度提高;而用石棉作填充剂则可以提高塑料的耐热性。有的填充剂还可以使塑料获得树脂本身所没有的性能,如导电性、导磁性、导热性等。

(2) 增塑剂。用于降低树脂的熔融温度和流动黏度,改善其成型加工性能并改进塑件的柔韧性。它是一类能与树脂相溶、不易挥发的高沸点有机化合物。树脂中加入增塑剂后,增塑剂分子溶入树脂高分子链之间,增大了树脂大分子链间的距离,削弱了大分子间的相互吸引力和缠结,减小大分子链内旋转阻力,从而增加分子链的柔顺性并使分子链间的相对滑移容易进行,从而改善材料的流动性和柔韧性。如聚乙烯树脂中加入邻苯二甲酸二丁酯,可变为像橡胶一样的软塑料。在现有塑料品种中,最常采用增塑剂的塑料品种是聚氯乙烯、聚乙酸乙烯、丙烯酸酯类塑料、纤维素塑料,且用量较大。有一些塑料品种中需要加入少量增塑剂,还有许多塑料品种中一般不需要加入增塑剂。

(3) 稳定剂。为了防止或抑制塑料在成型、储存和使用过程中,因受外界因素(如热、光、氧、射线等)作用所引起的性能变化,即所谓"老化",需要在塑料中添加一些能稳定其化学性质的物质,这些物质称为稳定剂。稳定剂应具有稳定效果好,能耐水、耐油、耐化学药品腐蚀,并与树脂有很好的相溶性,在成型过程中不分解、挥发小、无色。稳定剂可分为热稳定剂、光稳定剂、抗氧化剂等。

(4) 抗静电剂。该添加剂混入塑料中或涂覆于塑料制品表面,能降低表面电阻,适度赋予导电性,从而消除或防止静电荷积累所产生的危害。抗静电剂大多属离子型和非离子型表面活性剂。常用的极性基团(即亲水基)有酸、磺酸、硫酸、磷酸的阴离子,胺盐、季铵盐的阳离子,以及—OH—、—O—等基团;常用的非极性基团(即亲油基或疏水基)有烷基、烷芳基等。抗静电剂提高塑料的抗静电性能的途径主要有:通过增加塑料制品表面吸湿性,形成单分子导电膜层;增加制品表面的离子浓度,提高导电性;增大摩擦体之间的介电性;增加制品表面平滑性,减小摩擦因数从而降低摩擦时产生的电荷数量。

(5) 阻燃剂。为一类能阻止塑料被引燃或抑制火焰传播的添加剂。它通过吸热作用、覆盖作用、抑制链反应、不燃气体的窒息作用等提高塑料的阻燃性。根据使用方法不同,阻燃剂可分为添加型和反应型两大类。添加型阻燃剂主要包括磷酸酯、卤代烃及氧化锑等,它们在塑料配制、加工过程中掺入塑料里面,使用方便。反应型阻燃剂一般只用于热固性塑料,主要包括含磷多元酶及卤代酸酐等,在塑料制备过程中作为反应组分之一参与合成反应,成为树脂分子链条的组成部分。

(6) 润滑剂。该添加剂在塑料加工过程中能降低塑料成型过程中的摩擦,改善塑料加工性能,提高加工效率。其作用分为两类:一类是降低熔融前塑料粒子之间的摩擦与黏附,以及熔融后塑料熔体与加工设备金属表面之间的摩擦与黏附,称为外润滑作用。如熔体与注塑机、挤出机螺杆或与料筒间的摩擦、制品表面与模具型腔之间的摩擦等。另一类是降低塑料大分子之间的摩擦,称为内润滑作用。润滑剂的碳链越短,极性越强,其内润滑作用越大。多数润滑剂兼有内、外润滑剂的双重功能。常用的润滑剂主要有脂肪酸及其酯类、脂肪酸酰胺类、金属皂类、烃类和有机硅化合物等。

(7) 着色剂。为使塑件获得各种所需色彩的添加剂称为着色剂。其主要作用是:美化产品,使制品色彩鲜艳,提高制品的商品价值;赋予制品某些特殊功能,如作为辨识标识、起隐蔽伪装作用,或改善制品的光学性能、耐候性等。着色剂品种很多,按其溶解性能可分为颜料和染料,其中颜料有有机颜料和无机颜料两类。

(8) 固化剂。又称硬化剂、交联剂等。成型热固性塑料时,线型高分子结构的合成树脂通过交联反应转变成体型高分子结构。添加固化剂的目的是促进交联反应。每类热固性塑料均采用与其他热固性塑料所不同的专用固化剂。环氧树脂常用的固化剂是乙二胺和三乙醇胺。

5.2.1.2 塑料的分类

塑料品种繁多,性能各异。为便于区分和合理应用不同塑料,可按不同方法对塑料进行分类。如根据塑料的化学组成和结构,可以将塑料分为聚烯烃类塑料、聚氯乙烯类塑料、聚酯类塑料、聚酰胺类塑料等。按塑料成型方法可分为模压塑料、层压塑料、注射塑料、挤出塑料、吹塑塑料、浇注塑料等。按树脂大分子的分布状态可分为无定形塑料与结晶态塑料。按塑料受热时的物理化学性能可将塑料分为热塑性塑料及热固性塑料。

热塑性塑料是指在特定温度下能反复加热软化和冷却硬化的塑料。日常使用的塑料大多属于此类型,如聚乙烯、聚丙烯、聚氯乙烯等都是最常用的热塑性塑料。组成这类塑料的树脂的分子链一般为线型或仅带有支链,不含有产生链间化学反应的基团。在加热过程中不会产生交联反应形成链间化学键,而是具有逐渐变软乃至流动,冷却变硬的物理变化。利用这种特性,可对热塑性塑料进行各种成型加工,如注塑、挤出、吹塑等。

热固性塑料是指具有加热后固化并且具有不溶解、不融化特性的塑料。事实上,热固性塑料配料在第一次加热时可以软化流动,加热到一定温度时分子链间发生化学反应,使不同分子链之间交联而成为网状或三维体型结构,产生固化。固化过程是不可逆的化学变化。若对固化后的树脂重新加热,由于分子链间交联的化学键的束缚,原有的单个分子链间不能互相滑移,故无法熔融,在溶剂中也不能溶解,因此热固性塑料只能一次成型。环氧塑料、不饱和聚酯、有机硅、烯丙基酯、呋喃塑料等都属于热固性塑料。

5.2.1.3 工程塑料的性能特征

工程塑料的性能主要取决于高分子化合物的化学组成、相对分子质量、分子结构和物理状态。工程塑料具有较高的比强度、良好的电绝缘性、良好的抗化学腐蚀性、优良的耐磨、减磨和自润滑性、优良的吸振性、抗冲击性、抗疲劳强度等。

1) 工程塑料的热学性能

工程塑料的热学性能包括与热传导有关的物理量,如热导率、比热容、线膨胀系数;与相态变化有关的性能,如玻璃化转变温度、熔点;与耐热性有关的性质,如热变形温度、维卡软化点;与燃烧有关的性质,如阻燃性、燃烧速率。

工程塑料的热导率低、导热性较差。热导率一般约为 $0.22\ W/(m\cdot K)$,是铜的万分之六,不到钢铁材料的百分之一,是优良的绝热、保温材料。热导率随温度升高变化不大,结晶型塑料的热导率随温度升高有所下降。工程塑料的比热容比金属及无机材料大,一般为 $1\sim2\ kJ/(kg\cdot K)$,是钢材料的 $2\sim4$ 倍。工程塑料的线膨胀系数比金属和陶瓷大,是金属材料的 $3\sim10$ 倍,因此,工程塑料制品容易因温度变化而影响尺寸的稳定性。线膨胀系数随温度的升高而变大,但变化关系不是线性关系。工程塑料的性能随着温度的升高会有不同形式和程度的变化。表征工程塑料性能随着温度变化的性能参数有热变形温度、玻璃化转变温度、UL 温度指数(长期连续使用温度)、熔点等。表 5-1 给出一些工程塑料的耐热性能参数。

2) 工程塑料的力学性能

工程塑料作为一种结构材料,其力学性能是最重要的性能。由于塑料是一种高聚物材料,而高聚物材料是所有已知材料中力学性能变化范围最宽的材料,包括从液体(熔体)、高弹体到

表 5-1 一些工程塑料的耐热性能参数

名称	热变形温度（1.82 MPa 下）/℃	长期连续使用温度/℃	玻璃化转变温度 T_g/℃	熔点 T_m/℃
PA6	63	65～130	50	215～225
PA12	49～55	—	37	178
PBT	78	120～140	20	224
聚碳酸酯（PC）	135	100～130	—	200～230
聚苯硫醚（PPS）	260	180～220	90	285
聚四氟乙烯（PTFE）	55	240～260	−33	327

刚硬的玻璃体，不同状态下其力学行为差别很大。高聚物力学性能的这种多样性，为其不同场合的应用提供了广阔的选择。与金属材料相比，高聚物是典型的黏弹性材料，即同时具有黏性液体和弹性固体的重力学性能，这使高聚物的力学性能变化复杂，并对高聚物制品的加工和使用产生重要影响。

在工程应用中，人们最关心的是在外加载荷作用下材料的变形行为。由于高聚物具有明显的黏弹性，固态下其形变行为和低分子化合物有所不同。经典的弹性理论一般不适宜用来描述高聚物材料的形变问题。由于大多数构件在使用过程中不允许产生过量塑性变形，变形量较小，因此由弹性理论定义的应力、应变和弹性模量等描述材料力学行为的基本物理量，在高聚物材料科学上仍被沿袭使用，弹性理论中的一些假定和定理仍常用来讨论高聚物材料的变形。

工程塑料的拉伸性能是其力学性能中最重要、最基本的性能指标，在很大程度上决定了工程塑料的使用范围。在拉伸应力作用下，工程塑料的应力应变行为与金属材料有很大不同，主要表现在屈服后的应力应变特点。图 5-3 所示是塑料在拉伸应力作用下的应力-应变曲线。曲线的起始阶段 OA 基本上是一条直线，应力与应变成正比，试样表现为胡克弹性行为。直线的斜率是试样的弹性模量。线性区对应的应变较小，一般只有百分之几。B 点是屈服点，应力达到屈服点后，在应力基本不变的情况下试样产生较大的变形，当应力去除

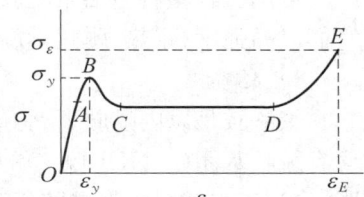

图 5-3 塑料的单轴拉伸应力-应变曲线

后，试样不能恢复到原样，即发生了塑性变形。屈服点对应的应力称为屈服应力或屈服强度。与金属材料不同，试样在屈服点之后出现细颈。此后的形变是细颈的逐渐扩大，直到 D 点。D 点之后试样的应变进入第三阶段，试样再度被均匀拉伸，应力提高，直到点被拉断为止。相应于 E 点的应力是拉伸强度，对应的形变称为断裂伸长率。工程塑料的屈服强度是作为结构材料使用时的最大应力。一些工程塑料在屈服前就发生断裂，只有拉伸强度。工程塑料拉伸强度和压缩强度的绝对值比钢铁等金属材料低，但其比强度（强度/密度）则与金属材料相当。工程塑料经过玻璃纤维等增强后，强度得到明显提高。

弹性的特点决定了塑料的蠕变性能不同于金属材料，金属材料通常在高温工作时才发生蠕变，而塑料在常温时就会有蠕变。塑料的蠕变起因于晶粒及分子链等滑移所造成的松弛和黏性流动。工程塑料的蠕变性能与工程塑料的结构、载荷的大小、载荷作用的时间、环境温度及湿度有关。用工程塑料制造结构零部件时，需考虑材料的蠕变，即在预定时间内构件尺寸允

许的变化范围。蠕变值较小的工程塑料有聚碳酸酯、聚砜和聚苯醚等,蠕变值较大的工程塑料主要有氟塑料和聚酰胺。聚碳酸酯、聚砜的疲劳极限一般只有静拉伸强度的10%~20%;聚甲醛、PET的疲劳极限较高,为静拉伸强度的50%。

3) 工程塑料的耐磨性能

工程塑料常用来制造各种机械的减摩耐磨零件,了解工程塑料的摩擦与磨损性能对材料的合理选择十分重要。材料的摩擦性能主要指材料的摩擦因数;磨损性能主要指在摩擦过程中,材料的表面抵抗损失的能力。工程塑料一般均有自润滑性,干燥状态下的摩擦因数较低,一般在0.02~0.50范围内。摩擦因数随载荷增大而降低,随滑动速度的增快而增高。工程塑料具有良好的耐磨损性能。表5-2列出了一些工程塑料的摩擦因数与磨损量。

表5-2 一些工程塑料的摩擦因数与磨损量

名称	摩擦因数	磨损量(载荷9.8N下)/(mg/10^3周期)	名称	摩擦因数	磨损量(载荷9.8N下)/(mg/10^3周期)
PA6	0.15~0.40	5	改性聚苯醚	0.18~0.23	17
PA66	0.15~0.40	—	聚甲醛	0.15~0.35	13
MCPA	0.15~0.30	—	聚四氟乙烯	0.04	14
ABS	—	22	超高分子量聚乙烯	0.10~0.22	3
聚碳酸酯(PC)	—	14			

5.2.1.4 常用工程塑料

常用工程塑料包括聚酰胺(PA,尼龙)、聚碳酸酯(PC)、聚甲醛(POM)、聚苯醚(PPO)等,它们以高强度、耐热、耐化学腐蚀等特性,广泛应用于工业制造和消费品领域。

1) 聚酰胺

聚酰胺是以内酰胺、脂肪羧酸、脂肪胺或芳香族二元酸、芳香族二元胺为原料合成,主链上含有酰胺基团(—NHCO—)的高分子化合物。聚酰胺为韧性角状半透明或乳白色结晶性树脂,作为工程塑料的聚酰胺相对分子质量一般为$(1.5~3)\times10^4$。聚酰胺具有力学强度高、耐疲劳、表面光滑、有自润滑性、摩擦因数小、耐磨、耐热(100℃内可长期使用)、易染色、易成型等优点。缺点是吸水性大,影响尺寸稳定性和电性能。用纤维增强可降低树脂的吸水率,使其能在高温、高湿条件下工作。

聚酰胺是结晶性塑料,分子链中含有极性酰胺基团,能形成分子间的氢键,分子链之间的作用力较大,因此具有较高的力学强度和模量。聚酰胺的结晶度,对其力学性能有很大影响,拉伸强度、弯曲强度、弯曲模量均随结晶度的增加而机高。结晶度越高,材料硬度越大,耐磨性越好。在聚酰胺系列产品中,PA66力学强度最高,其结晶度高,故刚性、耐热性都较高。随着聚酰胺分子链中亚甲基的增加,强度逐渐下降,柔顺性提高。在聚酰胺分子链结构中引入芳基,由于键能增加,分子链之间的作用力增加,强度有所提高。聚酰胺分子主链中的酰胺基是亲水基团,使得聚酰胺具有吸水性。吸水性对聚酰胺力学性能影响很大,吸水后拉伸强度、弯曲强度及其弯曲弹性模量等大幅度下降,制品尺寸变化大,而冲击强度则大幅度上升。由于其极易吸水,对成型条件要求严格,制品尺寸稳定性较差。

聚酰胺是结晶性的高聚物,其分子间相互作用力大,熔点都比较高。其中,分子主链结构对称性越强,酰胺基密度越高,结晶度越大,聚酰胺的熔点也越高。对于脂肪族聚酰胺而言,由于含有一定数量的亚甲基,属于饱和单链,高聚物分子链可以围绕单键进行内旋转,分子链的柔顺性较好,因此其玻璃化温度 T_g 不高。随着亚甲基的增加,柔顺性相应提高,T_g 呈下降趋势。但是,由于大分子主链有极性酰胺基存在,能形成氢键,分子链之间相互有一定作用力,因此,T_g 下降幅度有限。提高聚酰胺分子链的对称性、酰胺基的密度,提高分子链排列的规整度,均有利于提高 T_g。在聚酰胺分子链中导入大体积的侧链,随着取代基体积增大,分子链内旋转位阻增加,T_g 升高。聚酰胺具有优良的耐热性。如 PA46 等高洁净性尼龙的热变形温度很高,可在 150℃下长期使用。PA66 经过玻璃纤维增强后,其热变形温度可达到 250℃以上。聚酰胺在高温下会发生热降解。在空气中,加热聚酰胺时,除了热降解之外,还有氧化降解。在实际工作中,常常在加工聚酰胺制品时,添加一些抗氧剂抑制热氧化降解。

聚酰胺分子链中含有的极性酰胺基对电性能有不利影响。在室温且干燥的条件下,聚酰胺尚具有较好的电性能,但也明显低于聚乙烯、聚苯乙烯等材料。在潮湿环境下,其体积电阻率和介电强度均会下降,介电常数和介质损耗也明显增大。随电场频率增大,介电常数会有所降低,介电损耗也会改变。温度升高,电性能均不同程度降低。

聚酰胺对大多数化学试剂的作用是稳定的,特别是对汽油、润滑油等油类具有很强的抵抗性,耐油性好。PA11、PA12 的耐油性极好,是汽车油管的首选材料。但是,常温下它可溶于酚类、浓无机酸、甲酸,在高温下可溶于乙二醇冰醋酸、丙二醇、氯化锌或氯化钙的甲醇溶液,以及氟乙酸、氟乙醇等。通常,大多数聚酰胺塑料在碱性溶液中都是稳定的,但在高温下,特别是使聚酰胺熔融,则发生水解或降解;在此条件下,无机酸和胺特别是一价酸,可使聚酰胺迅速酸解和胺解,引起酰胺键的断裂,最终生成聚酰胺的单体。

聚酰胺在光照下,由于紫外线的辐射,也会发生光降解或老化。聚酰胺中含有羰基,能吸收日光中的紫外线,使聚酰胺链段断裂和交联,在无氧光照下 PA6 和 PA66 分解为 H、CO 和烃。为了提高聚酰胺的光稳定性,可添加紫外线吸收剂和受阻胺光稳定剂。

2) 聚碳酸酯

聚碳酸酯是一种线型碳酸聚酯,分子中碳酸基团与另一些基团交替排列,这些基团可以是芳香族,可以是脂肪族,也可以两者皆有。双酚 A 型 PC 是最重要的工业产品之一。双酚 A 型 PC 是一种无定形的工程塑料,具有良好的韧性、透明性和耐热性。碳酸酯基团赋予韧性和耐用性,双酚 A 基团赋予高的耐热性。而 PC 的一些主要应用至少同时要求这两种性能。

聚碳酸酯的缺点是耐疲劳强度较低,耐磨性较差,摩擦因数大。聚碳酸酯制品容易产生应力开裂,内应力产生的原因主要是由于强迫取向的大分子间相互作用造成的。如果将聚碳酸酯的弯曲试样进行挠曲并放置一定时间,当超过其极限应力时便会发生微观撕裂。在一定应变下发生微观撕裂时间与应力之间的关系依赖于聚碳酸酯的平均相对分子质量。如果聚碳酸酯制品在成型加工过程中因温度过高等原因发生分解老化,或者制品本身存在缺口或熔接缝,以及制品在化学气体中使用,那么,发生微观撕裂的时间将会大大缩短,其极限应力值也将大幅度下降。

聚碳酸酯的耐热性较好,未填充聚碳酸酯的热变形温度大约为 130℃,玻璃纤维增强后可使这个数值再增加 10℃。长期使用温度可达 120℃,同时又具有优良的耐寒性,脆化温度为 −100℃。低于 100℃时,在负载下的变率很低。聚碳酸酯没有明显的熔点,在 220~230℃呈熔融状态。由于其分子链刚性大,所以它的熔体黏度较高。

3) 聚甲醛

聚甲醛是没有侧链的高熔点、高密度、结晶性、分子主链中含有—$(CH_2—O)$—链节的线型聚合物，外观呈乳白色或淡黄色。由于 C—O 键的键长小于 C—C 键，因此聚甲醛链轴方向的填充密度大。与聚乙烯相比，聚甲醛的碳氧键短，内聚能密度高，密度大。聚甲醛分子链的柔顺性大，链的结构规整性高，因而结晶度高，结晶能力强。均聚甲醛的结晶度为 75%～85%，共聚甲醛的为 70%～75%，即使快速淬火，结晶度也能达到 65% 以上。完全非晶态的聚甲醛只有在 -100 ℃ 时才能得到。它可分为两大类：一类是三聚甲醛与少量二氧戊环的共聚体，称为共聚甲醛；另一类是甲醛或三聚甲醛的均聚体称为均聚甲醛。两种聚甲醛结构上虽有差异，但是共聚甲醛分子链中 C—C 键所占比例很小(3%～5%)，因此，两种聚甲醛的性能基本上还是相近的，它们具有相似的特性。

高密度和高结晶度是聚甲醛具有优良性能的主要原因，如硬度大和模量高，尺寸稳定性好，耐疲劳性突出，不易被化学介质腐蚀等。尽管聚甲醛分子链中 C—O 键有一定的极性，但由于高密度和高结晶度束缚了偶极矩的运动，从而使其仍具有良好的电绝缘性能和介电性。缺点是密度较大，耐强酸性、耐候性和阻燃性较差。聚甲醛端基中含有半缩醛结构。当加热至 100 ℃ 左右时，可从其端基的半缩醛处逐渐解聚，因此其耐热性较低。当加热到 170 ℃ 左右时，可从分子链的任何一处发生自动氧化反应而放出甲醛，甲醛在高温有氧时会被氧化成为甲酸，甲酸对聚甲醛的降解反应有自动加速催化作用，因此常在均聚甲醛树脂中加入热稳定剂、抗氧化剂、甲醛吸收剂等，以满足成型加工的需要。由于共聚甲醛分子链中含有一定量的 C—C 键，它可以阻止聚甲醛分子链的氧化降解，因而共聚甲醛比均聚甲醛的热稳定性能要好得多。但是无论是均聚甲醛还是共聚化甲醛，在加工和应用时应充分重视其热稳定性和热氧稳定性差的缺点。

聚甲醛是一种高结晶性的聚合物，具有较高的弹性模量、很高的硬度与刚度，以及较好的韧性，能耐多次重复冲击，在反复的冲击载荷下能保持较高的冲击强度，且强度值受温度变化的影响较小，可以在 -40～100 ℃ 下长期使用。聚甲醛结晶度达 70% 以上，因而具有优异的耐疲劳性。聚甲醛是热塑性材料中耐疲劳性最为优越的品种，特别适用于受外力反复作用的齿轮类制品和持续振动下的部件。聚甲醛的耐蠕变性与聚酰胺等工程塑料相似，且其蠕变值随温度的变化较小，即使在较高的温度下耐蠕变性能仍较好。在 23 ℃、21 MPa 载荷下，经过 3 000 h 蠕变值仅为 2.3%。聚甲醛键能大，分子的内聚能高，所以耐磨性好。聚甲醛的摩擦因数和磨损量均很小，而极限 PV 值(PV 值，指压力 P 和速度 V 的乘积；极限 PV 值用于衡量材料在滑动摩擦条件下的耐磨性。服役载荷与摩擦速度的乘积高于极限 PV 值时，材料将发生损坏)又较大，所以适用于长期经受滑动摩擦的部位。另外，其自润滑特性更是无油环境或容易发生早期断油的工作环境下摩擦副材料的选择。

聚甲醛具有较高的热变形温度，均聚甲醛为 124 ℃，共聚甲醛为 110 ℃。均聚甲醛的热变形温度高于共聚甲醛，但均聚甲醛的热稳定性比共聚甲醛低。一般聚甲醛的长期使用温度为 100 ℃ 左右。聚甲醛在热水中会产生一定程度的湿热老化，它在热水中的使用寿命比在热空气中要低。

4) 聚苯醚

聚苯醚又名聚二亚苯基醚。它是一种热塑性树脂，密度小，仅为 1.06 g/cm，综合性能优良，吸湿性低，电性能、耐水蒸气性及尺寸稳定性优异。但熔融流动性差，成型困难，现在工程中应用的是各种改性聚苯醚。

聚苯醚有较高的耐热性，熔点高于 300 ℃，分解温度在 350 ℃ 以上，脆化温度为 -170 ℃，马丁耐热为 160 ℃，长期使用温度为 120 ℃，玻璃化转变温度达 205 ℃，热导率为 0.192 W/(m·℃)，成型收缩率为 0.7%~0.9%。其热变形温度在 1.82 MPa 载荷下为 174 ℃,优于聚碳酸酯、聚甲醛、聚酰胺和 ABS 等热塑性工程塑料,而与酚醛、不饱和聚酯等热固性塑料相接近。

聚苯醚具有优良的力学性能,其拉伸强度为 80 MPa(23 ℃),超过聚碳酸酯、聚甲醛和 ABS 等工程塑料。聚苯醚的强度和刚性随温度的上升而有缓慢的下降。在沸水中经 7 200 h 蒸煮后,其拉伸强度、伸长率及冲击强度等都没有明显下降。聚苯醚的蠕变值很小,在 23 ℃、14 MPa 载荷下,经过 300 h 后的蠕变值仅为 0.5%;而且随温度的升高,其蠕变值的变化也很小。可在 −160~−150 ℃ 范围连续使用。

5) 超高分子量聚乙烯

超高分子量聚乙烯(UHMWPE)一般是指相对分子质量在 150×10^4 以上的聚乙烯,是一种新型工程塑料。平均相对分子质量为 200×10^4 的 UHMWPE,其密度仅为 0.935 g/cm,比其他所有工程塑料都低,一般比聚四氟乙烯低 50% 以上,比聚甲醛低 30% 以上,因此其制品具有轻量化的特点。超高相对分子质量聚乙烯具有多种优良的机械、物理、化学性能,非常耐磨损,耐腐蚀耐冲击,自润滑、摩擦因数小,吸水率低,不易粘附异物,卫生无毒,可回收利用以及耐低温等,特别是其耐磨损性能尤为突出。其不足是耐温性能差、硬度低、拉伸强度低、阻燃性能差。

UHMWPE 的耐热性不高,使用温度一般在 100 ℃ 以下。但由于它的相对分子质量极大,因而它的热变形温度和软化点都高于普通高密度聚乙烯,UHMWPE 的熔点(136 ℃)与普通高密度聚乙烯大体相同,然而 UHMWPE 具有非常优良的耐低温性能,脆化温度 −70 ℃ 以下,即使在液态氮温度(−269 ℃)下仍具有一定的冲击强度和耐工作温度范围为 −265~100 ℃,低温到 −195 ℃ 时,仍能保持很好的强韧性,可以用于低温部件、管道以及核工业等极低温情况。超高相对分子质量聚乙烯冲击强度起先随相对分子质量的增大而提高,在相对分子质量为 150×10^4 左右达到最大值,其后随相对分子质量的升高而逐渐下降。UHMEPE 的冲击强度约为聚碳酸酯的 2 倍,ABS 的 5 倍,PA、聚甲醛和 PBT 的 10 余倍。UHMWPE 的拉伸屈服强度与相对分子质量及密度有关,随着相对分子质量的增大和密度的下降,拉伸屈服强度也随之下降。UHMWPE 比碳钢、黄铜还耐磨数倍,并且随着相对分子质量的增大其耐磨性还能进一步提高,同时 UHMWPE 的自润滑性优异、动摩擦因数很低,可以和聚四氟乙烯媲美。

6) ABS 树脂

ABS 树脂是指由丙烯腈(A)、丁二烯(B)、苯乙烯(S)组成的三元共聚物。随着这三种单体比例的变化,可以合成出许多型号的 ABS 树脂。目前生产的 ABS 树脂,单体的范围为:丙烯腈 20%~30%,丁二烯 6%~30%,苯乙烯 45%~70%。以 ABS 类树脂为基材制得的塑料称为 ABS 塑料。ABS 具有聚丙烯腈的刚性、耐药品性和耐热性,聚苯乙烯的成型性能和外观,以及聚丁二烯的抗冲击性和耐寒性。ABS 为浅黄色粒状或粉状不透明树脂,无毒,无味,质轻,密度为 1.04~1.07 g/cm³,具有优异的耐冲击性、良好的低温性能和耐化学药品性,尺寸稳定性好,表面光泽性好,易涂装和着色等。缺点是可燃,热变形温度较低,耐候性较差。

ABS 树脂的热变形温度在载荷为 1.82 MPa 时约为 93 ℃,随着加工过程中退火的处理,可增加 6~10 ℃。由于 ABS 树脂的无定形结构特点,它具有平稳的力-温度效应,因此当载荷由 1.82 MPa 降至 0.45 MPa 时,其热变形温度仅提高 4~8 ℃。耐热型 ABS 树脂的热变形温度可达 115 ℃ 左右。ABS 树脂的溶化温度为 −7 ℃,通常在 −40 ℃ 时仍有相当的强度。ABS

制品的使用温度为-4～100 ℃，ABS树脂各等级的线膨胀系数为$(6.4\sim11.0)\times10^{-5}$/℃，在热塑性塑料中是线膨胀系数较小的一种。ABS树脂的热稳定性在工程塑料中偏低，在260 ℃时即能分解产生有毒的挥发性物质。ABS树脂易燃，无自熄性。

不同级别的ABS拉伸强度差异较大，一般为33～52 MPa。ABS树脂有极好的冲击强度，高抗冲击型ABS树脂在室温下的悬臂梁冲击强度可达400 J/m左右，即使在-40 ℃低温下，其数值也大于120 J/m。ABS树脂是非均相体系，为两相结构，树脂是连续相，橡胶是分散相。橡胶颗粒分散于树脂中，胶粒子吸收外界的冲击能而抑制了制品的开裂，使ABS具有优异的冲击性能。ABS树脂的冲击性能与树脂中的橡胶含量、接枝率和粒子大小等因素有关。随着橡胶含量的增加，ABS树脂的冲击强度迅速提高，但橡胶含量不能过大，否则其他力学性能，如拉伸强度、弹性模量等则明显降低。通常ABS树脂中的橡胶质量分数以25%～40%为宜。

ABS具有优良的抗蠕变性能。ABS管材试样在室温下的蠕变试验结果表明，在承受7.2 MPa载荷时，即使经过长达两年半的时间，尺寸也无明显的变化。ABS树脂耐磨性能较好，虽不能用作自润滑材料，但由于有良好的尺寸稳定性，故可用作中等载荷的轴承。

5.2.2 合成橡胶

橡胶是一种由天然或合成的弹性高分子材料，主要由高分子化合物组成，其分子链由多个重复的单元组成。橡胶在很宽的温度(-50～150 ℃)范围内具有优异的弹性，所以又称为高弹体。除了高弹性外，橡胶还具有良好的疲劳强度、电绝缘性、耐化学腐蚀性以及耐磨性等，使它成为国民经济中不可缺少和难以代替的重要材料。橡胶按其来源，可分为天然橡胶和合成橡胶两大类。天然橡胶主要来源于自然界中的含胶植物。合成橡胶则是由石油和其他有机化合物经化学合成制备而成。

5.2.2.1 合成橡胶的分类

合成橡胶品种很多，按其性能和用途可分为通用合成橡胶和特种合成橡胶。凡性能与天然橡胶相同或相近、广泛用于制造轮胎及其他大量橡胶制品的，称为通用合成橡胶；常见的合成橡胶包括丁苯橡胶(SBR)、顺丁橡胶(BR)、异戊橡胶(IR)和氯丁橡胶(CR)等。凡具有耐寒、耐热、耐油、耐化学腐蚀、耐辐射、耐臭氧等特殊性能，用于制造特定条件下使用的橡胶制品，称为特种合成橡胶；如丁橡胶、硅橡胶、氟橡胶、聚氨酯橡胶(PU)、丙烯酸酯橡胶(ACM)和氯醚橡胶(CO)等。但是，特种橡胶随着其综合性能的改进，成本的降低以及推广应用的扩大，也可以作为通用合成橡胶使用，如乙丙橡胶、丁基胶等。合成橡胶还可按大分子主链化学组成的不同分为碳链弹性体和杂链弹性体两类。碳链弹性体又可分为二烯类橡胶和烯烃类橡胶等。

5.2.2.2 橡胶制品的结构与性能

作为橡胶材料使用的聚合物具有高弹性，因而在结构上应符合以下要求：①大分子链具有足够的柔性，玻璃化温度应比室温低得多。这就要求大分子链内旋转位垒较小，分子间作用力较弱，内聚能密度较小。橡胶类聚合物的内聚能密度一般在290 kJ/cm³以下，比塑料和纤维类聚合物的内聚能密度低得多。②在使用条件下不结晶或结晶度很小。例如聚乙烯、聚甲醛等，在室温下容易结晶，故不宜用作橡胶材料。但是，如天然橡胶等在拉伸时可结晶，而除去负荷后结晶又熔化，这是最理想的，因为结晶部分能起分子间交联作用而提高模量和强度，去载后结晶又熔化，不影响其弹性恢复性能。③在使用条件下无分子间相对滑动，即无冷流，因此大分子链上应存在可供交感的位置，以进行交联，形成网络结构。也可采用物理交联方法，例如苯乙烯和丁二烯嵌段共聚物，由于在室温下苯乙烯段聚集成玻璃态区域，把橡胶链段的末端连接起来形成网络结构，故可作为橡胶材料使用。这类橡胶材料亦称为热塑性弹性体。

橡胶的性能如弹性、强度、耐热性、耐寒性等，与分子结构和超分子结构密切相关。

1) 弹性和强度

弹性和强度是橡胶材料的主要性能指标。分子链柔顺性越大，橡胶的弹性就越大。线型大分子链的规整性越好，等同周期越大，含侧基越少，链的柔顺性越好，其橡胶的弹性越好，例如高顺式聚1,4-丁二烯是弹性最好的橡胶。此外，分子量越高，橡胶的弹性和强度越大。橡胶的分子量通常为$10^5 \sim 10^6$，比塑料类和纤维类要高。交联使橡胶形成网状结构，可提高橡胶的弹性和强度。但交联度过大时，交联点间网链分子量太小，强度大而弹性差。如前所述，橡胶在室温下是非晶态才具有弹性。但结晶对强度影响较大，结晶性橡胶拉伸时形成的微晶能起网络节点作用，因此纯硫化胶的抗张强度比非结晶橡胶高得多。

2) 耐热性和耐老化性能

橡胶的耐热性主要取决于主链上化学键的键能。含有C—C、C—O、C—H和C—F键的橡胶具有较好的耐热性，如乙丙橡胶、丙烯酸酯橡胶、含氟橡胶和氯醇橡胶等。橡胶中的弱键能引发降解反应，对耐热性影响很大。不饱和橡胶主链上的双键易被臭氧氧化。次甲基的氢也易被氧化，因而耐老化性差。饱和性橡胶没有降解反应途径而耐热氧老化性好，如乙丙橡胶、硅橡胶等。此外，带供电取代基者容易氧化，如天然橡胶。而带吸电取代基者较难氧化，如氯丁橡胶，由于氯原子对双键和α氢的保护作用，使它成为双烯类橡胶中耐热性最好的橡胶。

3) 耐寒性

当温度低于玻璃化温度(T_g)时，或许由于结晶，橡胶将失去弹性。因此，降低其T_g或避免结晶，可以提高橡胶材料的耐寒性。降低T_g的途径有：降低分子链的刚性；减小链间作用力；提高分子的对称性；与T_g较低的聚合物共聚；支化以增加链端浓度；减少交联键以及加入溶剂和增塑剂等。避免结晶，则可通过以下方法使结构无规化：无规共聚物；聚合之后无规地引入基团；进行链支化和交联，采用不导致立构规整性的聚合方法及控制几何异构等。

4) 化学反应性

橡胶化学反应性有两个方面：一方面是可进行有利的反应，如交联反应或进行取代等改性反应；另一方面是有害的反应，如氧化降解反应等。上述两方面反应往往同时存在。例如，二烯烃类橡胶主链上的双键为硫化提供了交联的位置，同时又易受氧、臭氧和某些试剂所攻击。为了改变不利的一面，可以制成大部分结构的化学活性很低，而引入少量可供交联的活性位置的橡胶，例如丁基橡胶、三元乙丙橡胶、丙烯酸酯橡胶及氟橡胶等。

5) 加工性能

结构对橡胶加工中熔体黏度、压出膨胀率、压出胶质量、混炼特性、胶料强度、冷流性以及黏着性有较大影响。橡胶的分子量越大，则熔体黏度越大，压出膨胀率增加，胶料的强度和黏着强度都随之增大。橡胶的分子量通常大于缠结的临界分子量。分子链的缠结，引入少量共价交联键或离子键合键、早期结晶等热短效交联，都可减少冷流和提高胶料强度。橡胶的分子量分布一般较宽，其中高分子量部分提供强度，而低分子部分起增塑剂作用，可提高胶料流动性和黏性，增加胶料混炼效果，改善混炼时胶料的包辊能力。同时，加宽分子量分布，可有效防止压出胶产生鲨鱼皮表面和熔体破裂现象。长链支化也可改善胶料的包辊能力。此外，胶料的黏着性与结晶性有关。对于结晶性橡胶，在界面处可以由不同胶块的分子链段形成晶体结构,从而提高了黏着程度;对于非结晶性橡胶,则需加入添加剂。

5.2.2.3 常用合成橡胶

1) 丁苯橡胶

丁苯橡胶是应用最广、产量最多的合成橡胶,由丁二烯和苯乙烯共聚而成,是最早工业化的合成橡胶。其结构式为

$$\{CH_2-CH=CH-CH_2\}_m CH-CH_2\}_n$$
$$\qquad\qquad\qquad\qquad\qquad\qquad |$$
$$\qquad\qquad\qquad\qquad\qquad\qquad C_6H_5$$

丁苯橡胶的耐磨性、耐热性、耐油性和耐老化性均比天然橡胶好,硫化曲线平坦,不容易焦烧和过硫,与天然橡胶、顺丁橡胶混溶性好。丁苯橡胶的缺点是弹性、耐寒性、耐撕裂性和黏着性能均比天然橡胶差,纯胶强度低,滞后损失大,生热高;而且由于含双键比天然橡胶少,硫化速度慢。丁苯橡胶成本低廉,其性能不足之处可以通过与天然橡胶并用或调整配方得到改善。因此,至今其仍是用量最大的通用合成橡胶。丁苯橡胶可以部分或全部代替天然橡胶,用于制造各种轮胎及其他工业橡胶制品,如胶带、胶管、胶鞋等。

2) 聚丁二烯橡胶

聚丁二烯橡胶可以采用乳液法或溶液法生产。按分子结构,可以分成顺式聚丁二烯、反式聚丁二烯和1,2-聚丁二烯。1,2-聚丁二烯还可能是无规、全同、间同构型。除去呈现塑料性质的全同1,2-、间同1,2-和反式聚丁二烯外,剩余的聚丁二烯具有橡胶状弹性,其中顺式-1,4-聚丁二烯更是显示出高弹性,其玻璃化温度-120℃,是重要的合成橡胶之一。

按聚合方法不同,聚丁二烯橡胶可分为溶聚丁二烯橡胶、乳聚丁二烯橡胶和本体聚合丁钠橡胶三种。按分子结构分类,可分为顺式聚丁二烯和反式聚丁二烯。而顺式聚丁二烯橡胶又依顺式含量不同分为三类:用钴或镍化物构成的Ziegler-Natta催化体系制得的高顺式(96%～98%)聚1,4-丁二烯、以钛化物体系制得的中顺式(86%～95%)聚丁二烯、用烷基锂催化剂制得的低顺式(35%～40%)聚丁二烯。聚丁二烯橡胶中最重要的品种是高顺式聚丁二烯橡胶。其性能特点是:弹性高,是当前橡胶中弹性最高的一种;耐低温性能好,其玻璃化温度为-105℃,是通用橡胶中耐低温性能最好的一种;其耐磨性能优异;滞后损失小,生热性低;耐屈挠性好;与其他橡胶的相容性好。高顺式聚丁二烯橡胶的缺点是:抗张强度和抗撕裂强度均低于天然橡胶和丁苯橡胶;用于轮胎,对抗湿滑性能不良;工艺加工性能和黏弹性能较差,不易包辊。由于高顺式聚丁二烯橡胶具有优异的高弹性、耐寒性和耐磨耗性能,主要用于制造轮胎,也用于制造胶鞋、胶带、胶辊等耐磨性制品。

3) 聚异戊二烯橡胶

聚异戊二烯橡胶简称异戊橡胶,其分子结构和性能与天然橡胶相似,实际上已用来代替天然橡胶的各种用途,也称合成天然橡胶。异戊橡胶是异戊二烯单体在催化剂作用下,经溶液聚合而制得的顺式聚1,4-异戊二烯。

异戊橡胶是一种综合性能最好的通用合成橡胶,具有优良的弹性、耐磨性、耐热性、抗撕裂及低温屈挠性。与天然橡胶相比,又具有生热小、抗龟裂的特点,且吸水性小,电性能及耐老化性能好,但其硫化速度较天然橡胶慢。此外,炼胶时易黏辊,成型时黏度大,而且价格较贵。异戊橡胶的用途与天然橡胶大致相同,用于制作轮胎、医疗制品、胶管、胶鞋、胶带以及运动器材等。

4) 氯丁橡胶

氯丁橡胶是 2-氯-1,3-丁二烯聚合而成的一种高分子弹性体，是合成橡胶主要品种之一。人们通常把氯丁橡胶称为万能橡胶，因为它具有耐油、耐氧化、耐老化、耐燃烧、耐酸碱、耐曲挠和耐气性好等性能。它是由氯丁二烯聚合而成的。

氯丁橡胶具有优异的耐燃性，是通用橡胶中耐燃性最好的，由于它耐燃烧（通火便分解出 HCl 气体阻止燃烧），所以专门用来制造地下采矿用的橡胶制品。氯丁橡胶还具有优良的耐油、耐溶剂、耐老化性能，其耐油性仅次于丁腈橡胶而优于其他通用橡胶。氯丁橡胶是结晶性橡胶，有自补强性，生胶强度高，还具有良好的黏着性、耐水性和气密性，其耐水性是合成橡胶中最好的，气密性比天然橡胶大 5~6 倍。氯丁橡胶的缺点是电绝缘性较差，耐寒性不好，密度大，储存稳定性差，储存过程中易硬化变质。氯丁橡胶广泛用于各种橡胶制品，如耐热运输带、耐油、耐化学腐蚀胶管和容器衬里、胶辊、密封胶条等。

5) 丁腈橡胶

丁腈橡胶是以丁二烯和丙烯腈为单体经乳液共聚而制得的高分子弹性体，是以耐油性而著称的特种合成橡胶。由于分子中有氰基（—CN）存在，所以它特别耐油，被广泛用来制作油箱、印刷用制品等，其缺点是耐寒性差，电绝缘性低劣。其结构式为

$$-\!\!\left[H_2C-HC=CH-CH_2\right]_n\!\!-\!\!\left[H_2C-\underset{\underset{N}{\overset{|}{C}}}{\overset{|}{C}}H\right]_m\!\!-$$

丁腈橡胶中丙烯腈含量一般在 15%~50%。固体丁腈橡胶分子量达几十万，门尼黏度在 20~140。

6) 丁基橡胶

丁基橡胶是异丁烯和少量异戊二烯的共聚物，为白色或暗灰色透明弹性体。由于其性能好，发展较快，已成为通用橡胶之一。丁基橡胶透气性极小，耐热、耐老化和电绝缘性能都比天然橡胶好，主要用于气密性制品，如飞机轮胎的气密层等，也广泛用于飞行器中各种耐热耐水密封垫片、电绝缘材料及防振缓冲器材等。

7) 热塑性弹性体

热塑性弹性体（TPE）是一种兼具橡胶和热塑性塑料特性的材料，在室温下显示类似于硫化橡胶的物理机械性能，在高温下有类似于热塑性塑料的加工特性。因此，就加工而言，它是一种塑料，可像热塑性塑料那样快速、有效、经济地加工成制品；就性质而言，它又是一种橡胶，具有类似于橡胶的力学性能及使用性能。这类新材料自 1958 年问世以来，引起极大的重视，被称为继天然橡胶、合成橡胶后的"第三代橡胶"，并得到迅速发展。目前已工业化生产的有聚烯烃类、苯乙烯嵌段共聚物类、聚氨酯类和聚酯类。根据结构特征，TPE 主要分为嵌段型和共混型两大类；其中，嵌段型 TPE 通常包括苯乙烯类热塑性弹性体、共聚酯、聚氨酯和聚酰胺等。共混型 TPE 是由橡胶和塑料共混制备的，分为交联型和非交联型。

近年来，中国科研团队通过合成橡胶材料的自主创新，在超轻高强、耐摩擦撕裂等关键性能上取得突破，打破国外技术封锁，并在航空航天等领域取得重要应用。例如，航空轮胎在材料、配方、结构、装备以及工艺等方面要求苛刻，目前国际上只有几家龙头企业掌握并封锁核心技术。宁夏神州轮胎于 2018 年启动国产大飞机轮胎项目，整合航空轮胎技术骨干组建研发团

队,引进中国科学院等国内知名科研院所及高校的优质创新资源,加快大飞机轮胎研制及产业化进程。研发团队在新型材料选择、轮胎结构设计、配方设计等关键环节做了大量开创性工作,尤其在寻找具有超高速、超载荷、耐摩擦、耐撕裂、重量轻、寿命长的新型材料方面,联合上游企业经历了无数次的试验,最终优选出符合要求的配方,在航空子午线轮胎材料领域实现了质的跨越,掌握了大飞机轮胎制造的核心技术,跻身于国内为数不多的几家大飞机轮胎制造企业之列。

5.2.3 合成纤维

高分子纤维可以分为天然高分子纤维和合成纤维两大类。天然高分子纤维如蚕丝、棉、麻、毛等,主要成分是纤维素和大分子蛋白质,具有天然的生物可降解性。合成纤维是将一些本身不含有纤维素的物质,例如煤、石灰石、天然气、石油等,经过化学合成和机械物理加工制成的纤维。合成纤维具有比天然纤维更优越的性能。它的强力大,弹性好,耐磨、耐化学腐蚀,不会发霉,不怕虫蛀,不缩水,做成的衣服挺括美观、坚固耐用。

1) 聚酯纤维

聚酯纤维由有机二元酸与二元醇缩聚而成,其分子主链中含有酯基(—COO—),商品名称为涤纶。涤纶短纤维主要用于织衣料;涤纶长纤维除了用来做针织品外,还可以做成运输带、轮胎帘子线、缆绳、过滤网、渔网、电气绝缘材料等。涤纶织物的显著优点是牢固、易洗、快干,织物具有优良的抗皱和保形性,不走样,挺立免烫。据试验,涤纶的耐冲击性能比黏胶纤维高 20 倍,比锦纶高 4 倍。在抗腐蚀性方面除对热的浓碱及某些有机溶剂(如甲酚)不稳定外,对其他许多化学试剂都较稳定。耐磨性好,仅次于锦纶;耐光性好,仅次于腈纶。特别是它的抗皱性和保形性,为其他纤维所不及,故有"洗可穿"等美称。涤纶化学结构中的主链上有刚性基团的存在,使官能团排列得很规整、紧密,结晶度较高,不易变形,受力形变后也易恢复,弹性与羊毛接近,比棉、黏胶丝高 2 倍,所以涤纶织物的抗皱性特别好,外形挺括。正因为涤纶分子排列紧密,所以吸湿性差,导电性能差,当涤纶织物同其他物体接触和摩擦以后,容易产生静电效应,把灰尘吸附到织物上而容易变脏。不过,由于涤纶的吸湿性差,脏物只吸附在纤维的表面,所以也容易洗干净。吸湿性小,洗后也就干得快。涤纶的缺点除吸湿性、透气性、染色性差以外,还不耐长久曝晒,这是因为虽然涤纶纤维的结晶度高,分子排列紧密,但它对于紫外光来说,紧密程度还不够,因而当太阳光中的紫外光一旦进入纤维内部,水和氧气分子就可趁机侵入,这样纤维的强度就降低。

2) 聚酰胺纤维

聚酰胺纤维是世界上最早投入工业化生产的合成纤维,是合成纤维中的主要品种。中国商品名称为"锦纶"。聚酰胺纤维品种很多,中国主要生产聚酰胺 6、聚酰胺 66 和聚酰胺 1010 等。锦纶最突出的性能是强度大、弹性好、耐磨性好。其强度比棉花大 2~3 倍,耐磨性为棉花的 10 倍、羊毛的 20 倍。锦纶绳的强度比同样粗的钢丝绳还要大。锦纶不仅强度高,而且质轻(比棉花轻 35%),耐腐蚀、不受虫蛀。锦纶长纤维可用来做轮胎帘子线、降落伞、宇宙飞行服、渔网以及丝袜、弹力袜、手套、针织内衣等。锦纶短纤维与黏胶纤维混纺,可大大提高织物的牢度。锦纶长链分子中存在有酰胺基,在酰胺基之间可以通过氢键的作用,而使大分子间的相互作用力大大加强,这就保证了纤维的强度。另外,分子链上又有许多较灵活的亚甲基,这些亚甲基不像涤纶分子链上的基团那样刚性,因此锦纶纤维柔软而富有弹性。

芳香族聚酰胺纤维简称芳纶,其至少有 85% 的酰胺键(—CONH—)直接与苯环相连。1965 年,美国杜邦公司 Slephenic Kwolek 团队成功开发出高强高模的对位芳香族聚酰胺纤维

(商品名 Kevlar)。Kevlar 纤维的比强度是钢丝的 5～6 倍、是涤纶工业丝和脂肪族聚酰胺(尼龙)的 4 倍以上,比模量是钢丝或玻璃纤维的 2～3 倍,韧性是钢丝的 2 倍,密度不到钢丝的 1/5,并且 Kevlar 纤维在 200 ℃以上依然能保持较高的力学强度。Kevlar 纤维的问世成为高强高模纤维发展的里程碑。同时,Kevlar 纤维的研发推动了液晶、聚合物溶液流变和纤维加工等多个领域的进步与发展。

除芳纶纤维外,其他聚酰亚胺类高分子材料如芳砜纶同样具备耐高温、高强度等特性。芳砜纶即聚苯砜对苯二甲酰胺纤维,简称 PSA,由二苯酮与芳香二胺通过亲核取代反应制得,芳砜纶纤维具有出色的阻燃及耐热性能,其热稳定性较好,可以用于制作消防服、特种工作服、高温过滤材料等,是中国具有自主知识产权的科研成果和高技术纤维产品。作为新型的纺织面料,芳砜纶纤维具有永久本质高阻燃特性,能有效降低火灾风险,保护客机人员的安全。

3) 聚丙烯腈纤维

聚丙烯腈纤维是以丙烯腈为原料聚合成聚丙烯腈,而后纺制成的合成纤维。中国商品名称为"腈纶"。聚丙烯腈纤维自 1950 年投入工业生产以来,发展速度一直很快,目前产量仅次于聚酯纤维和聚酰胺纤维,其产量居合成纤维第三位。

腈纶柔软、轻盈、保暖,很像羊毛,所以又称合成羊毛。同体积的腈纶比羊毛轻 10% 以上,同样的编织面积和厚度,腈纶绒线可比羊毛线少用 10%～15%。腈纶绒线的强度比纯毛线大 2 倍以上。在阴湿天气,毛线有冰凉的触感,而腈纶则总是触感温暖,腈纶纤维不会发霉和被虫蛀,因为它的分子结构对空气细菌、土壤细菌、蛀虫非但不是养料,而且是抗体。腈纶对日光的抵抗性比羊毛大 1 倍、比棉花大 10 倍,特别适用于制帐篷等室外用的织物。现代染色技术已能将腈纶染成色彩鲜艳、牢固耐洗的各种颜色。腈纶纤维的缺点是容易起球而不易自行脱落,这一点不如羊毛。腈纶绒线拆下后不易恢复平直,但在 90 ℃以上的沸水中可以恢复平直和蓬松,不过要注意切勿从沸水中把绒线或成衣提拉出来,一定要等沸水自然冷却到 50 ℃以下时方可取出,否则容易失去蓬松性而变硬。腈纶的电阻率很大,摩擦易起静电、积聚静电压,故脱下腈纶绒线衣时往往会发出啪啪的声音;由于静电效应,还易吸引尘埃而染污。

4) 聚乙烯醇纤维

聚乙烯醇纤维是将聚乙烯醇纺制成纤维,再用甲醛处理而制得的聚乙烯醇缩甲醛纤维。中国商品名为"维纶"。聚乙烯醇纤维于 1950 年投入工业化生产,目前世界产量在合成纤维中占第五位。聚乙烯醇性能近似棉花,最大特点是吸湿性好,可达 5%,与棉花(7%)接近,因此有"合成棉花"之称,而其强度为棉花的 1.5～2 倍,不亚于以强度高著称的锦纶与涤纶。此外,耐化学腐蚀、耐日晒、耐虫蛀等性能均很好。聚乙烯醇纤维的缺点是弹性较差,折皱后不易复原,耐水性不好,在水中的强力约只有干时的 70%～80%,缩水率也比较大,不宜在热水中长时间浸泡。染色性能较差,并且颜色不鲜艳。维纶纤维的最大用途是与棉混纺制成维棉混纺布或针织品,长丝可用于人力车胎帘子线。

5) 聚丙烯纤维

聚丙烯纤维是 1957 年投入工业化生产的。中国商品名称为"丙纶"。近年来发展速度亦很快,产量仅次于涤纶、锦纶和腈纶,是合成纤维第四大品种。目前聚丙烯纤维的工业生产是采用连续聚合的方法进行定向聚合,得到等规聚丙烯树脂。由于熔体黏度较高,普遍采用熔融挤压法纺丝。

丙纶是合成纤维中的后起之秀,20 世纪 60 年代初才实现大规模生产。丙纶的显著特点是轻而强度大。它的密度还不到棉花的2/3,比涤纶也轻得多,能浮在水面上。用丙纶做的渔网,质量仅为麻制网的1/3。用它做的军用蚊帐,质量不到100g,体积又小,甚至在行军时还可以放在衣服口袋里。丙纶的强度远远超过棉纤维和羊毛,相比以强力著称的锦纶也毫不逊色。而且湿时的强度几乎没有变化,吸湿性几乎等于零,由它制成的织物易洗快干、不起皱、不走样。丙纶的耐磨性优异,还能耐酸、耐碱,不受腐蚀。由于丙纶具有上述优良特性,因而被广泛用于制造毛毯、地毯、渔网、蚊帐、工作服等。丙纶的缺点是吸湿性很小,受日晒老化较显著,染色性差,手感差。

6) 聚氯乙烯纤维

聚氯乙烯纤维是用聚氯乙烯树脂采用溶液纺丝法制得的纤维,中国商品名称为"氯纶"。通常将以氯乙烯为基本原料制成的纤维统称含氯纤维。其中主要包括聚氯乙烯纤维、过氯乙烯纤维(过氯纶)、偏二氯乙烯和氯乙烯共聚物纤维(偏氯纶)等。氯纶的突出性能是耐化学腐蚀性,难燃和保暖,遇火不燃烧。由于其保暖性好,静电作用很强,做成贴身穿的内衣,对风湿性关节炎有一定的疗效。氯纶吸湿性很小,电绝缘性强;其强度接近棉纤维,耐腐蚀、耐晒、耐磨,弹性也很好。它的主要缺点是耐热性差,沸水收缩率大和染色困难,65~70℃时就开始收缩,缩至原长度的40%。因此,氯纶织物要严防沸水洗烫或接近高温物体。

5.2.4 胶黏剂

胶黏剂指将两个制件胶接在一起,并在其黏合处有足够强度的物质,主要由高分子材料制成。天然胶黏剂主要是从动物或植物中提取的天然高分子化合物。人们最早使用的胶黏剂大都是天然胶黏剂,如动物性的鱼胶、骨胶,植物性的糊精、淀粉之类。随着科学技术的发展,这些胶黏剂已远远不能适应和满足工农业生产的要求。合成胶黏剂则是由人工合成的聚合物或其共聚物制成。由于现代石油化工特别是高分子合成工业的迅猛发展,人们合成了一系列性能优良的胶黏剂,这些胶黏剂通常具有高性能、高强度、耐高温、耐化学腐蚀等优点。它们可以通过精确控制合成条件来优化性能,从而满足各种不同的应用需求。合成胶黏剂的种类繁多,包括环氧树脂、聚氨酯、丙烯酸酯等,每种都具有独特的性能和用途。合成胶黏剂应用于国民经济各个部门,在印刷业中也十分重要,如书刊装订用的热熔胶、聚乙烯醇胶、透明胶带、白胶、压敏胶等。

在机械工业,许多机床导轨、刀具、量具和模具等都可以用胶黏剂来黏结。由于胶结接合都不必打洞和穿眼,也不会被高温(加焊接)所损,机件质量就更有保障。胶结工艺简单,不需要复杂的设备,故易于掌握,成本较低。对于铸件修补和砂眼密封防漏更为方便。在交通运输方面,胶黏剂的应用也很普遍,如轮船的甲板和木料粘合,塑料和橡胶制品与钢板黏结、汽车刹车片等许多零件的粘接都使用胶黏剂。在电器和电子工业方面,由于胶黏剂本身绝缘性能好,又无需热加工,所以广泛应用于高压绝缘和高颜绝缘,以及封闭电机、电子管和荧光灯的密封。还可胶结各种仪表机壳、半导体元件、微型组件、印制电路板以及录像和录音磁带。近年来发展起来的导电胶还用来作导体以及导电部件的黏结等。医用胶黏剂能用于牙科修补;外科手术中可代替缝合,胶结血管、肌肉组织,使伤口治愈时间缩短,减轻病人痛苦。环氧树脂类的胶黏剂在农机机件修复、海港码头水下设施、船体水下封补和打捞、文物古迹保护、土木建筑工程等方面都有新的发展。

在航空航天方面,人造地球卫星和宇宙飞船中热屏蔽材料可用胶黏剂来黏结。飞机的结构件采用胶剂后,可减轻它的结构质量(省去大钉),且增加航速;胶结制件表面光滑平整,有利于航行;在强度上胶结结构的应力分布均匀,可提高其疲劳寿命;此外,还具有密封、防腐蚀性能。因此，胶结工艺在航空工业中占有重要的地位。航天器中使用的蜂窝结构材料同样需要使用胶黏剂来解决黏结的问题(图5-4)。

5.2.5 涂料

涂料是一种涂布于物体表面能结成牢固保护膜的物质，可使被涂物体的表面与大气隔离、起到保护、装饰、标识等作用以及其他特殊的作用(如示温、发光、导电、杀菌等)。

图5-4 航天器中使用的蜂窝铝板

涂料包括油漆、水性涂料、粉末涂料等，主要由高分子化合物构成的成膜物质组成。这些高分子化合物包括聚氨酯、聚酯、丙烯酸酯等，在涂料中起到粘接和成膜的关键作用。它们通过化学反应或物理作用在被涂物表面形成一层坚韧、连续的薄膜，从而起到保护被涂物免受外界环境侵蚀和装饰美化的作用。不同类型的成膜物质具有不同的性能特点，使得涂料可以满足各种不同的应用需求。除了成膜物质外，涂料还包含其他辅助材料，这些材料对于涂料的性能和应用特性具有重要影响。

船舶漆是指适用于船舶的涂料，种类很多，如船壳漆、水线漆、船底漆等，其中以船底漆的作用最为突出。船底漆由船底防污漆和船底防锈漆组成。防污漆中含有氧化亚铜、氧化汞等有毒物质，使吸附生物不敢接近船舶或者接触后即死亡。防锈漆主要是隔绝海水对船体钢板的侵蚀。海洋船舶涂上了船底漆，可排除海洋吸附生物造成的危害。

耐高温漆是指含有硅、磷、钛、氯、溴等元素的合成树脂，具有耐高温和不燃烧的特性。如果再在这种树脂中加入一些类似云母、石英的无机粉末，则既耐高温又有良好的隔热性能。耐高温漆在航空、航天方面有重要的用途。例如，在火箭的外壳涂上一层又轻又薄的耐高温漆，就好像给火箭穿了一件石棉衣，就能阻止因火箭高速飞行表面产生的几千度高温传到火箭内部去，又因为涂料的慢慢消融，也可以消耗掉部分热量。这是因为在高温作用下，涂料逐渐形成一层和外壳牢固结合的碳化层，这层碳化层就像一道隔热的屏障，把大部分热量隔绝，避免了热量传到火箭内壳去，而使火箭内的各种仪表能正常工作。

5.3 高分子材料共混改性技术

高分子材料改性的方法多种多样，主要包括物理改性、化学改性等。其中，物理改性是指通过物理方法改变高分子材料的形态、结构或聚集态，从而改善其性能。常见的物理改性方法包括共混改性、填充改性、增强改性、复合改性和层状复合改性等。共混改性是指将两种或多种不同性质的高分子材料混合在一起，制备成具有优异性能的共混物。填充改性是指向高分子材料中添加一定的填料或纤维，以改善其性能。增强改性是指通过增强纤维或晶须等增强体对高分子材料进行增强。复合改性是指将高分子材料与金属、无机非金属等材料进行复合，制备成具有优异性能的复合材料。层状复合改性是指将两种或多种不同性质的高分子材料层层叠加在一起，制备成具有优异性能的层状复合材料。

5.3.1 高分子材料共混改性的分类

高分子的共混改性是高分子材料科学与工程领域中一个极为活跃的分支。通过共混，可以将不同高分子材料的优点结合起来，获得综合性能优异的新型材料，从而满足各种复杂和多样的应用需求。高分子材料共混改性技术是指通过将两种或两种以上的聚合物或高分子材料进行混合，以获得具有所需性能和特性的新材料的方法。这种技术的目的是通过结合不同聚合物的优点来优化材料的性能,或者通过添加其他成分来改善材料的特定性质。

高分子材料共混改性技术的主要方法包括机械共混、化学共混和物理共混,主要影响因素包括聚合物或高分子材料的性质、共混物的组成和比例、加工条件和环境因素等。除了需要合适的共混物的组成和比例外,不同的聚合物或高分子材料具有不同的分子结构、极性、结晶度、玻璃化转变温度等性质,这些性质将直接影响共混物的相容性、结晶度、力学性能和热性能等。此外,不同的聚合物或高分子材料之间存在一定的相互作用,这种相互作用会影响材料的相容性、结晶度、力学性能和热性能等。同时,不同的加工条件将影响聚合物的熔融温度、黏度、分子运动等性质,从而影响共混物的相容性、结晶度、力学性能和热性能等。高分子材料共混改性技术可分为如下几类:

(1) 化学共混。通过化学反应将不同聚合物或高分子材料混合在一起,以形成新的复合材料,属于化学改性的研究范畴。

(2) 物理共混。通过物理作用将不同聚合物或高分子材料混合在一起,例如通过熔融、溶液或乳液等方法,聚合物共混改性过程中大分子链的化学结构没有发生明显变化。这种方法需要较少的能量和时间,但需要确保聚合物或高分子材料之间的相容性。

(3) 物理化学共混。指在共混过程中发生某些化学反应,但只要反应比例不大,一般也可归为共混改性。

5.3.2 高分子材料的共混相容性

在高分子共混中,相容性是一个核心概念。它指的是两种或多种高分子在混合时能否形成均匀、稳定的混合物。相容性好的高分子混合物通常表现出单一的玻璃化转变温度,而相容性差的混合物则可能出现相分离,导致材料性能下降。相容性的理论主要基于热力学原理,特别是混合自由能的变化。如果混合自由能为负值,则表明高分子之间是相容的;反之,如果为正值,则不相容。但实际上,由于高分子链之间的相互作用复杂,很多情况下需要通过试验来判断相容性。

5.3.2.1 高分子材料相容性的基本特征

为了表征高分子之间的相容性,研究者们开发了多种方法。这些方法包括显微镜观察(如光学显微镜、电子显微镜等)、热分析(如差热分析、热重分析等)、动态力学分析以及光谱技术(如红外光谱、拉曼光谱等)。当发现高分子之间相容性差时,可以通过多种方法来改进。这些方法包括添加相容剂、改变高分子链的化学结构、调整混合条件以及采用特殊的共混技术等。例如,通过添加具有特定官能团的相容剂,可以增强高分子链之间的相互作用,从而提高相容性。

高分子之间的相容性就是高分子之间的相互溶解性,是指两种高分子形成均相体系的能力。两种高分子是否相容,取决于共混过程的吉布斯自由能变化,对于相容的高分子共混物,有

$$\Delta G_m = \Delta H_m - T \Delta S_m \leqslant 0$$

式中,ΔG_m、ΔH_m 和 ΔS_m 分别为高分子共混物体系的吉布斯混合自由能、混合焓和混合熵;T 为高分子共混物体系的温度。

由于高分子的相对分子质量很大,共混过程的熵变很小,若高分子之间不存在特殊(如氢键)相互作用,共混过程通常为吸热过程($\Delta H_m > 0$),因此满足该条件非常困难。实际上绝大多数高分子共混物都不能达到分子水平的共混。但当温度较低时,高分子共混物无法像小分

子那样完全分相,这也正是聚合共混物能具有很多特性的原因。

由于高分子体系的复杂性,使其相态行为有以下几种形式:

(1) 具有上临界混溶温度(UCST),如图5-5a所示,当高于此温度时,体系完全相容,为热力学稳定的均相体系;低于此温度为部分相容,在一定的组成范围内产生相分离。如天然橡胶/丁苯橡胶、聚异丁甲基硅氧烷、聚苯乙烯/聚异戊二烯、聚氯化乙烯/聚氧化丙烯等混合体系。

(2) 具有下临界混溶温度(LCST),如图5-5b所示,当低于下临界相容温度时,体系完全相容,高于此温度为部分相容。如聚苯乙烯/聚甲基乙烯基醚、聚己内酯/苯乙烯-丙烯腈共聚物、聚甲基丙烯酸甲酯/苯乙烯-丙烯腈共聚物、聚苯乙烯/聚甲基丙烯酸甲酯等混合体系。

(3) 同时出现上临界混溶温度和下临界混溶温度,如图5-5c所示。如甲基丙烯酸甲酯/氯化聚乙烯以及聚苯乙烯/聚醚、乙/丙腈共聚物/丁腈橡胶等共混体系。

(4) UCST和LCST相互交叠,形成封闭的两相区,如图5-5d所示。

(5) 多重UCST和LCST,如图5-5e所示。

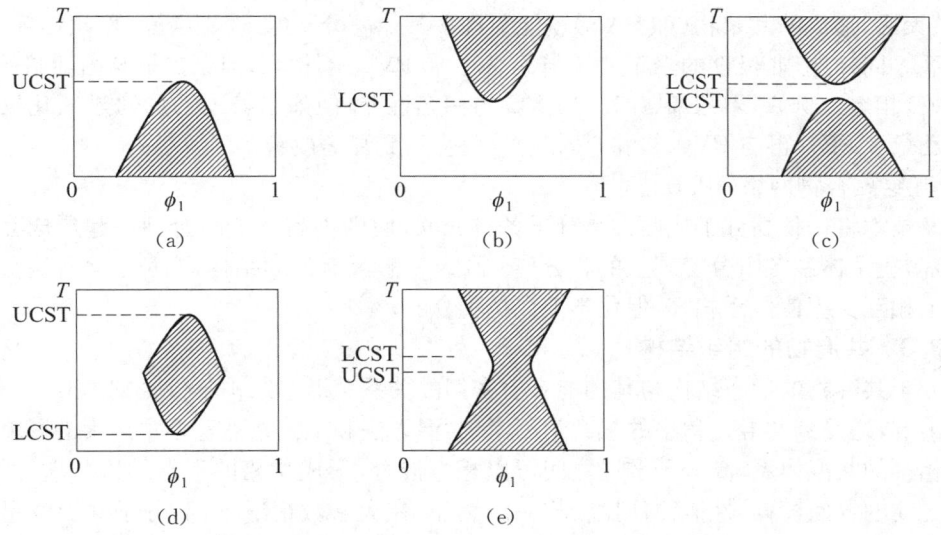

图5-5 高分子共混物的二元相图

一般小分子共聚物具有上临界混溶温度,大多数高分子共混体系具有下临界混溶温度。

5.3.2.2 提高相容性的方法

很多高分子共混体系由于组分的相对分子质量较大,混合熵较小,以及非极性高分子共混体系的混合焓常大于零,导致它们是不相容或部分相容的。为了获得这些体系中各组分的综合性能和优良力学性能,解决相容性问题变得至关重要。

改善高分子共混体系相容性的方法主要有:

1) 加入增容剂

增容剂通常是一种具有特殊结构的化学物质,它能在不同高分子组分之间起到"桥梁"的作用,增强它们之间的相互作用力,从而促进相容。一般常采用嵌段共聚物和接枝共聚物作为增容剂。不同类型的嵌段共聚物在改善相容性方面的效果是有所差异的。

具体来说,二嵌段共聚物在提升两种均聚物相容性方面通常表现出最佳效果,其次是三嵌段共聚物,而四臂星型共聚物的效果相对较弱。这种差异可能与共聚物的结构和分子间相互作用有关。对于接枝共聚物,其主链和支链分别由不同的高分子组分构成。只有当均聚物 B 的相对分子质量小于接枝共聚物主链上两支化点之间的相对分子质量时,接枝共聚物才能有限地溶解在均聚物 B 中。这一限制条件影响了接枝共聚物作为增容剂的使用效果。因此,在选用共聚物作为增容剂时,一般认为二嵌段共聚物是最佳选择。这是因为二嵌段共聚物在相对较低的添加量下就能显著改善两种均聚物的相容性。相比之下,为了达到相同的相容性改善效果,可能需要使用更多的三嵌段共聚物或接枝共聚物。然而,实际应用中仍需根据具体的高分子共混体系和性能要求来选择最合适的增容剂类型。同时,还需要考虑增容剂的添加量、加工条件等因素对共混体系性能的影响。

2)反应性共混

在这种方法中,引入具有反应活性的官能团或添加剂,使其在共混过程中能与不同高分子链段发生化学反应,形成化学键或交联结构,可以显著增强高分子组分之间的相容性和界面黏结力。具体方法包括共聚以及氯化、氢化、磺化、氯磺化、环氧化、氢化加成等化学改性方法。例如,聚苯乙烯(PS)是一种极性很弱的高分子,但当它与含有强极性氰基(—CN)的丙烯腈(AN)共聚后,形成的共聚物(如 SAN)就能与许多其他高分子(如聚碳酸酯、聚氯乙烯等)形成相容体系。同样地,非极性的聚丁二烯与聚氯乙烯(PVC)不相容,但丁二烯与丙烯腈的共聚物却与 PVC 相容。例如,聚乙烯(PE)与 PVC 的相容性差,但如果将聚乙烯通过氯化反应制得氯化聚乙烯(CPE),再与 PVC 共混,其相容性就会得到显著改善。

3)互穿聚合物网络(IPN)技术

IPN 技术将一种高分子或两种高分子各自交联,使两种高分子结合到一起形成互穿高分子网络,防止了体系各组分宏观上的相分离。IPN 一般具有连续结构,两种或多种高分子网络在空间上相互交织使体系相容,但化学上保持独立。

5.3.3 共混物的组织结构

高分子共混物的形态结构与其性能有着密切的关系。形态结构不仅受到高分子组分自身特性的影响,还受到共混过程中的热力学因素、共混方法和工艺条件等多重因素的影响。对于热力学相容的共混体系,高分子链段之间可以相互混合,形成均相的形态结构。这种结构下,各组分之间的界面模糊,性能往往比较均一。然而,在大多数情况下,高分子共混物是由热力学不相容的组分构成的,因此会形成多相形态结构。多相高分子共混物的形态结构按照相的连续性可以分为三种基本类型,分别为单相连续结构、两相互锁或交错结构、相互贯穿的两相连续结构。

1)单相连续结构

在这种结构中,一个相是连续的,而另一个相则以分散相的形式存在于连续相中。这种结构常见于海-岛结构的共混物,其中一个组分形成连续的海相,而另一个组分则以岛状分散于其中。单相连续结构在高分子共混物中具有不同的表现形式,根据分散相的形态、大小以及与连续相的结合情况而展现出以下多种形态:

第一种是分散相的形状非常不规则,大小也极为分散。这种形态通常是由于机械共混法产生的,其中高分子链段没有足够的时间或能量来形成更规整的结构。分散相颗粒的尺寸通常较大,可以达到微米级。这种不规则的形状和大小分布可能会对共混物的性能产生不利影响,如降低力学性能和加工性能。第二种是分散相颗粒呈现出较为规则的形状,通常为球形颗粒。这种形态可能是由于在共混过程中,分散相受到了更均匀的剪切力或拉伸力,从而形成更规整的结构。第三种是胞状结构或香肠状结构,此时分散相颗粒内部还包含了由连续相成分所构成的更小颗粒。这种结构往往在三嵌段共聚物中见到。此外,分散相还可能呈现纤维状或片层状。

2) 两相交错结构

在这种结构中,两个相互交错、互锁,没有明显的连续相和分散相之分。产生这种结构的一种情况是嵌段共聚物产生两相旋节分离,即嵌段共聚物是由两种或多种不同的高分子链段通过共价键连接而成。在特定的条件下,这些不同的链段可能会发生相分离,形成两相旋节分离的结构。这种相分离是由于不同链段之间的不相容性导致的。在旋节分离的过程中,不同的链段会聚集在一起,形成相互交错的相区。这些相区之间通过共价键相互连接,形成一种互锁的结构。另一种情况是两组分含量相近、两相之间产生逆转,即当高分子共混物中的两组分含量相近时,可能会发生相逆转现象。相逆转是指共混物中原本为分散相的组分在某种条件下转变为连续相,而原本为连续相的组分则转变为分散相。在相逆转的过程中,两组分之间会相互交错、互锁,形成一种特殊的形态结构。这种结构具有两相都是连续的特点,因此也被称为两相共连续结构。

3) 相互贯穿的两相连续结构

在这种结构中,两个相都形成连续的网络,相互贯穿。这种结构常见于双连续相共混物,其中两个组分都形成连续的网络结构,相互交织在一起。在 IPN 中,两个相的连续程度通常是不同的,这取决于各组分的性质、含量以及它们之间的相互作用。一般来说,一个相(比如由高分子Ⅰ构成)的连续性较大,而另一个相(由高分子Ⅱ构成)的连续性较小。连续性较大的相通常对共混物的整体性能有更大的影响。IPN 两相结构的相畴大小与两组分之间的相容性和交联度密切相关。相容性越好,两组分之间的界面张力越小,相畴尺寸也就越小。同样地,交联度越大,高分子链之间的连接点越多,相畴尺寸也会减小。这是因为交联度的增加限制了高分子链的运动,使得它们更难以形成大尺寸的相畴。

5.3.4 共混物的制备方法

高分子共混物的制备方法主要包括干粉共混、熔体共混、溶液共混、乳液共混等,通过物理或化学手段将两种或多种高分子材料均匀混合,以获得性能优化的复合材料。

5.3.4.1 物理共混法

1) 干粉共混法

干粉共混法是指将两种或两种以上不同品种的细粉状高分子混合在各种通用的塑料混合设备中,以形成均匀分散的粉状高分子混合物。同时,也可以加入必要的塑料助剂以调节共混物的性能。

干粉共混法的优点在于设备简单、操作容易,不需要复杂的溶剂处理或化学反应过程。因此,它在一些特定情况下可以直接用于压制、压延、注射或挤出成型,或者经过挤出造粒后再用于成型。然而,这种方法也存在一些缺点:首先,高分子原料主要为粉状,如果颗粒较大,则需要进行粉碎处理。其次,干粉共混时,高分子料温低于黏液温度,物料不易流动,混合分散效果可能较差。这可能导致共混高分子成型后的相畴较粗大,制品的各项物理力学性能指标受到一定程度的影响;严重的情况下,还可能造成制品各个部位性能的不一致。因此,在一般情况下,干粉共混法不宜单独使用。

2) 熔体共混法

熔体共混法是指将共混所用的高分子组分加热到它们的黏流温度以上,在混炼设备中制取均匀的高分子共熔体。一旦形成均匀的共熔体,该共熔体随后被冷却、粉碎或造粒,以便进一步加工或成型。

熔体共混法中的初混合步骤与干粉共混相似,但由于熔体共混法并非最终的共混操作,所以对高分子原料的粒度大小要求并不严格。有时候,甚至可以直接在混炼设备中进行熔融共混,而无须进行初混合。

熔体共混法的优点包括以下几点:

(1) 原料准备简单。与干粉共混相比,熔融共混法对高分子原料的粒度大小和粒度均一性要求不那么严格。这意味着原料准备操作相对简单,降低了生产的复杂性和成本。

(2) 混合效果好。在熔融状态下,异种高分子之间的扩散作用显著增强,使得混合效果远高于干粉共混。因此,共混物料成型后,制品内的相畴较小,有助于提高制品的物理机械性能。

(3) 促进相容性。在混炼设备的强剪切力作用下,一部分高分子可能发生降解,并可能形成一定数量的接枝或嵌段共聚物。这些共聚物的存在有助于促进不同高分子组分之间的相容性,从而改善共混物的性能。

需要注意的是,虽然熔体共混法具有许多优点,但在实际应用中需要注意高温下的热降解等问题。在熔融温度下各组分的熔融温度、熔体黏度以及弹性模量应尽可能相近,以避免共混料性能的劣化。

3) 溶液共混法

溶液共混法是制备高分子共混物的另一种常用方法。在这种方法中,各原料高分子组分被加入共同溶剂中(或者先将原料高分子组分分别溶解,然后再混合),通过搅拌使其溶解并混合均匀。接着,通过加热蒸发溶剂或加入非溶剂来共沉淀,从而获得高分子共混物。

溶液共混法的优点在于可以实现高分子组分在分子水平上的均匀混合,从而得到性能优异的共混物。此外,该方法还适用于易溶于溶剂的高分子和某些液态高分子,以及高分子共混物以溶液状态被使用的情况。

然而,溶液共混法也存在一些缺点,其中最显著的是溶剂的大量消耗。这不仅增加了生产成本,还可能对环境造成污染。因此,尽管溶液共混法在实验室研究中具有重要意义,但在工业生产中的应用受到了一定的限制。

4) 乳液共混法

乳液共混法是指将不同类型的聚合物乳液混合在一起,并通过添加凝聚剂促使它们共沉析,从而形成高分子共混物。当原料高分子为乳液形式或者共混物最终以乳液形式应用时,最适用该方法。

然而,单一使用乳液共混法,有时难以获得相畴细微的高分子共混物。相畴细微指的是共混物中不同高分子组分之间的分散程度非常高,形成了非常小的相区。这种细微的相结构通常有助于提高共混物的性能。

为了获得相畴更细微的高分子共混物,通常会采用一些辅助手段来改善共混过程。例如,可以在共混过程中加入相容剂来增强不同高分子之间的相容性;或者采用特殊的共混技术,如高速搅拌、超声波处理等,来促进高分子的分散和混合。此外,还可以考虑将乳液共混法与其他共混方法相结合细化相畴。

5.3.4.2 共聚-共混法

共聚-共混法是一种通过化学反应制备高分子共混物的方法,与物理共混法相比,它能在分子水平上实现两种或多种高分子的混合,从而得到性能更优异的共混物。根据共聚方式的不同可分为接枝共聚-共混法和嵌段共聚-共混法,其中较为重要的是接枝共聚-共混法。

接枝共聚-共混法是指制备一种高分子(高分子组分Ⅰ),然后将其溶于另一种高分子(高分子组分Ⅱ)的单体中。在形成均匀溶液后,通过引发剂或热能引发,使单体与高分子组分Ⅰ发生接枝共聚反应。同时,单体还会发生均聚作用。这样,最终的反应产物即为高分子共混物,它通常包含三种主要的高分子组成:高分子Ⅰ、高分子Ⅱ以及以高分子Ⅰ为骨架接枝上高分子Ⅱ的接枝共聚物。这种接枝共聚物的存在对于两种高分子组分的相容性起到了促进作用。由于接枝共聚物在两种高分子之间起到了"桥梁"的作用,使得两种高分子在分子水平上实现了更好的混合。因此,接枝共聚-共混法得到的共混物通常具有更微细的相畴结构。

接枝共聚-共混法的生产设备与一般的聚合设备相同,可以采用间歇式聚合工艺、釜式或塔式等连续操作设备。这种方法的工艺灵活性使得它可以适应不同的生产需求和规模。近年来,由于接枝共聚-共混法在高分子共混物制备方面的优越性能,其应用范围正在逐步扩大。目前,它主要应用于抗冲聚苯乙烯(IPS)和 ABS 树脂等橡胶增韧塑料的制备。

5.3.4.3 互穿高分子网络法

互穿高分子网络法是一种独特的制备高分子共混物的方法,它结合了化学和物理共混的概念。这种方法的核心在于形成两个或更多个高分子网络,这些网络在空间上相互交织,但在化学上保持独立。

典型的制备过程是:首先制备一个交联的高分子网络(称为高分子Ⅰ),然后将这个高分子网络浸泡在含有活化剂和交联剂的第二种单体或预聚物中,使其充分溶胀。在溶胀状态下,引发第二种单体或预聚物的聚合反应。这样,第二步反应所产生的交联高分子网络(称为高分子Ⅱ)会在高分子Ⅰ的网络内部和周围形成,并与高分子Ⅰ的网络互相穿插。在这个过程中,两种高分子网络之间并不发生接枝或化学交联。相反,它们通过在两相界面区域的链段扩散和物理纠缠来实现良好的结合。这种结合方式使得两种高分子网络能够保持各自的化学特性和结构完整性,同时实现空间上的均匀混合。互穿高分子网络法的形态结构通常为两相连续,这意味着两种高分子网络在整个共混物中都是连续分布的,没有明显的相分离现象。

5.4 高分子材料化学改性技术

化学改性是指通过化学反应对高分子材料的分子结构进行改变,从而改善其性能。常见的化学改性方法包括接枝改性、嵌段改性、交联改性和官能团改性等。接枝改性是指将一种高分子材料的链连接到另一种高分子材料的链上,制备成具有优异性能的接枝共聚物。嵌段改性是指将一种高分子材料的链嵌入另一种高分子材料的链中,制备成具有优异性能的嵌段共聚物。交联改性是指通过化学反应将高分子材料的分子间形成交联网络结构,从而提高其性能。官能团改性是指在高分子材料的分子链上引入特定的官能团,以改善其性能。下面简要介绍嵌段共聚、接枝共聚与互穿高分子材料网络三种改性方法。

1) 嵌段共聚

嵌段共聚是指将两种或多种不同性质的高分子链段通过共聚合反应连接在一起,生成具有不同性质的嵌段共聚物。这种改性方法可以改善高分子材料的相容性、韧性、强度等。常见的嵌段共聚包括聚烯烃与聚酰胺、聚烯烃与聚酯等。

2) 接枝共聚

接枝共聚是指将高分子链上接枝上具有特定功能基团的单体,通过共聚合反应生成高分子链。这种改性方法可以改善高分子材料的溶解性、粘附性、反应活性等。常见的接枝共聚包括烯类单体与极性高分子接枝、烯类单体与离子型高分子接枝等。

3) 互穿高分子材料网络

互穿高分子材料网络(IPN)是两种高分子材料以网络的形式互相贯穿的聚集态结构。在 IPN 当中，至少有一种高分子材料是合成交联的；另一种高分子材料与前一种高分子材料没有共价键结合面，而是贯穿于前一种高分子材料的网络之中。这些高分子材料和其他多组分材料是紧密相关的，包括完全的缠绕链，例如高分子材料共混物、接枝物等。但是 IPN 在溶剂中能够溶胀不能溶解，而且不能蠕变和流动。绝大多数的 IPN 是两相系统，包括一个橡胶相和一个塑料相，这样就能产生高抗冲效应或增强效应，而产生哪种效应依赖于连续相。

5.5 高分子材料表面改性技术

高分子材料表面改性技术是指通过物理、化学等方法对高分子材料表面进行特殊处理，以改善其润湿性、粘附性、生物相容性、耐磨性等功能特性，在不改变本体性能的前提下，赋予高分子材料表面特定功能。表面处理方法主要包括表面放电处理、表面金属化、离子注入等。

5.5.1 表面放电处理

表面放电处理是指通过在材料表面诱导放电，通过等离子体作用或高能粒子轰击改变表面物理化学性质的技术。通过可控放电在材料表层引入官能团、形成微纳结构或沉积功能涂层，从而提升润湿性、粘附性、耐磨性等功能特性。

1) 电火花处理

电火花处理是通过施加 $2\sim100\ kV$、$2\sim10\ kHz$ 的高压高频电场于放电电极上的技术。这个过程会产生大量的等离子气体及臭氧，它们直接与高分子材料表面分子作用，或间接地对其产生影响。这种作用导致高分子材料表面分子链上产生羰基和含氮基团等极性基团，从而显著提高表面张力。同时，强烈的离子冲击会使材料表面变得粗糙，并去除油污、水汽和尘垢。这些协同作用的结果大大改善了高分子材料表面的黏性，实现了对其表面的有效预处理。

电火花处理因其处理时间短、速度快、操作简便以及易于控制等优点，在高分子材料薄膜印刷、复合和粘接前的表面预处理中得到了广泛应用。然而，需要注意的是，电晕处理后的效果并不稳定，因此建议在处理后立即进行印刷、复合或粘接操作。

处理电压、频率、电极间距、处理时间及温度是影响电晕处理效果的关键因素。通常情况下，印刷性和粘接力会随着时间的推移而提高，同时也会随着温度的升高而增强。在实际操作中，为了获得更好的处理效果，可以采取降低牵引速率或在较高温度下进行处理等方法。

典型的电晕放电处理装置由高压绝缘电极、反相接地电极（通常是一个辊子，也称感应辊）以及频率发生器组成。在处理过程中，高分子材料通过电极和感应辊之间，当施加的电压达到空气的击穿电压时，电极间会发生放电现象，生成常压等离子体。这些等离子体与聚合物表面发生各种化学反应，使羰基、酮、醚、羧基及酯等化学基团以化学键的形式结合在聚合物表面上。这些化学变化提高了材料的表面能，从而改善了其对印刷油墨、油漆、黏合剂以及各种其他涂料的黏合性能。

2) 等离子体处理

等离子体是指电离气体。它主要包含电子、自由基、正负离子以及处于激发态的原子、分子等粒子。其中,正负电荷数量和密度基本相同,故称等离子体。它是固体、液体、气体三态外物质的第四态。

自然界中到处都可以看到等离子体的存在,如太阳、电离层、极光、雷电等都是高温完全电离等离子体。尽管地球温度较低,但是可以利用人工合成等离子体,常见如荧光灯、霓虹灯、电弧焊等。

等离子体中的状态主要取决于其组成粒子、粒子密度和粒子温度(温度是物质内部微观粒子平均动能的量度)。其中,电子和离子的能量状态是等离子体化学反应中重要的参数,通常用电子温度和离子温度表示。放电形成等离子体时,电子在电场中被加速,成为高能电子,高能电子引起碰撞使气体发生电离。等离子体可以分两种:高温等离子体和低温等离子体。用于高分子材料表面改性的一般为低温等离子体。

低温等离子体是低气压($10\sim100$ Pa)时放电(辉光、电晕、高频、微波)产生的电离气体。在电场作用下,气体中的自由电子从电场获得能量,成为高能量电子,这些高能量电子与气体中的分子、原子碰撞,如果电子的能量大于分子或原子的激发能,就会产生激发分子或激发原子、自由基、离子和具有不同能量的辐射线。低温等离子体中的活性粒子具有的能量一般都接近或超过C—C或其他含碳键的键能,因此,等离子体完全有足够的能量引起聚合物内的各种化学键发生断裂或重新组合。等离子体撞击材料表面时,除了将自身的能量传递给材料表层分子外,还可能引起表层刻蚀,使表面吸附的气体或其他物质的分子发生解吸;部分粒子也可能发生自溅射,一些粒子特别是电子、亚稳态粒子有可能贯穿材料内部,贯穿深度可达$5\sim50$ nm,材料内部分子受撞击后,引起电子层受激发产生电子跃迁,同时引起溅射和辐射;浅表层的电子也可能逃逸到材料表面以外的空间。

等离子体对高分子材料表面的作用有许多理论解释,如表面分子链降解理论、氧化理论、氢键理论、交联理论、臭氧化理论以及表面介电体理论等,但其对聚合物表面发生反应机理可概括为以下三步:

(1) 空气中的少数自由电子在高电压电场中被加速而获得较高动能,在运动时必然会撞击到空间中的其他分子。被撞击的分子同时接收到部分能量,成为激发态分子而具有活性。

(2) 激发态分子不稳定,又分解成自由基消耗吸收的能量,也可能离解成离子或保留其能量而停留于亚稳态。

(3) 自由基或离子在高分子表面反应时,可形成致密的交联层;等离子体与存在的气体或单体发生聚合反应,沉积在聚合物表面形成具有可设计的涂层;等离子体与表面自由基或离子发生反应形成改性层。

5.5.2 表面金属化

高分子材料表面金属化不仅可以赋予材料特殊的金属光泽,提高其美观性,还可以赋予材料一些特殊的物理和化学性能。金属镀层还可以提高高分子材料的耐磨性、耐腐蚀性、硬度等机械性能,延长其使用寿命。表面金属化一般采用溶液沉积法(湿法)或物理气相沉积法(干法)。

5.5.2.1 溶液沉积法

溶液沉积法是指将金属离子水解在溶液中后,在高分子材料表面还原形成金属镀层。根据沉积过程中是否需要通电,又可将其分为化学镀与电镀。

1) 化学镀

化学镀也称为无电沉积,主要通过化学反应在高分子材料表面还原金属离子,形成金属镀层。化学镀液中包含金属离子、还原剂和其他添加剂。当高分子材料浸入镀液中时,还原剂会在材料表面与金属离子发生氧化还原反应,从而将金属无电沉积在材料表面上。

2) 电镀

电镀需要在高分子材料表面施加电流,因此一般需要通过前处理(如化学镀等)使高分子材料具备导电性。电镀液中通常含有金属离子和电解质。当电流通过电镀液时,金属离子会在阴极(即高分子材料)上被还原成金属原子,并沉积在材料表面上。电镀可以通过电流大小及波形控制金属镀层的厚度和均匀性。

5.5.2.2 物理气相沉积法

物理气相沉积法是指将金属气化后沉积于高分子材料表面。根据使金属气化能量源的不同,又可将其分为真空蒸镀、磁控溅射、离子镀膜等。

1) 真空蒸镀

这种方法是指在真空条件下,将金属加热至蒸发状态,然后金属蒸气沉积在高分子材料表面上形成金属镀层。根据加热金属的不同,可采用电阻丝、激光、电弧等作为热源。

2) 磁控溅射

这种方法是指在真空条件下,利用高能粒子(如氩离子)轰击金属靶材,使金属原子从靶材表面溅射出来,并通过外加磁场约束高能粒子,使其沉积在高分子材料表面上(图5-6)。磁控溅射金属镀层具有致密性好、附着力强等优点。

3) 离子镀膜

这种方法结合了真空蒸镀和真空溅射的原理。在离子镀膜过程中,金属被加热并蒸发,同时高能离子束轰击蒸发出来的金属原子,使其离子化并沉积在高分子材料表面上。离子镀膜可以提高金属镀层与高分子材料之间的结合力。

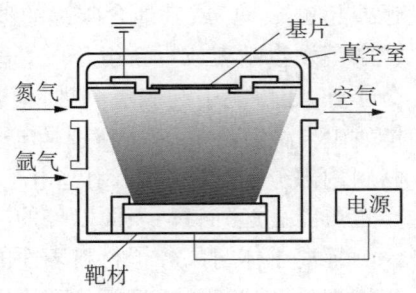

图 5-6 磁控溅射镀膜示意图

5.5.3 离子注入

离子注入技术通过向材料内部注入特定离子,引发材料结晶状态、组分以及分子空间位置的深刻变化。这一物理手段巧妙地实现了化学改性的目的,为高分子材料的性能优化提供了强有力的支持。

与传统的化学改性方法相比,离子注入技术具有无与伦比的灵活性。它不仅能够实现任意元素的精准掺杂,还可以根据需求自由选择注入离子的能量和剂量,彻底摆脱了传统方法中诸多限制条件的束缚。因此,离子注入技术能够迅速而有效地改变高分子材料的组分和结构,进而引发其化学和物理性能的显著变化。

当离子注入高分子材料表面时,其能量主要通过两种机制逐渐耗散:一是与靶原子的价电子发生非弹性碰撞,激发靶原子成为离子,这一过程被称为电子阻止;二是与靶原子核发生弹性碰撞,导致靶原子核发生位移,这一过程被称为核阻止。在低注入剂量下,电子阻止占据主导地位;然而,当注入剂量达到一定阈值时,核阻止的作用开始显现,原子核的位移逐渐变得显著。

离子注入对材料结构的影响主要体现在以下四个方面:

(1) 大分子链的断裂与交联。离子注入过程中,高分子材料的大分子链被打断,生成活性自由基。这些自由基之间相互结合,形成三维网状交联结构,这是材料表面性能得以改善的主要原因。随着电子阻止能量损失的增加,高分子材料的交联度也相应增加,从而引起材料表面力学性能的变化。这种变化程度取决于注入离子的种类、能量以及注入方式(单独注入或同时注入)。

(2)表面结构变化。在离子注入过程中,离子能量传递给晶格,促使高分子材料表面发生剧烈的结构变化,如晶格畸变、相变等。

(3)化学键的断裂与新键形成。高分子材料在离子轰击下,碳氮、碳氢及碳氧键可能发生断裂,同时伴随新化学键的形成和大分子构成元素的变化。这些变化进一步影响材料的化学和物理性能。

(4)微合金化与表面硬化。离子注入不仅导致断链和交联,还可能产生微合金化效应,形成新的化学键和类金刚石结构。X射线衍射分析显示,离子束合金化导致化学交联、未饱和的强共价结合以及随机分布的类金刚石四方结构,从而形成坚固表面的三维刚性梯状结构。傅里叶变换红外和拉曼光谱分析进一步证实了新的不饱和键或类似墨水的化学键的存在。此外,背散射谱分析表明,离子注入后高分子材料膜表面出现无定形富碳层,这显著降低了材料的电阻率。

参考文献

[1] 吴其晔,冯莺.高分子材料概论[M].北京:机械工业出版社,2004.
[2] 周冀.高分子材料基础[M].北京:国防工业出版社,2007.
[3] 张春红,徐晓东,刘立佳.高分子材料[M].北京:北京航空航天大学出版社,2016.
[4] 吴海宏.现代工程塑料[M].北京:机械工业出版社,2009.
[5] 樊新民,车剑飞.工程塑料及其应用[M].北京:机械工业出版社,2006.
[6] 贾红兵,王经逸.橡胶材料学[M].南京:南京大学出版社,2018.
[7] 孟跃中,邱廷模,王拴紧,等.热塑性弹性体[M].南京:南京大学出版社,2006.
[8] 张清华.高性能化学纤维生产及应用[M].北京:中国纺织出版社,2018.
[9] 郭静,徐德增,陈延明.高分子材料改性[M].北京:中国纺织出版社,2009.
[10] 王国全,王秀芬.聚合物改性[M].北京:中国轻工业出版社,2000.
[11] 谭娜,郝鹏,卢翔,等.航空材料与工艺[M].北京:科学出版社,2022.

第 6 章

陶 瓷 材 料

6.1 概述

人类进入21世纪,信息、能源、材料是社会发展和科技进步中极为重要的领域。材料是人类生产和生活的物质基础,新材料的发明与应用是人类进步与人类文明的标志。随着空间技术、光电技术、红外技术、传感技术、能源技术等新技术的发展,要求材料必须有耐高温、抗腐蚀、耐磨等优越性能,才能在比较极端的环境中使用。传统材料难以满足要求,开发和有效利用高性能材料已经成为材料科学发展的必然趋势。无机非金属材料是三大材料之一,而陶瓷材料是无机非金属材料中的重要一员,先进陶瓷材料则是高性能材料领域的研究热点之一。

陶瓷材料泛指硅酸盐材料,多具有离子键和共价键结构,键能高,原子间结合力强,表面自由能低,原子间距小,堆积致密、无自由电子运动。这些赋予了陶瓷材料的高熔点、高硬度、高刚度、高化学稳定性、高绝缘绝热性能、低热导率、低热膨胀系数、低摩擦系数,以及无延展性等特性。诸多特性使得陶瓷材料成为新材料发展的关键领域,并因此受到了广泛关注。但陶瓷材料也具有一些致命的弱点,如塑性变形差、抗热振和抗疲劳性能差、对应力集中和裂纹敏感、质脆以及在高温环境中其强度、抗氧化性能明显降低等。

广义上的陶瓷材料通常指除去有机材料和金属材料以外的所有无机非金属材料。这些材料主要分为传统陶瓷和先进陶瓷两大类。传统陶瓷是以黏土、石英等天然矿物为原料,经粉碎、混合、成型和烧结等一系列工艺制成的产品。这类陶瓷广泛应用于日常生活和建筑领域。先进陶瓷指使用经过高度精选或合成的原料,具有精确控制的化学组成,并通过精确的制造技术进行加工,便于进行结构设计,展现出优异的物理、化学和机械性能。

随着科学的发展和社会文明的进步,人们对陶瓷材料提出了更高的要求,不但要求其具有良好的机械性能,还要具有一定的功能性。因此陶瓷也逐步向功能化方向发展,这就需要对传统陶瓷进行表面改性处理。表面改性处理技术使得陶瓷材料能够以其优良的物理性能和化学性能,应用于航天、航空、电子、电力、冶金、机械等工业领域,甚至应用于现代生物医学领域。同时,陶瓷表面改性技术的应用在赋予传统陶瓷一定的功能性之外又不会增加太多成本,还能提高其产品附加值。目前改性主要集中在抗菌、防污、耐磨、提高比表面积、致密度等方面,其他如负离子、发光、抗静电等方面也日益引起人们的重视。

6.2 先进陶瓷

6.2.1 定义与分类

先进陶瓷也称为高性能陶瓷或精细陶瓷,是一种新型无机非金属材料。与传统陶瓷相比,先进陶瓷具有更高的性能和更广泛的应用领域。它具有高硬度、高耐磨性、高耐腐蚀性、高抗氧化性、低热膨胀系数等特性,并且可以广泛应用于航空航天、电子信息、生物医疗、环保能源等领域。

先进陶瓷的基本组成元素包括硅、氧、铝、钡等。具体来说,陶瓷的种类有很多,可以根据其化学组成来划分。其中,氧化物陶瓷是最常见的一种,包括硅氧化物、氧化铝、二氧化钛等。这些陶瓷材料具有高温稳定性、耐腐蚀性、高绝缘性、高抗辐照性等优良性能。

此外,还有氮化物陶瓷、碳化物陶瓷、硼化物陶瓷、硅化物陶瓷、氟化物陶瓷、硫化物陶瓷等。除了单相陶瓷外,还有由两种或两种以上化合物构成的复合陶瓷,例如镁铝尖晶石陶瓷、氧氮化硅铝陶瓷等。另外,现代陶瓷中还出现了一类添加了金属的金属陶瓷,如氧化物基金属陶瓷、碳化物基金属陶瓷等。总之,随着技术进步和应用领域的不同,为了满足特定要求,其组成和配比也在不断地进行改进和完善。

按照不同的划分,通常可以将先进陶瓷分为下面几类:

(1) 根据先进陶瓷的性能特点分类,分为结构陶瓷和功能陶瓷两大类。结构陶瓷主要用于制造各种结构件和耐热部件,其特点是具有高强度、高刚度、高温稳定性等。功能陶瓷则主要利用其电、磁、光、热等特性,用于制造电子器件、光电器件、传感器等。

(2) 根据先进陶瓷的应用领域分类,分为航空航天用陶瓷、电子信息用陶瓷、生物医用陶瓷等。航空航天用陶瓷主要用于制造飞机发动机部件、火箭喷嘴等高温结构件;电子信息用陶瓷主要用于制造电子元件、集成电路封装等;生物医用陶瓷主要用于制造人工关节、牙齿等医疗器件。

6.2.2 特点与优势

1) 高温强度

先进陶瓷可以在高温下保持较高的强度和刚度,具有良好的高温稳定性。这一特性使得先进陶瓷成为制造高温结构件和耐热部件的理想材料,如航空发动机的涡轮叶片、火箭喷嘴等。

2) 耐磨性

先进陶瓷具有高硬度和良好的耐磨性,可以用于制造切削刀具、磨具、密封件等。其耐磨性比传统金属材料更高,能够延长使用寿命,提高加工效率。

3) 耐腐蚀

先进陶瓷具有优异的耐腐蚀性能,可以抵抗酸、碱、盐等强腐蚀性介质的侵蚀。这一特性使得先进陶瓷成为制造化学反应器、管道、阀门等耐腐蚀部件的理想材料。

4) 电绝缘性

部分先进陶瓷具有良好的电绝缘性能,可以用于制造高压电器的绝缘部件。与传统的绝缘材料相比,先进陶瓷具有更高的绝缘强度和耐热性。

5) 轻质高强

先进陶瓷具有轻质高强的特点,比传统的金属材料更轻便、更坚固。这一特性使得先进陶瓷成为制造航空航天、汽车等领域轻量化结构件和零部件的理想材料。

6.2.3 先进陶瓷在航空航天中的应用

先进陶瓷凭借其高强度、耐高温、耐腐蚀、轻量化及优异的电学性能,在航空航天领域正在得到越来越广泛的应用,成为支撑现代航空航天技术发展的核心材料之一。以下是其主要应用方向:

1) 航空发动机高温部件

碳化硅(SiC)、氮化硅(Si_3N_4)等陶瓷基复合材料(CMC)被用于制造涡轮叶片、燃烧室内衬等,可耐受 1600 ℃以上高温,显著提升发动机热效率及推重比。

2) 航天器热防护材料

多孔二氧化硅陶瓷瓦(如航天飞机隔热瓦)可承受大气层再入时超 1500 ℃的高温,保护内部结构。碳/碳化硅(C/SiC)陶瓷基复合材料被用于制造火箭发动机喷管,耐高温燃气冲刷。

3) 轻量化结构材料

碳化硅纤维增强材料应用于飞机机身、机翼前缘等,相比传统合金可减重 30%～50%,同时保持高温强度。氮化铝(AlN)等陶瓷用于制造卫星支架及反射镜基板,兼具低密度与高刚度。相关详细介绍请见 6.5 节。

4) 功能器件与电子系统

氮化铝(AlN)、氧化铍(BeO)陶瓷基板可用于高功率电子设备散热,保障机载雷达、通信系统的稳定性。压电陶瓷(如锆钛酸铅)用于压力、振动传感器,实时监测飞行器状态。相关详细介绍请见 6.6 节。

先进陶瓷通过替代传统金属材料,显著提升了航空航天器的性能边界:耐温极限突破、燃油效率优化、系统可靠性增强,同时推动飞行器向轻量化、高推重比方向发展。随着增材制造等工艺进步,其在超音速飞行器、可重复使用航天器等前沿领域的应用将持续深化。

6.3 先进陶瓷的制备方法

6.3.1 粉体制备

粉体制备是先进陶瓷材料制备的第一步,其质量对最终产品的性能有着决定性的影响。粉体制备方法主要有以下几种:

1) 固相法

(1) 机械粉碎法。指利用球磨机、振动磨、气流粉碎机等设备,通过机械力将块状原料粉碎成细粉末。在球磨机中,研磨介质(如钢球、陶瓷球等)与原料在旋转的筒体中相互碰撞、摩擦,使原料颗粒逐渐细化。该方法效率高、成本低,但可能会引入杂质,且难以获得粒径均匀的纳米级粉末。

(2) 固相反应法。指将两种或两种以上的固态原料按一定比例混合,在高温下发生化学反应,生成所需的陶瓷粉末。例如,制备钛酸钡($BaTiO_3$)粉末时,可将碳酸钡($BaCO_3$)和二氧化钛(TiO_2)粉末充分混合后,在高温下反应生成 $BaTiO_3$。这种方法工艺简单,但反应产物的粒径较大,纯度和均匀性相对较差。

2) 液相法

(1) 溶胶-凝胶法。指以金属醇盐或无机盐为原料,在有机溶剂或水中水解、缩聚形成溶胶,再经陈化形成凝胶,最后通过干燥、煅烧等处理得到陶瓷粉末。如制备二氧化硅(SiO_2)陶瓷粉末，可将正硅酸乙酯(TEOS)在乙醇和水的混合溶液中水解、缩聚，形成 SiO_2 溶胶，进而得到凝胶，经处理后得到高纯度、粒径均匀的 SiO_2 粉末。该方法制备的粉末纯度高、粒径小且分布均匀，但成本较高、工艺过程复杂。

(2) 共沉淀法。在含有多种金属离子的溶液中加入沉淀剂，使金属离子同时沉淀下来，形成前驱体沉淀物，再经过滤、洗涤、干燥和煅烧等工序得到陶瓷粉末。例如，制备铁氧体粉末时，可在含有铁离子和其他金属离子的混合溶液中加入氨水等沉淀剂，使金属离子以氢氧化物的形式沉淀出来，后续处理后得到铁氧体粉末。这种方法可以精确控制化学组成，获得粒径小、均匀性好的粉末。

(3) 水热合成法。将金属盐和矿化剂等原料置于高压反应釜中，在高温高压的水溶液中进行化学反应，直接生成结晶良好的陶瓷粉末。例如，在制备氧化锌(ZnO)纳米粉末时，以锌盐为原料，在一定的温度和压力下，通过水热反应可以得到形貌规整、粒径均匀的 ZnO 纳米粉末。该方法制备的粉末结晶度高、粒径小，但设备要求高、生产效率较低。

3) 气相法

(1) 物理气相沉积(PVD)法。通过蒸发、溅射等物理过程，使原料气化成气态原子或分子，然后在冷却或反应条件下凝聚成粉末。如蒸发-凝聚法，将金属或陶瓷原料在高温下蒸发成气态，然后在惰性气体中快速冷却凝聚成纳米粉末。该方法制备的粉末纯度高、粒径小，但产量低、成本高。

(2) 化学气相沉积(CVD)法。利用气态的金属有机化合物或其他气态反应物，在高温、等离子体等条件下发生化学反应，生成固态的陶瓷粉末并沉积下来。例如，以硅烷(SiH_4)和氨气(NH_3)为原料，在高温下反应可以制备氮化硅(Si_3N_4)粉末。这种方法可以精确控制粉末的组成和结构，制备的粉末具有高纯度、良好的结晶性和均匀的粒径分布。

6.3.2 成型工艺

成型是将制备好的陶瓷粉末制成一定形状和尺寸的坯体的过程。成型工艺方法主要有以下几种：

1) 干压成型

干压成型是指将经过加工的具有一定粒度分布和流动性的陶瓷粉末，放入金属模具中，在一定压力下使其成型。压力使粉末颗粒相互靠近、填充模具型腔，形成具有一定形状和尺寸的坯体。该方法生产效率高，适用于形状简单、尺寸较大的陶瓷制品，如陶瓷砖、陶瓷基片等；但对于形状复杂的制品，可能会出现密度不均匀的情况。

2) 等静压成型

等静压成型是指将陶瓷粉末装入弹性模具中，放入高压容器内，通过液体介质均匀施加压力，使粉末在各个方向上受到相同的压力而压实成型。该方法能使坯体密度均匀，可用于生产形状复杂、尺寸较大的陶瓷制品，如陶瓷刀具坯体、陶瓷轴承等；但设备成本高，生产周期较长。

3) 注射成型

注射成型是指将陶瓷粉末与适量的黏结剂、增塑剂等混合制成具有良好流动性的注射料，通过注射机注入模具型腔中，冷却固化后形成坯体，再经过脱脂、烧结等后续处理得到陶瓷制品。该方法可成型形状复杂、精度高的陶瓷制品，生产效率高，适合大规模生产；但黏结剂的去除过程较为复杂，可能会产生缺陷。

4) 流延成型

流延成型是指将陶瓷粉末与溶剂、黏结剂、分散剂等混合制成具有一定黏度的浆料，通过流延机的刮刀将浆料均匀地涂覆在基带上,形成一层薄而均匀的坯膜,干燥后从基带上剥离,再根据需要进行裁剪、叠层等操作,最后烧结成陶瓷制品。该方法可制备大面积、超薄的陶瓷薄膜,常用于生产多层陶瓷电容器、陶瓷传感器等;但坯膜在干燥过程中容易收缩变形。

5) 凝胶注模成型

凝胶注模成型是指将陶瓷粉末分散在含有有机单体和交联剂的水溶液中,形成均匀的悬浮液,然后加入引发剂和催化剂,使有机单体发生聚合反应,形成三维网状结构的凝胶,将陶瓷颗粒固定在其中,从而实现成型。该方法可以制备出形状复杂、尺寸精度高、内部结构均匀的陶瓷坯体,且坯体强度较高;但工艺过程中涉及有机试剂,需要注意环保和安全问题。

6) 3D打印成型

3D打印成型是指基于三维模型数据,通过软件将模型分层切片,然后控制3D打印机按照切片数据,将陶瓷浆料、陶瓷粉末或陶瓷丝材等材料逐层堆积,最终形成三维陶瓷制品。该方法具有高度的设计灵活性,能够快速制造出复杂形状和个性化的陶瓷制品,无需模具;但目前存在打印速度较慢、成本较高、制品性能有待提高等问题。

6.3.3 烧结技术

烧成是先进陶瓷制备过程中的重要环节,是将成型后的坯体加热至高温,使其发生一系列物理和化学变化,获得所需性能陶瓷材料的过程。烧成过程中需要注意温度、气氛、时间等参数的控制,以确保获得高质量的陶瓷材料。烧结技术主要有以下几种:

1) 传统常压烧结

传统常压烧结是指将陶瓷坯体置于高温炉中,在常压下加热到一定温度并保持一段时间,使坯体中的粉末颗粒通过原子扩散、晶界迁移等过程逐渐致密化,形成坚实的陶瓷体。该技术设备简单、操作方便、成本较低;但对于一些难烧结的陶瓷材料,可能需要很高的烧结温度,且烧结时间较长,容易导致晶粒长大,影响陶瓷的性能。

2) 热压烧结

热压烧结是指在对陶瓷坯体加热的同时,通过模具对坯体施加一定的压力,使粉末颗粒在高温和压力的共同作用下加速扩散和重排,从而实现快速致密化。该技术可以显著降低烧结温度,缩短烧结时间,获得高密度、细晶粒的陶瓷制品,能有效提高陶瓷的力学性能等;但设备复杂,生产效率较低,模具成本较高,且制品形状和尺寸受到一定限制。

3) 热等静压烧结

热等静压烧结是指将陶瓷坯体放入高压容器内,向容器内充入惰性气体(如氩气),在高温下使气体均匀地对坯体施加各向同性的压力,使坯体在高温高压的共同作用下实现致密化。该技术可有效消除坯体内部的孔隙和缺陷,获得极高的致密度和均匀的微观结构,显著提高陶瓷的性能;但设备昂贵,工艺复杂,生产周期长,成本高。

4) 微波烧结

微波烧结是指利用微波与陶瓷材料的相互作用,使陶瓷材料中的极性分子或离子在微波场的作用下产生高频振荡,通过分子或离子间的摩擦、碰撞等将微波能转化为热能,从而实现陶瓷坯体的快速加热和烧结。该技术加热速度快、加热均匀,可实现选择性加热,能显著降低烧结温度和缩短烧结时间,有利于获得细晶粒组织,提高陶瓷的性能;同时,微波烧结还具有节能、环保等优点。

5) 放电等离子烧结

放电等离子烧结(SPS)是指利用脉冲电流产生的等离子体和焦耳热,使陶瓷粉末颗粒表面活化,降低烧结所需的激活能,同时在施加的压力作用下,实现粉末的快速烧结。该技术具有升温速度快、烧结时间短、烧结温度低、能有效抑制晶粒长大等优点,可制备出高性能的陶瓷材料和具有特殊性能的陶瓷基复合材料;但设备成本较高,目前主要用于实验室研究和小批量生产。

6) 反应烧结

反应烧结是指将含有可反应成分的陶瓷坯体在一定条件下进行加热,使坯体内部发生化学反应,生成所需的陶瓷相,同时伴随着体积变化和致密化过程。该技术可以在较低的温度下实现陶瓷的烧结,能够精确控制陶瓷的成分和微观结构,可制备出形状复杂的陶瓷制品;但反应过程中可能会产生气体或体积收缩不均匀等问题,需要严格控制工艺参数。

6.4 先进陶瓷增韧技术

陶瓷材料具有高熔点、高硬度、高耐磨性、耐氧化等优点,可用作结构材料、刀具材料及功能材料。其中,常见的先进陶瓷材料如氧化铝、氧化锆、氧化硅、碳化硅、氮化硅等,被广泛应用于航空航天、汽车、生物医学、电子和机械设备等行业。目前,陶瓷材料的脆性是制约其发展的主要因素之一,因此增韧成为陶瓷材料研究领域的核心问题。

金属材料很容易产生塑性变形,原因是金属键没有方向性。而在陶瓷材料中,原子间的结合键为共价键和离子键,共价键有明显的方向性和饱和性,而离子键的同号离子接近时斥力很大,所以主要由离子晶体和共价晶体组成的陶瓷,滑移系很少,一般在产生滑移以前就发生断裂。这就是室温下陶瓷材料脆性的根本原因。

材料的韧性可以用断裂韧性的值量化。从断裂力学的观点看,增强陶瓷材料韧性的关键在于:提高陶瓷材料抵抗裂纹扩展的能力;减缓裂纹尖端的应力集中效应。此外,采用先进的制备加工技术也可以增强陶瓷材料的韧性。目前陶瓷材料中增韧的机理大致有以下六种:相变增韧、微裂纹增韧、裂纹偏转和桥联、晶须/纤维增韧、畴转和孪晶增韧、自增韧。实际上,陶瓷材料中的增韧机制不止一种,而是以上几种机制的叠加,即协同韧化。

6.4.1 相变增韧

相变增韧,即通过第二相的相变消耗大量裂纹扩展所需的能量,使得裂纹尖端应力松弛,阻碍裂纹的进一步扩展。同时,相变产生的体积膨胀使周围基体受压,促使其他裂纹闭合,从而提高断裂韧性和强度。这种相变增韧也称为应力诱发相变或相变诱发韧性。

迄今为止最成功的增韧方法之一是,利用氧化锆(ZrO_2)的马氏体相变大幅提升氧化锆陶瓷材料的韧性。ZrO_2 在 1 150 ℃ 左右发生单斜相到正方相到结构的马氏体相变,并伴有 3%~5% 的体积胀缩。当弥散在陶瓷基体中的 ZrO_2 粒子发生相变时,伴随相转变的体积变化受到周围基体的限制,使相变受阻导致相变点温度降低:

$$单斜相(m) \xleftrightarrow{\sim 1100℃} 正方相(t) \xleftrightarrow{\sim 2300℃} 立方相(c)$$

相变温度降低的程度与 ZrO_2 粒子的尺寸有关,当 ZrO_2 粒子的尺寸小于某一个临界值时,马氏体相变点可以低于常温。高温的正方 ZrO_2 相可以保持在室温。在室温下,当含有正方结构 ZrO_2 粒子的陶瓷中产生裂纹时,裂纹尖端附近由于应力集中而高于临界值,裂纹尖端附近的正方 ZrO_2 粒子会因应力诱发而进行马氏体相变。由于相变需消耗大量功,因此正方 ZrO_2 向单斜的 ZrO_2 马氏体转变会使裂纹尖端应力松弛,从而阻碍裂纹的进一步扩展。此外,马氏体相变的体积膨胀使周围基体受压,促使其他裂纹闭合。显然,马氏体相变的存在使裂纹扩展从纯脆性变为具有一定塑性。此外,材料系统中相变一般伴随微裂纹的产生,微裂纹也会作为类似于相变的能量消耗机理,使材料得到韧化。

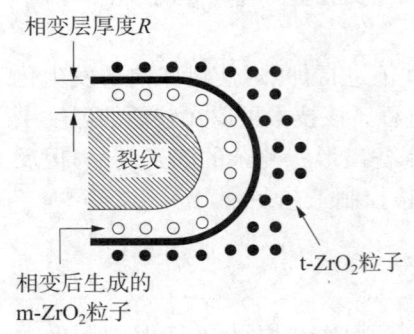

图 6-1 应力诱发相变原理示意图

当裂纹经过后,裂纹两侧产生一个厚度为 R 的相变区,显然相变区 R 愈大则增韧效果愈好。ZrO_2 粒子的尺寸愈大则所需的相变诱发外力愈小,因而相变区 R 愈大,如图 6-1 所示。

ZrO_2 增韧陶瓷材料是目前使用最为广泛的氧化物陶瓷之一,广泛用于机械、电子、石油、化工、航天、纺织、精密测量仪器、精密机床、生物工程和医疗器械等行业。部分稳定的氧化锆具有导热率低、强度和韧性好、弹性模量低、抗热冲击和工作温度高(1100 ℃)等优点,可用于制造发动机和内燃机的零件。ZrO_2 增韧陶瓷在内燃机中的应用是最为成功的。由于工作温度高,因此利用 ZrO_2 制作陶瓷绝热内燃机可以省去散热器、水泵和冷却管等部件,从而提升内燃机的热效率。氧化锆陶瓷无磁性、不导电、不生锈、耐磨,因此在生物医学器械和刀具工具领域中也应用广泛。部分稳定氧化锆可用于制作人造骨骼、人造关节和人工牙齿等,ZrO_2 增韧陶瓷刀片由于具有非常高的刀刃强度和耐磨性能,可用于加工合金钢;此外,部分稳定氧化锆成型的结构陶瓷件如光纤接插件、套管和跳线等,在市场上已广泛应用。

6.4.2 微裂纹增韧

微裂纹增韧的根本原因是增大了裂纹扩展路径,即提高了材料断裂过程中裂纹扩展克服表面能增加所做的功。微裂纹增韧是一种常用的陶瓷增韧机制,在陶瓷基体相和分散相之间,由于温度变化引起的热膨胀差或相变引起的体积差,会产生弥散分布的微裂纹,当导致断裂的主裂纹扩展时,这些均匀分布的微裂纹会促使主裂纹分岔,使主裂纹扩展路径曲折不平,增加了扩展过程中的表面能,从而使裂纹快速扩展受到阻碍,增加材料韧性。

微裂纹增韧的机制主要包括拉伸桥式增韧、拉伸开口式增韧和剪切滑移式增韧三种。

1) 拉伸桥式增韧

拉伸桥式增韧是一种通过拉伸桥的形成来增加材料韧性的机制。当材料中存在微裂纹时,应力场会导致裂纹周围的材料发生拉伸变形,形成拉伸桥。拉伸桥的形成使得应力能够得到分散,并且增加了裂纹扩展的阻力,从而提高了材料的韧性。

2) 拉伸开口式增韧

拉伸开口式增韧是一种通过拉伸开口的形成来增加材料韧性的机制。当材料中存在微裂纹时,应力场会导致裂纹周围的材料发生拉伸变形,形成拉伸开口。拉伸开口的形成使得应力能够得到分散,并且增加了裂纹扩展的阻力,从而提高了材料的韧性。

3) 剪切滑移式增韧

剪切滑移式增韧是一种通过剪切滑移的形成来增加材料韧性的机制。当材料中存在微裂纹时,应力场会导致裂纹周围的材料发生剪切滑移,从而使裂纹的扩展路径变得曲折。剪切滑移的形成增加了裂纹扩展的阻力,从而提高了材料的韧性。

微裂纹增韧机理在材料设计中有着广泛的应用。通过合理设计材料的微裂纹形态和分布,可以显著提高材料的韧性,使其能够承受更大的外力而不断裂。目前,应用微裂纹增韧的陶瓷材料主要为 ZrO_2 增韧的氧化铝陶瓷(ZTA)。ZTA 的增韧包含微裂纹增韧和相变增韧两种机理,其中微裂纹又可分为球形颗粒开裂和颗粒相变应变引起机体开裂两种。ZTA复合陶瓷具有优良的抗腐蚀性、抗热振性、高强度和高韧性,可用于制作加工铸铁和合金的陶瓷刀具、耐磨瓷球和生物医用材料如牙齿等。

6.4.3 裂纹偏转和桥联

陶瓷基体中高强度高韧性的第二相颗粒的弥散或者颗粒的移动,使得裂纹在扩展过程中,由于分散相粒子的阻碍作用,裂纹尖端会沿颗粒发生弯曲。另外,当分散相粒子与基体相交界周围产生残余压应力、裂纹遇到分散粒子时,原来的前进方向会发生转向(图6-2)。颗粒与基体的热膨胀系数是决定增韧效果的主要因素。裂纹桥联通常发生在裂纹尖端,依靠桥联单元连接裂纹的两个表面并在两个界面之间产生闭合应力,从而导致强度因子随裂纹扩展而增加。裂纹桥联可能发生穿晶破坏,也有可能出现裂纹沿桥联单元周围基体偏转的情况。裂纹桥联增韧值与桥联单元粒径的平方根成正比。复合材料中存在的微裂纹也会导致主裂纹在扩展过程中发生偏转,从而增强复合材料的韧性。

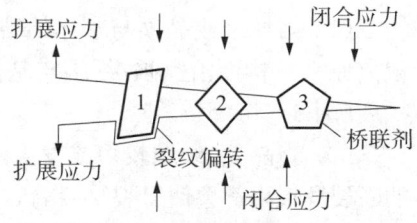

图6-2 裂纹偏转和桥联示意图

目前,在陶瓷基体中加入的第二相颗粒通常为强度较高的氮化物和碳化物陶瓷颗粒。塑性良好的金属颗粒作为第二相颗粒,也可以增强脆性陶瓷基体的韧性。金属粒子作为延性第二相引入陶瓷基体内,不仅可以改善陶瓷的烧结性能,也可以以多种方式阻碍陶瓷中裂纹的扩展,使得复合材料的抗弯强度和断裂韧性得以提高。其增韧机制有以下两种:

1) 颗粒桥联机理

扩展裂纹的上下表面在裂纹尖端后方一定距离内被完整的颗粒所钉住,颗粒通过阻止裂纹的张开而减小了裂纹尖端的应力强度因子,从而实现增韧。

2) 裂纹偏转机理

裂纹扩展过程中受到第二相颗粒的阻碍,使得裂纹扩展方向产生偏转,裂纹表面能增加,消耗了宏观裂纹扩展的驱动力(图6-3)。

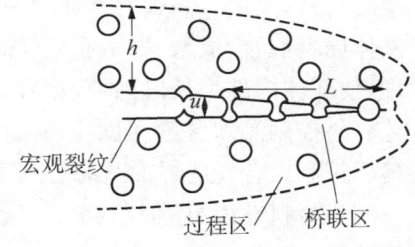

图6-3 裂纹尖端的桥联区和过程区

上述两种机理中,颗粒桥联机理起主导作用。目前在Al_2O_3或Si_3N_4等材料的陶瓷基体中加入SiC和TiC等颗粒物制作的陶瓷刀具已广泛使用。裂纹偏转和桥联增韧不受温度限制,同时又可以避免微裂纹对材料的劣化作用,是高温结构陶瓷比较有潜力的增韧方法之一。

6.4.4 晶须/纤维增韧

晶须/纤维增强增韧机理可使材料的强度和韧性都大幅提高,被认为是高温结构陶瓷最有希望的增韧机理。晶须/纤维自身特性及纤维与陶瓷基体的界面结合特性是影响纤维增韧的主要因素。在陶瓷基体中掺入高强度高韧性的晶须/纤维,可使宏观裂纹在穿过晶须/纤维时受阻,从而提高陶瓷材料的强度和韧性。其增韧机理为:陶瓷基体中晶须/纤维的脱粘、拔出和桥连。

在先进陶瓷材料领域,通过增强体的引入,可显著提升陶瓷材料的力学性能和可靠性。已经使用的主要增强体有SiC、Si_3N_4、Al_2O_3、AlN晶须及其混合物等,其形态为杆状和针状,直径一般<30μm,长径比一般<200;基体主要有Al_2O_3、Si_3N_4、SiC、莫来石、SiO_2等。晶须

体积含量通常不超过 40%。这些增强体的引入,突出的性能特点是显著提高了陶瓷的韧性,其断裂韧度比传统陶瓷提高 2～5 倍,抗热振力明显改善,耐高温性能优越,且性能分散度显著降低。

纤维或晶须与基体相互作用的方式可分为以下三种情况:

(1) 当纤维或晶须与基体的结合力较弱,晶粒的断裂强度超过裂纹的扩展应力时,裂纹会偏离原来结构而沿晶须/纤维与基体的结合面扩展,引起晶须/纤维-基体界面脱粘,阻碍裂纹扩展(图 6-4a)。

(2) 当晶须/纤维较短或发生断裂时,晶须/纤维在裂纹扩展过程中脱粘并拔出,晶须/纤维的断裂及拔出都会使得裂纹尖端应力松弛,减缓裂纹的扩展,消耗裂纹扩展的能量(图 6-4b)。

(3) 陶瓷基体中的晶须/纤维产生桥连时,其两端会牵拉住两裂纹面,即在裂纹表面产生压应力,抵消一部分外加压力的作用,阻止裂纹的进一步扩展(图 6-4c)。

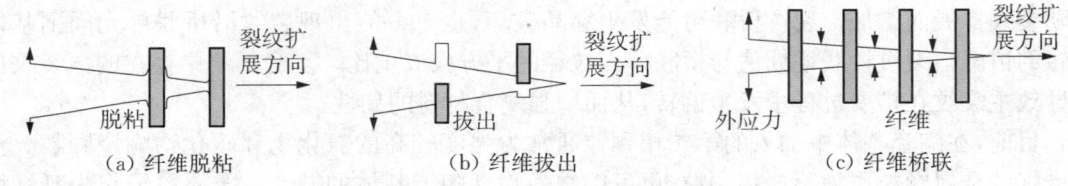

图 6-4　纤维增韧原理示意图

以晶须为增强体、陶瓷为基体,通过复合工艺制得的新型陶瓷材料,既保留了陶瓷基体的主要特性,又通过晶须的增强增韧作用,改善了陶瓷基体的性能。这种材料可以用外加晶须与基体原料混合、成型、烧结而成(称外加晶须补强陶瓷基复合材料);也可以在一定温度下热处理,使坯体内部生长出晶须,然后烧结而成(称原位生长晶须补强陶瓷基复合材料),前一种工艺容易控制晶须含量,但难以清除晶须团聚现象,后者则可以实现晶须均匀分布,但含量难以精确控制。合理的界面状态有利于发挥晶须作用,获得优越性能。晶须增强陶瓷基材料比单一陶瓷材料性能好,但价格相对较高,主要用于国防工业、航空、航天以及精密机械零件等领域。

目前常用的晶须/纤维材料为 SiC、Si_3N_4 和 Al_2O_3 等材料,陶瓷基体通常为 Al_2O_3、ZrO_2、Si_3N_4 和莫来石等。纤维增韧陶瓷主要用途有两类:要求高强度、高硬度和高温结构稳定性的材料;绝热、高温空气过滤材料和金属的增强材料,适用于航天和化学工业。利用纤维增韧陶瓷材料制作的零部件可以用于爆破箱、熔融器和密封件等,轻质增强纤维构件还可用于设计飞机发动机。

用碳纤维补强的石英基复合材料是最有成效的应用案例之一。这种材料通过在石英基体中融入 25% 体积比的碳纤维,实现了强度和韧性的显著增强,同时具备了优异的抗机械冲击和热冲击能力,这些特性使其在中国航天领域得到了广泛应用。另外,连续碳纤维增韧的碳化硅复合材料不仅拥有极高的强度,还具有极高的断裂韧性,成为航天技术中极具价值的材料。而碳纳米管增强的陶瓷基复合材料在力学性能上表现优异,同时在热学和电学性能方面也展现了卓越的性能。

6.4.5　畴转和孪晶增韧

畴转和孪晶增韧是指将压电陶瓷作为第二相加入结构陶瓷中,以达到增韧和增强的目的。

如图 6-5 所示，在裂纹扩展过程中，陶瓷基体中的压电第二相不仅对裂纹有桥联和偏折作用，压电效应和电畴偏转也会消耗裂纹扩展驱动力，从而起到增韧作用。在压电相增韧的陶瓷材料中，除了裂纹桥联和偏折增韧，裂纹扩展的能量还可以通过三种途径释放：通过压电效应将机械能转化为电能；通过应力诱导铁电相发生相变而消耗能量；通过应力导致压电第二相中畴壁运动，提高复合材料的断裂韧性。

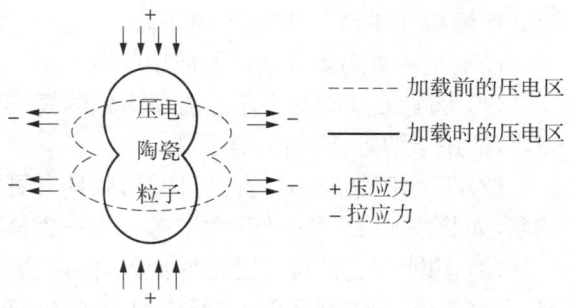

图 6-5 压电陶瓷颗粒增韧示意图

在 PZT 压电陶瓷中发现极化后陶瓷的断裂韧性呈现各向异性，这与压电陶瓷的电畴和 PZT 陶瓷的准同相界处的四方相-菱方相孪晶相界的各向异性有关。当裂纹扩展方向与极化同向时，在裂纹尖端应力弛豫，电畴转向垂直于裂纹扩展方向；裂纹扩展方向与极化方向垂直时，裂纹更易于扩展。这对研究新型增韧陶瓷有很好的借鉴作用。氧化铝/钛酸钡是其中的代表性研究成果。钛酸钡晶粒不仅对裂纹有桥联、残余应力的偏折作用，比非铁电相增韧颗粒还多了电畴转动对增韧的形成。在钛酸钡含量较高的样品中发现增韧相与基体反应生成大量的杂相，使断裂韧性反而降低，因此这种增韧机理实现的关键是确保铁电第二相与基体的共存。

这一方法在 $BaTiO_3/Al_2O_3$、$Nd_2Ti_2O_2/Al_2O_3$ 和 $LaTaO_3/Al_2O_3$ 复合陶瓷上得到了很好的增韧效果。$BaTiO_3/Al_2O_3$ 是其中最为典型的案例。但 $BaTiO_3$ 含量较高时，增韧相与基体之间发生反应，生成大量的杂相，复合材料的断裂韧性反而降低，因此这种增韧方法的关键在于确保铁电相与基体的共存。

6.4.6 自增韧

自增韧是近几年发展起来的能够有效提高陶瓷断裂韧性的一种新工艺，其主要是通过工艺因素的控制，使陶瓷晶粒在原位形成有较大长径比的形貌，从而起到类似于晶须的增韧补强作用。自增韧也称原位增韧，即在陶瓷基体中加入可以生成第二相的原料，控制生成条件和反应过程，直接通过高温化学反应或者相变过程，在基体中生长出均匀分布的晶须、高长径比的晶粒和晶片形态的增强体，形成陶瓷基复合材料。自增韧的韧化机理类似于晶须/纤维增韧的作用，主要是借助自生增强体的拔出、桥联与裂纹的偏转机制。这种方法可以克服加入第二相增韧中存在的两相不相容、分布不均等问题，因此得到的复合材料的强度和韧性都高于第二相增韧的同种材料。例如，由于氮化硅晶体具有生长各向异性，在高温时其 α 相能够向 β 相转变，$β-Si_3N_4$ 晶体会继续长大使其显微结构发生变化。因此，可以通过控制 $β-Si_3N_4$ 晶粒的形核和生长来获得所需要的显微结构，从而形成自增韧 Si_3N_4 陶瓷。自增韧的实质是通过合理的成分设计和最佳的工艺条件，获得理想的显微结构，从而达到提高断裂韧性的目的。自增韧技术的优点包括简化工艺流程、降低生产成本以及提高高温性能。然而，它也有局限性，比如增韧效果可能不够明显，或者难以找到合适的诱导剂或晶种。

自增韧在陶瓷基复合材料中应用广泛，包括 Si_3N_4、Sialon、Al-Zr-C、Ti-B-C、SiC、Al_2O_3、$ZrB_2/ZrC_{0.6}/Zr$ 材料和玻璃陶瓷等。自增韧复合陶瓷材料与外加纤维、晶须增韧陶瓷基复合材料相比，优点在于无须先制备纤维或晶须，降低了制备成本；另外烧结过程中不会对纤维和晶须造成损伤，与基体之间界面结合较好。自增韧陶瓷基复合材料一般会使材料的断裂韧性提高，但断裂强度会有所下降。

以下是一些陶瓷自增韧的应用领域：

（1）陶瓷刀具制备。通过提高陶瓷的韧性，可以制备更耐磨的陶瓷刀具，如陶瓷刀片、瓷刀等，适用于切割、精加工等领域。

（2）生物医学应用。陶瓷自增韧后具有更好的生物相容性和耐腐蚀性，适用于生物医学领域，如制备人工骨头、人工关节等医用陶瓷材料。

（3）功能陶瓷材料。通过增韧处理，陶瓷可以用于制备具有特殊功能的材料，如高温陶瓷、电气陶瓷、光学陶瓷等，广泛应用于航空航天、光电子等领域。

（4）结构工程应用。通过增韧处理的陶瓷可以应用于一些结构工程领域，如高温陶瓷发动机部件、耐磨陶瓷轴承等。

总的来说，陶瓷自增韧可以扩大陶瓷材料的应用范围，使其能够满足更多领域的需求，并发挥陶瓷材料的优良性能。

6.5 航空航天用结构陶瓷

6.5.1 氧化物结构陶瓷

氧化物结构陶瓷是以金属氧化物为主成分的高性能陶瓷材料，具有高强度、高硬度、耐高温、耐腐蚀、耐磨等特性，被广泛应用于机械、电子、能源、医疗等领域，是应用较早和较广泛的一类陶瓷材料。主要包括简单氧化物陶瓷，如 Al_2O_3、MgO、ZrO_2、BeO 及复合氧化物陶瓷，如 $Al_6Si_2O_{13}$（莫来石）、$MgAl_2O_4$（尖晶石）等。

1）氧化铝结构陶瓷

氧化铝（Al_2O_3）陶瓷是目前技术最成熟、使用领域最多的氧化物陶瓷，作为陶瓷基板等重要结构材料在航空航天等工业领域有着广阔的应用空间。

Al_2O_3 具有多种晶型，氧化铝陶瓷材料的晶体结构以稳定性最佳的 $\alpha\text{-}Al_2O_3$ 为主。$\alpha\text{-}Al_2O_3$ 密度为 $3.98\sim3.99\ \text{g/cm}^3$，洛氏硬度为 $80\sim90\ \text{HRA}$，仅次于金刚石、立方氮化硼和碳化硅，是氧化物中硬度最大的陶瓷。具有较高的抗压强度和抗弯强度，抗压强度$\geqslant 850\ \text{MPa}$，抗弯强度$\geqslant 290\ \text{MPa}$，能够承受较大的外力和载荷；热膨胀系数低于 MgO 和 CaO 晶体，略高于莫来石晶体，热稳定性好；$\alpha\text{-}Al_2O_3$ 单晶导热性能好，单晶热导率的各向异性现象不太明显。此外，$\alpha\text{-}Al_2O_3$ 晶体不仅具有很好的透光性，也是一种极好的红外透过材料，其红外波段透过率几乎不随温度而变化。$\alpha\text{-}Al_2O_3$ 在常温下不受酸碱腐蚀，$300\ ^\circ\text{C}$ 以上才能被氢氟酸、氢氧化钾、磷酸所侵蚀，具有良好的化学稳定性。得益于其优良性能，$\alpha\text{-}Al_2O_3$ 陶瓷在现代工业领域中已经得到广泛应用。

2）氧化锆结构陶瓷

氧化锆（ZrO_2）陶瓷具有十分优异的物理和化学性能，可用作球磨介质、陶瓷轴承、固体电解质等，在航空航天、机械电子等高技术工业领域有着广泛应用，是一种极具应用前景的新兴结构陶瓷材料。

在不同温度下，ZrO_2 会呈现为不同的晶体结构，低温时为单斜晶型，中温时为四方晶型，高温时为立方晶型。三种晶态具有不同的理化特性，随着温度变化，ZrO_2 不同晶型之间会发生相变。在实际应用中，为获得所需要的晶形和使用性能，通常会在生产过程中加入稳定剂制成不同类型的氧化锆陶瓷。例如，人们通常采用阳离子半径与 Zr^{4+} 离子半径接近的碱性氧化物或稀土氧化物(MgO、CaO、Y_3O_2、CeO_2 等)掺杂 ZrO_2，形成各类力学、物理性质更加稳定的固溶体结构，称为增韧氧化锆陶瓷材料。

目前得到主要应用的增韧氧化锆陶瓷材料主要分为两大类：①部分稳定氧化锆陶瓷(PSZ)；②四方相氧化锆多晶陶瓷(TZP)。PSZ 是在立方相基体内均匀分散着细小的亚稳四方相 ZrO_2，在外界应力作用下会发生 t-m 相变产生，产生增韧增强效应。TZP 是后来发展增韧与增强效果最优的陶瓷材料，其抗弯强度可达 2.5 GPa，断裂韧性超过 20 MPa·$m^{1/2}$。与 PSZ 比较，TZP 陶瓷烧结温度较低，制备工艺更简便，因此 TZP 得到了更多商业化应用。

6.5.2 非氧化物结构陶瓷

非氧化物结构陶瓷是以碳化物、氮化物、硼化物、硅化物等非氧化物为主成分的高性能陶瓷材料，具有超高硬度、耐极端高温、抗腐蚀和优异耐磨性等特性，广泛应用于航空航天、核能、国防及精密制造领域。

1) 碳化物结构陶瓷

碳化物是一类高温陶瓷材料，主要分为两类：一类是非金属碳化物，如碳化硅(SiC)、碳化硼(B_4C)；另一类是过渡金属碳化物，如碳化钛(TiC)、碳化锆(ZrC)、碳化铪(HfC)、碳化钽(TaC)，后者属间隙相的金属碳化物，其结构是碳原子嵌入金属原子空隙中，金属原子构成密堆的立方或六方晶格，在晶格的八面体间隙中安置着碳原子。

碳化物高温结构陶瓷材料通常是指 SiC、BC、TiC、WC、ZrC 及其复合材料。碳化物陶瓷以共价键为主，结合强度很高，具有高熔点、高硬度、高弹性模量、良好的导热性和较低的热膨胀系数。与一般氧化物相比，碳化物陶瓷材料大多数熔点都在 3 000 ℃以上，其中 HfC 和 TaC 的熔点最高，分别为 3 887 ℃和 380 ℃。B_4C 的室温硬度仅次于金刚石和立方氮化硼，显微硬度可以达到 48.5 GPa；TiC 的显微硬度为 31.4 GPa；SiC 的显微硬度为 29.4 GPa。此外，碳化物陶瓷材料也具有良好的导电性、导热性及化学稳定性。作为耐热材料、超硬材料、耐磨材料，碳化物陶瓷材料是一种重要的高技术陶瓷，在国民经济各领域有着广泛应用。

2) 氮化物结构陶瓷

氮化物陶瓷材料是 20 世纪 70 年代后迅速发展起来的一类具有高强度、高硬度、耐高温和优良热学、电学性能的结构与功能材料，是以氮化物(如 Si_3N_4、AlN、BN、TiN 等)为主成分的高性能陶瓷材料，其凭借高韧性、耐高温、高热导率和化学稳定性，在极端环境与精密工程中占据重要地位。氮化物陶瓷材料在冶金、航空、化工、陶瓷、电子、机械及半导体等行业都具有广泛的应用。

氮化硅作为应用最广泛的氮化物结构陶瓷材料，最早作为碳化硅结合剂用于耐火材料领域。其具有高强度、耐磨损、耐腐蚀、抗氧化、良好的抗热冲击与机械冲击性能等优良性能。其维氏硬度可达 1500～2 000 HV，耐磨性能出色，能在各种摩擦环境下保持良好的表面完整性，可用于制造在高速、高负荷下工作的零部件。抗弯强度一般在 800～1 500 MPa 之间，同时具有较好的韧性，不易发生脆性断裂，使其在承受复杂应力的情况下仍能保持结构稳定。在高温下能保持良好的力学性能，在 1 200 ℃时仍能保持较高的强度，热稳定性好，抗氧化温度可高达 1 400 ℃，适用于高温工作环境。除氢氟酸外，氮化硅陶瓷在其他无机酸和碱溶液中都具有良好的耐腐蚀性，在许多化学介质中能保持性能稳定。

6.6 航空航天用功能陶瓷

6.6.1 压电陶瓷材料

压电陶瓷材料是一种经极化处理、具有压电作用的铁电陶瓷材料。从晶体结构上看，它属于钙钛矿型、钨青铜型、烧绿石型化合物以及以 PZT 为基的四元系陶瓷等，都具有压电性。常用的压电陶瓷有钛酸钡陶瓷、钛酸铅陶瓷、锆钛酸铅陶瓷（简称 PZT）、以 PZT 为基的三元系陶瓷和铌酸盐系压电陶瓷等。以 $BaTiO_3$ 为例，当温度高于居里点（120 ℃）时为等轴晶系，Ti^{4+} 在各个方向上偏离的概率相等，此时 $BaTiO_3$ 为顺电相；当温度低于居里点时，$BaTiO_3$ 为四方晶系，Ti^{4+} 振动降低，且沿 c 轴偏离中心位置的概率比沿 a、b 轴偏离中心的概率大很多，因此产生自发极化，极化方向相同的偶极子在一起形成电畴。在极化处理前电畴分布是杂乱无序的，因此陶瓷材料的宏观极化强度为零，极化处理后，各电畴在一定程度上按外电场取向排列，因此陶瓷的极化强度不再为零，而是以束缚电荷的形式表现出来。

压电陶瓷的应用大致可分为两大类：压电振子和压电换能器。利用压电效应制成把机械能转换成电能或把电能转换成机械能的器件称为换能器。对于超声波换能器，在 100 kHz 以上高频范围内或水下声频仪器上，几乎全部采用压电陶瓷振子。这种振子具有灵敏度高、稳定性好、功率大等优点。压电陶瓷超声仪器广泛应用于计量、加工、清洗、化工、医疗、鱼群探测、声呐、探伤、传声、遥控、液体雾化、显微结构检测等方面。利用压电陶瓷的逆压电效应，可以在飞机结构中嵌入或附着传感器，用于实时监测结构的完整性。通过分析由裂纹扩展等损伤引起的振动变化，可及时发现潜在的安全隐患。压电陶瓷在航空航天领域的具体应用如下：

1) 振动控制与减振

航空航天器在飞行过程中会经历各种振动源，这些振动可能会影响结构的安全性和设备的正常运行。利用压电陶瓷的逆压电效应（施加电压产生形变），可以实现主动振动控制，通过实时调节施加于压电元件上的电压来抵消有害振动。

2) 传感器

压电陶瓷被广泛用于制造高精度的压力传感器、加速度计等，这些传感器对于监测飞行器的状态至关重要。例如，在发动机监控中使用压电传感器来检测燃烧过程中的压力波动，有助于提高燃油效率并减少排放；同时，在飞机结构健康监测系统中，压电传感器可用于检测结构损伤或疲劳。

3) 执行器

由于其能够快速响应电信号而产生精确位移的特点，压电陶瓷也常用于制造微动执行器。这类执行器在航天器的姿态控制、光学镜面调整等方面发挥着重要作用。此外，它们还可以应用于喷气发动机的燃料喷射系统，以提高燃油喷射的精确度和效率。

4) 声呐与超声波成像

在太空探测任务中，压电陶瓷同样用于制作声学传感器，比如用于深空探测器上的声呐系统或者行星地表下的超声波成像设备，帮助科学家们更好地了解目标天体的内部结构。

总之，压电陶瓷材料凭借其独特的优势，在提升航空航天器性能、保障飞行安全以及推动空间探索方面扮演了不可或缺的角色。随着技术的进步，未来还可能出现更多创新性的应用。

6.6.2 铁电陶瓷材料

铁电陶瓷材料是一类具有自发极化特性的功能陶瓷，这意味着即使在没有外部电场的情况下，它们内部也存在电偶极矩。更重要的是，这种自发极化方向可以通过外加电场进行反转，这是铁电体区别于其他介电材料的主要特性之一。铁电性是指某些晶体材料内部存在自发极化，并且这种极化可以在外加电场的作用下重新定向的现象。铁电体的这些特性源于其晶体结构中的离子位移，导致正负电荷中心不重合，形成电偶极矩。许多铁电陶瓷同时还表现出良好的压电性能，即它们能够在机械应力作用下产生电荷分离（正压电效应），或是在施加电场时发生形变（逆压电效应）。常见的铁电陶瓷材料有钛酸钡（$BaTiO_3$）、锆钛酸铅（PZT、$Pb[Zr_xTi_{1-x}]O_3$）、钽酸锂（$LiTaO_3$）和铌酸锂（$LiNbO_3$）等。总之，铁电陶瓷材料因其独特的自发极化、压电效应、高介电常数及热稳定性和多功能性，成为在航空航天、电子通信、医疗设备和工业检测等领域中不可或缺的高性能功能材料。铁电陶瓷在航空航天领域的具体应用如下：

1) 高频滤波器和谐振器

铁电陶瓷由于其优良的介电性能，非常适合用于制造高频滤波器和谐振器，这对于卫星通信系统和机载雷达至关重要。这些组件有助于确保信号的清晰度和稳定性，提高通信质量。

2) 结构健康监测（SHM）

利用铁电陶瓷的压电效应（许多铁电陶瓷同时具有压电特性），可以在飞行器的关键部位安装传感器，用于实时监测结构的完整性。当结构出现微小损伤时，可以通过检测振动模式的变化来预警潜在的安全风险。

3) 能量收集装置

一些新型设计利用铁电陶瓷的能量转换能力，将飞行过程中产生的机械振动转化为电能，为小型电子设备供电，从而减少对电池的依赖。

4) 执行器与传感器

铁电陶瓷作为驱动元件或敏感元件，在精确控制和感知方面表现出色，适用于精密机械操作及环境监测等领域。

总之，铁电陶瓷材料凭借其独特的电学和力学性质，在航空航天领域展现了广阔的应用前景。无论是提升飞行安全性、增强通信系统的可靠性还是实现能源的有效利用，铁电陶瓷都扮演着不可或缺的角色。随着技术的发展，可以期待这类先进材料将在更多创新应用中发挥作用。

6.6.3 光学陶瓷材料

光学陶瓷是一类具有优异光学性能的先进陶瓷材料，它们通过特殊的制造工艺制成，能够达到非常高的透明度，并且在可见光到近红外波段范围内具有良好的透过率。与传统单晶材料相比，光学陶瓷不仅具备相似甚至更好的光学特性，还在制造成本、尺寸灵活性和多功能性等方面展现了显著优势。因此，光学陶瓷又称透明陶瓷，是能透过可见光的陶瓷材料的总称。其制作条件是选用高纯、超细等轴晶系或具有高级晶轴的物质作主晶相，严格控制改性添加剂用量和烧结条件，使制品成为光学均质体。这样制出的陶瓷即具有透明性能。

光学陶瓷材料主要具有透明度高、机械强度和耐久性强、尺寸和形状灵活性强、化学稳定性和热稳定性高等特点。通过精细控制原料纯度、颗粒大小以及烧结工艺条件，光学陶瓷可以在广泛的波长范围内实现极高的透明度，接近或超过玻璃和单晶材料。由于其微观结构均匀一致，光学陶瓷通常比单晶材料更坚固，具有更高的抗冲击性和耐磨性。光学陶瓷的机械强度和硬度都很高，能耐受很高的温度，即使在 1 000 ℃高温下也不会软化、变形、析晶。电绝缘性能、化学稳定性都很高。光敏型玻璃陶瓷还有一个很有趣的性能，就是它能像照相底片一样感光,由于这种透明陶瓷有这样的感光性能,故又被称为感光玻璃。并且,其抗化学腐蚀性能也很好,可经受放射性物质的强烈辐射。它不但可以像玻璃那样透过光线,还可以透过波长 $10\,\mu m$ 以上的红外线,因此,可用来制造立体工业电视的观察镜、防核爆炸闪光危害的眼镜和新型光源高压钠灯的放电管。

常见的光学陶瓷材料主要有钇铝石榴石、氧化钇、镁铝尖晶石等。以氧化钇材料为例,它是一种重要的光学陶瓷材料,具有透明度高、热稳定性好、化学稳定性强、机械强度好等特点,主要应用于红外光学窗口、透镜、激光增益介质、防护涂层等领域,尤其是可以满足在极端环境中的需求。

6.6.4 电磁波吸收/屏蔽陶瓷材料

吸收/屏蔽陶瓷材料通常是指那些能够有效阻挡、减弱或者反射电磁波、辐射等的一种特殊功能材料。吸收/屏蔽陶瓷材料在现代科技中扮演着重要角色,尤其是在需要高效电磁干扰防护、辐射防护以及隐身技术的应用场景中。根据其功能特性,可以将其分为两大类:陶瓷透波材料和陶瓷吸波材料。

1) 陶瓷透波材料

高温透波材料又称热透波材料,通常指使用温度 1000 K 以上、电磁波透过率大于 70% 的材料,主要用于制备高超声速飞行器(例如运载火箭、飞船、导弹及返回式卫星等飞行器)的天线罩(窗)等。国外透波材料的研究始于 20 世纪 50 年代初,目前已开发出多种透波材料体系,主要分为两大类:有机透波材料和无机透波材料,即高分子透波材料和陶瓷透波材料。

高分子透波材料包括玻璃纤维和石英纤维等无机纤维增强树脂(聚酯树脂、环氧树脂、氰酸脂树脂、氟树脂、双马来酰亚胺树脂和聚酰亚胺树脂等)复合材料。陶瓷透波材料包括氧化铝陶瓷、微晶玻璃、石英陶瓷、氮化硅陶瓷,以及玻璃纤维和石英纤维等无机纤维增强氧化硅、磷酸盐等陶瓷基复合材料。高分子透波材料使用温度低,难以满足高马赫数高性能导弹的使用要求,因此国外大力开发无机陶瓷透波材料。如美国研制的高性能雷达天线罩所采用的石英纤维增强氧化硅基复合材料即陶瓷复合材料。磷酸盐陶瓷复合材料的强度比氧化硅基体复合材料高,弯曲强度可达 120 MPa,压缩强度为 75 MPa,但介电性能比氧化硅基体复合材料差,介电常数为 3.65,介电损耗正切为 0.01,使用温度低,在 800 ℃ 以下具有与石英类材料相近的介电性能。到目前为止,陶瓷透波材料主要包括氧化物、氮化物和氮化硼,以及由上述物质组成的复相陶瓷等。

2) 陶瓷吸波材料

在陶瓷基复合材料中,以连续纤维增强的复合材料性能最为优异,具有高比强度、高比模量、易成型复杂构件、加工性能好、耐烧蚀、抗氧化等优异性能,是目前较为理想的高温结构吸波材料体系。连续纤维增韧陶瓷吸波材料由于其内部长纤维在陶瓷基体内的出色增韧效果,在结构承载和吸波功能的综合性能上更具优势,在航空发动机等热端部位有重要应用前景。

现代先进陶瓷的制备方法主要有化学气相渗透、聚合物转化陶瓷和溶胶凝胶法。制备的陶瓷可分为晶态和非晶态。晶态的陶瓷通常介电常数实部偏高,大部分入射电磁波在材料表面被反射,因此吸波效率不高。非晶态的陶瓷虽然介电常数实部较低,但其虚部往往也很低,对电磁波的衰减能力很弱,大部分的入射电磁波可穿过材料而继续传播,即表现为透波性,因此吸波效率也很低。目前改善陶瓷吸波性能的方法主要有两种:阻抗匹配层设计和透吸波复合设计。

参考文献

[1] 李成功,等. 航空航天材料[M]. 北京:国防工业出版社,2002.
[2] 金格瑞 W D,等. 陶瓷导论[M]. 清华大学无机非金属材料教研组,译. 北京:中国建筑工业出版社,1982.
[3] 谭咏絮. 结构陶瓷[M]. 北京:中国轻工业出版社,1989.
[4] 张海波,谭划,姜胜林. 先进陶瓷工艺学[M]. 武汉:华中科技大学出版社,2023.
[5] 曲远方. 功能陶瓷材料[M]. 北京:化学工业出版社,2003.
[6] 曾令可,王慧. 陶瓷材料表面改性技术[M]. 北京:化学工业出版社,2006.
[7] 李斌,吴悦梅. 航空工程材料[M]. 西安:西北工业大学出版社,2019.

第 7 章

复 合 材 料

现代科技推动工程材料向复合化等方向发展,先进复合材料性能卓越、应用前景广,在民用工业等多领域广泛应用且市场潜力巨大。其强度高、质量小等优异性能使得宇航工业成为其重要的应用领域。因质量对航天飞行器至关重要,而复合材料能更好地满足环境对其的要求,是理想的宇航材料,故而其发展对宇宙航空业至关重要,且在机械工业、体育用品和医疗健康等方面也前景广阔。

7.1 概述

复合材料(composite materials,CM),是指由两种或两种以上不同性质的材料,通过物理或化学的方法,在宏观(微观)上组成具有新性能的材料。各种材料在性能上互相取长补短,使复合材料的综合性能优于原组成材料而满足各种不同的要求。例如,钢筋混凝土就是钢筋和混凝土两种材料的复合,快艇的船身、餐厅的桌椅是由塑料中嵌入玻璃纤维制成的玻璃纤维增强塑料(玻璃钢)制作的,飞机的机翼、火箭的发动机壳体是用碳纤维复合材料制成的。在广泛运用基础上,复合材料成为大有发展前途的一类新型材料。

7.1.1 复合材料的分类

复合材料是人们运用先进的材料制备技术将不同性质的材料组分优化组合而成的新材料。一般情况下被定义为复合材料需满足以下条件:①复合材料必须是人造的,是人们根据需要设计制造的材料;②复合材料必须由两种或两种以上化学、物理性质不同的材料组分,以所设计的形式、比例、分布组合而成,各组分之间有明显的界面存在;③复合材料具有结构可设计性,可进行复合结构设计;④复合材料不仅能保持各组分材料性能的优点,而且通过各组分性能的互补和关联可以获得单一组成材料所不能达到的综合性能。

复合材料的分类相当复杂,可以从多个角度进行划分。以下是一些主要的分类方式。

1) 按基体材料分类

(1) 金属基复合材料(metal matrix composites,MMC)。包括铝基、钛基、镁基、铜基、锌基、铅基、镍基、银基以及金属间化合物基复合材料等。

(2) 聚合物基复合材料(polymer matrix composite,PMC)。包括热固性和热塑性树脂基复合材料。热固性树脂基复合材料主要有环氧树脂基、酚醛树脂基、不饱和聚酯基等;热塑性树脂基复合材料则包括聚苯硫醚基、聚醚醚酮基、聚碳酸酯基等。

(3) 陶瓷基复合材料(ceramic matrix composite,CMC)。指以陶瓷作为基体材料的复合材料。陶瓷基体可为氮化硅、碳化硅等高温结构陶瓷。

2) 按增强相形状分类

(1) 纤维增强复合材料。以纤维作为增强相的复合材料。

(2) 粒子增强复合材料。以粒子作为增强相的复合材料。

(3) 层状复合材料。由不同材料层叠而成的复合材料。

3) 按复合材料的性能分类

(1) 结构复合材料。主要用于承受载荷并具有优良力学性能的复合材料。

(2) 功能复合材料。除了力学性能外,还具有其他特定功能的复合材料,如导电、导热、吸波等。

4) 按增强纤维不同分类

(1) 碳纤维复合材料。使用碳纤维作为增强材料的复合材料。

(2) 玻璃纤维复合材料。使用玻璃纤维作为增强材料的复合材料。

5) 按宏观结构形式分类

复合材料可以分为层压结构(图7-1)、夹层结构(图7-2)、点阵结构(图7-3)等。这些结构形式各有特点,适用于不同的场景。

图7-1 层压结构示意图

图7-2 夹层结构示意图

图7-3 点阵结构示意图

(1) 层压结构。层压结构复合材料由多层不同材料或相同材料按一定方向和顺序层叠而成。每层材料之间通过粘合剂或其他连接方式固定在一起,形成一个整体。这种结构形式可以提高复合材料的整体强度、刚度和稳定性。

(2) 夹层结构。夹层结构复合材料通常由两个表面层和一个或多个中间芯层组成。表面层通常具有较高的强度和刚度,而芯层则具有较低的密度和良好的隔音、隔热性能。这种结构形式可以实现轻量化和提高复合材料的整体性能。

(3) 点阵结构。点阵结构复合材料具有规则的几何形状和排列方式,类似于点阵或网格。这种结构形式可以提高复合材料的力学性能和能量吸收能力,同时也具有一定的设计灵活性和可调性。

6) 按模量等级和强度分类

复合材料可以分为超高模、高模、中模复合材料以及超高强、高强复合材料。复合材料按照模量等级和强度的分类情况,见表7-1。

表7-1 复合材料按照模量等级和强度分类

分类	模量范围/GPa	力学性能特点	适用场合
超高模量级(UHM)	395以上	极高模量和优秀力学性能	承受极大载荷、保持高精度场合

续表

分类	模量范围/GPa	力学性能特点	适用场合
高模量级(HM)	310~395	较好刚性和稳定性	对材料形变要求严格领域
中模量级(IM)	255~310	模量适中,有刚性和韧性	各种工程结构件
超高强度级(UHT)	强度3.5GPa以上且模量255以下	极高强度,能承受极大外力	高强度要求零部件和结构件
高强度级(HT)	强度达到3.5GPa	较高强度且有一定韧性	对强度和韧性有要求场合

除了上述分类方法,复合材料还可以根据分散相的形态、应用领域等其他方式进行分类。随着材料科学的不断发展,新的复合材料种类和分类方式也在不断涌现。

7.1.2 复合材料的特征

复合材料是针对单一材料性质的局限性而诞生的一种综合性材料,可以根据使用的要求,来取得单一材料无法达到的物理、化学、机械性能等。复合材料的性能特点主要包含以下几个方面:

(1) 高比强度和比刚度。复合材料的质量轻而强度高,这使得其在航空航天、汽车、体育器材等领域具有广泛应用。通过优化设计和选择合适的增强相和基体材料,可以获得更高的比强度和比刚度,满足轻量化需求。

(2) 良好的抗疲劳性能。复合材料在交变载荷作用下具有良好的抗疲劳性能,这得益于其内部结构的多样性和各组分之间的相互作用。相比传统金属材料,复合材料的疲劳寿命更长,更适用于承受长期交变载荷的场合。

(3) 优异的耐腐蚀性能。复合材料中的增强相和基体材料通常具有良好的耐腐蚀性,这使得复合材料在恶劣环境下仍能保持良好的性能。例如,碳纤维增强聚合物基复合材料在海洋环境中具有优异的耐腐蚀性,适用于制造船舶、海洋平台等。

(4) 良好的热稳定性和耐高温性能。一些复合材料如陶瓷基复合材料,具有极高的热稳定性和耐高温性能。这使得它们在高温环境下仍能保持良好的力学性能和化学稳定性,适用于制造高温炉具、航空发动机等部件。

(5) 可设计性强。复合材料的性能可以通过调整组分材料的种类、含量、分布以及制备工艺等参数进行灵活设计。这使得复合材料能够满足不同领域和场合对材料性能的特殊要求,并具有广泛的应用前景。

7.2 复合材料增强体材料

复合材料增强体材料是指在复合材料中起到增加强度和改善性能作用的重要组分。这些材料通常被设计成能够承受特定的负载和环境条件,以满足不同领域的应用需求。增强体材料按照形成方式可以分为天然和人造两类,按照形态可以分为颗粒状、薄片状和纤维状,按照物质的结合键和物化特性可以分为陶瓷类和高聚物类。增强体可以分为以下几类:

(1) 陶瓷类增强体。这类材料具有高硬度、高模量、高耐磨性和优异的热稳定性等特点。常见的陶瓷类增强体包括氧化铝、碳化硅、氮化硅等,它们被广泛应用于航空航天、汽车、机械等领域,以提高复合材料的整体性能。

(2) 高聚物类增强体。这类材料具有良好的柔韧性、耐腐蚀性和加工性能。常见的高聚物类增强体包括芳纶纤维、碳纤维、玻璃纤维等。这些材料在航空航天、体育器材、建筑等领域有广泛应用，特别是在需要轻量化和高强度的场合。

（3）颗粒状增强体。这类材料通常以颗粒形式添加到复合材料中，起到增加强度、改善耐磨性和提高热稳定性的作用。常见的颗粒状增强体包括碳化硅颗粒、氧化铝颗粒等。

（4）薄片状增强体。这类材料主要用于提高复合材料的层间剪切强度和抗冲击性能。常见的薄片状增强体包括石墨片、金属箔等。

（5）纤维状增强体。这类材料是复合材料中最常用的增强体形式之一，它们以纤维形式分散在基体材料中，起到承受负载、提高强度和韧性的作用。常见的纤维状增强体包括碳纤维、玻璃纤维、芳纶纤维等。这些纤维具有高强度、高模量、耐腐蚀等特点，在航空航天、汽车、体育器材等领域有广泛应用。

7.2.1 玻璃纤维

玻璃纤维是一种性能优异的无机非金属材料，主要由石英砂、氧化铝、叶蜡石、石灰石、白云石、硼酸、纯碱、芒硝、萤石等原料制成。生产方法大致分为两类：一类是将熔融玻璃直接制成纤维；另一类是将熔融玻璃先制成直径较大的玻璃球或棒，再通过加热重熔后制成直径较小的纤维。玻璃纤维按照组成、性质和用途可分为不同级别，其中 E 级玻璃纤维有良好的电绝缘性能广泛应用于绝缘部件制造，而 S 级则为特殊纤维。

玻璃纤维（图 7-4）的性能包括良好的绝缘性、强耐热性、好的抗腐蚀性以及高的机械强度。然而，它也有一定的缺点，如性脆和耐磨性较差。玻璃纤维的密度高于有机纤维但低于金属纤维，具有较高的断裂强度，尺寸稳定性好，硬度较高，这些特性使得它在许多领域都有应用。

因玻璃纤维不影响雷达工作，因而 C919 的雷达罩就使用了玻璃纤维，同时 C919 舱体隔音隔热系统采用了轻质、柔性的玻璃纤维隔音隔热毡，通常称之为"飞机棉"。该材料专为节省空间和重量而设计，隔音、隔热和排水效果显著。襟翼等一些受力相对较小的部件也使用了玻璃纤维复合材料，在满足设计要求的同时降低了制造成本。

图 7-4 玻璃纤维

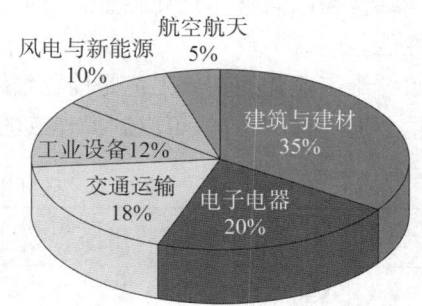

图 7-5 玻璃纤维应用领域

玻璃纤维在航空航天领域的应用还远不止于此。由于其良好的耐候性和化学稳定性，玻璃纤维复合材料常被用于制造飞机外部的蒙皮、舵面等部件，这些部件需要承受复杂的气动载荷和环境侵蚀，而玻璃纤维复合材料恰好能够满足这些要求。玻璃纤维应用领域如图 7-5 所示。

在船舶制造领域，玻璃纤维同样发挥着重要作用。大型游艇、渔船以及某些特殊用途的船只，往往采用玻璃纤维复合材料作为船体结构材料，这不仅因为玻璃纤维复合材料具有较轻的质量，还因为其具有良好的耐腐蚀性和抗疲劳性能，能够在恶劣的海洋环境中保持长期稳定性。

此外,玻璃纤维在建筑、汽车、电子电器等领域也有着广泛的应用。在建筑领域,玻璃纤维增强塑料常被用作墙体、屋顶等结构的材料,具有轻质、高强、耐腐蚀等优点;在汽车领域,玻璃纤维复合材料被用于制造车身、引擎盖等部件,有助于减轻车辆重量,提高燃油经济性;在电子电器领域,玻璃纤维复合材料因其良好的绝缘性能和耐热性能而被广泛应用于电器外壳、电路板等部件的制造。

7.2.2 碳纤维

碳纤维(图 7-6)是一种含碳量高达 90% 以上的特殊纤维材料,以其卓越的高强度和高模量特性而著称。这种纤维在耐高温性能方面表现尤为突出,稳居所有化学纤维材料的首位。其通常以腈纶和黏胶纤维作为主要原料,经过一系列复杂的高温氧化和碳化处理工艺精心制成。正是由于碳纤维所具备的这些卓越物理性能,使其在众多高科技领域,尤其是航天航空等对材料性能要求极高的领域,得到了广泛的应用和认可(表 7-2)。

图 7-6 碳纤维制品

中国在碳纤维这一具有重要战略意义新兴材料的利用及其发展进程中,展现出了极为广泛且充满活力的积极态势。碳纤维作为一种高性能材料,其应用范围已经深入到中国多个关键领域,包括但不限于大型商用飞机的制造、卫星等航天器的结构部件,以及各类船舶的建造等方面,充分体现了中国在这一前沿材料领域的显著进步和广泛应用前景。

C919 大型客机上同样采用了碳纤维材料,具体为 T800 级碳纤维复合材料。这种高性能材料是由增韧环氧树脂基体和增强纤维 T800 碳纤维精心制备而成。相比传统的 T300 碳纤维,T800 级碳纤维复合材料的拉伸强度和拉伸模量均有显著提升,大约提高了 50% 左右。正是由于这种材料的优异性能,C919 的后机身、平垂尾以及其他受力较大的关键部件都选用了 T800 级碳纤维复合材料。这一材料的应用,不仅大幅提升了部件的承载能力和耐久性,还使得整个机体结构得以向整体化和轻量化方向发展,从而有效降低了飞机的自重、提高了燃油效率和飞行性能。

现代碳纤维工业化的主要工艺是前驱纤维炭化工艺法,这种方法涉及多种原料纤维的组成和含碳量。通过这一工艺,可以制得连续的碳纤维长丝,从而实现碳纤维的工业化生产。

表 7-2 碳纤维的应用领域及作用

领域	碳纤维作用	2021 年数据	未来预测数据
风电	使叶片减重 15%~20%,提升发电效率	消耗 2.25 万 t	10 万 t 级别
轨道交通	减轻列车重量,降低运营成本	—	需求量超 2 万 t(按 10% 替换率算)
新能源汽车	轻量化部件,延长新能源汽车续航能力	需求量 6.2 万 t,全球占比 53%	—

7.2.3 芳纶纤维

芳纶纤维(aramid fiber)是一种高强度、高模量的合成纤维(图 7-7),其全称为"聚对苯二甲酰对苯二胺"。芳纶纤维具有耐高温、耐酸耐碱、重量轻等优良性能。它在20世纪60年代由美国发明,并且芳纶纤维因其出色的物理性能,被广泛应用于航天航空等高技术领域。芳纶蜂窝是一种轻质、高强度的非金属复合材料,模仿蜂巢结构,由酚醛树脂浸渍的芳纶纤维纸制成。它具有抗冲击、耐腐蚀、隔音隔热的特性,强度比铝蜂窝高出30%～60%、重量却轻25%～30%。芳纶蜂窝还用于制造防弹衣、消防服等特种服装以及加固输送带橡胶带,以提高强度和耐磨性。

图7-7 芳纶纤维

芳纶纤维的市场需求持续增长,尤其是在安全防护和军事应用方面。据有关报道,通过使用芳纶纤维,产品的耐磨性可以提高50%～70%。这使得芳纶纤维成为复合材料以及工作服的理想选择。芳纶纤维的生产过程包括聚合、湿纺、干燥和热处理等步骤。这个过程可以产生连续的芳纶长丝,从而实现芳纶纤维的工业化生产。芳纶纳米纤维作为一种新型的高性能纳米材料,其具有极高的长径比和表面积,以及优异的力学性能、热稳定性、阻隔性能和电学性能等,所以在其发展前景受到广泛关注。

7.2.4 芳杂环纤维

芳杂环纤维是一类在芳香族聚合物链上引入带有氮、氧、硫等原子杂环的聚合物纤维。这类纤维通过在分子结构中引入杂环,降低了高分子链的规整性,从而提高了纤维的强度和模量。杂环芳纶纤维的一个典型例子是俄罗斯的Apmoc纤维,它的断裂强度和弹性模量分别比美国杜邦公司生产的Kevlar-49芳纶(芳纶1414)高出38%和20%,同时还保持了较高的断裂伸长率。

俄罗斯的Apmoc纤维就被用于制造导弹发动机壳体的主体材料,其壳体容器特性系数高达35～45 km,发动机质量比普遍达到0.92～0.932。此外,芳杂环纤维也用于制造防弹材料,如防弹背心、防弹头盔等。芳杂环纤维的研究和应用正在不断发展。不同芳杂环纤维直径见表7-3。

表7-3 不同芳杂环纤维直径

纤维类型	直径范围	应用领域	特点
常规杂环芳纶	10～15 μm	防弹材料、航空航天	高强高模、耐高温
纳米级杂环芳纶	10～100 nm	吸附过滤、电池隔膜	高比表面积、分散性好
浆粕纤维	20～30 μm	复合材料增强、密封材料	表面毛绒状、吸附性强
预浸布用纤维	12 μm	复合材料(如飞机部件)	轻质、耐冲击
功能化改性纤维	10～15 μm(表面粗糙)	高温过滤、环保材料	增强界面结合、耐化学腐蚀

7.2.5 超高分子量聚乙烯

超高分子量聚乙烯(UHMWPE)是指分子量在150万以上的无支链的线性聚乙烯。它以高的比强度和比模量而著称,其比强度是同等截面钢丝的十多倍,比模量仅次于特级碳纤维。UHMWPE 的密度低,大约在 $0.97\sim0.98\,g/cm^3$ 之间,因此它可以在水上漂浮。此外,它还具有低的断裂伸长率和大的断裂功,显示出强大的能量吸收能力,这使得它具有良好的抗冲击性和抗切割性。

UHMWPE因其卓越的物理性能而被广泛应用于多个领域。它被用于制造防弹衣和防弹头盔,以及各种绳缆和渔网。此外,它还用于安防劳保用品、民用凉席、箱包、户外帐篷等方面。目前,能够工业化生产 UHMWPE 的公司有限,主要包括荷兰帝斯曼公司(DSM)、美国霍尼韦尔公司(Honeywell)和日本东洋纺公司(Toyobo)。这些公司的年总产量不到 9 000 t。UHMWPE 在国外主要用于防弹衣和武器装备,占总量的大部分,其次是绳缆和渔网等。UHMWPE 的研究和应用正在不断发展。例如,中国在 UHMWPE 的生产技术方面取得了突破,目前已经形成多个产业化生产基地。这表明 UHMWPE 的生产技术和应用范围正在逐步扩大,未来可能会有更多的创新和应用出现。高性能纤维材料性能指标对比见表 7-4。

表 7-4 高性能纤维材料性能指标对比

性能指标	UHMWPE 纤维	碳纤维	芳纶(如凯夫拉)	钢丝
比强度(强度/密度)	15 倍于钢丝(3.5～4 GPa)	2.6 倍于 UHMWPE	1.7 倍于 UHMWPE	基准值
密度/(g/cm^3)	0.97～0.98	1.75～1.95	1.44	7.85
断裂伸长率	3.5%～3.7%	1.5%～2.0%	2.5%～4.0%	0.5%～2.0%
模量/GPa	91～140	230～600	70～130	200～210
抗冲击吸收能	碳纤维的 1.8 倍、芳纶的 2.6 倍	基准值	基准值	—
耐磨性(循环次数)	最优	中等	中等	低
耐化学腐蚀性	耐强酸强碱	耐腐蚀	耐酸不耐碱	易氧化
工作温度上限	80～100 ℃	300 ℃以上	200～250 ℃	400 ℃

7.3 增强体的结构形式

复合材料增强体是指为复合材料中承受载荷的组分。按几何形状来分,增强体有零维的颗粒状、一维的纤维状、二维的片状和三维的立体结构。按属性来分则有无机和有机增强体,其中有合成的也有天然的。主要的增强体是纤维状的,如无机的玻璃纤维、碳纤维,还有少量碳化硅等陶瓷纤维,有机的则有芳酰胺纤维(芳纶)。二维的布和毡也是常用的增强体,其中玻璃、碳以及芳纶都有。目前三维异形织物正在发展,其适合于各种复合材料型材和整体件的需要。复合材料增强体的结构形式多种多样,它们的主要目的是提高复合材料的力学性能、耐热性、耐磨性等。根据结构特点,其可以分为纤维增强复合材料、夹层复合材料、细粒复合材料和混杂复合材料。

7.4 聚合物基复合材料

聚合物基复合材料(polymer matrix composites,PMCs)是由聚合物基体和增强材料组成的复合材料。这类材料因其轻质、高强度、耐腐蚀和可设计性强等特点,在航空、航天、汽车、建筑、体育用品等领域得到了广泛应用。聚合物基体可以是热固性聚合物,如环氧树脂、酚醛树脂、聚酰亚胺等,也可以是热塑性聚合物,如聚丙烯、聚乙烯、聚碳酸酯等。

7.4.1 聚合物基复合材料概述

聚合物基复合材料的种类繁多,根据增强材料的种类和性质,聚合物基复合材料的种类主要有:

(1) 玻璃纤维增强树脂基复合材料。这是一种常见的复合材料,广泛应用于建筑、船舶、汽车等行业。

(2) 天然纤维增强树脂基复合材料。这类复合材料使用的是天然纤维如麻、棉、竹等,主要用于环保包装、家具等领域。碳纤维增强的聚合物复合材料具有高的强度和刚度。

(3) 碳纤维增强树脂基复合材料。碳纤维增强的聚合物复合材料具有高的强度和刚度,如用于航空发动机涡轮叶片(图7-8)。

(4) 芳纶纤维增强树脂基复合材料。芳纶纤维是一种高强度的合成纤维,其增强的聚合物复合材料主要用于防护服、安全帽、防弹衣等。

(5) 金属纤维增强树脂基复合材料。金属纤维增强的聚合物复合材料具有良好的导电性和电磁屏蔽效果,常用于电子设备、电磁屏蔽等领域。

(6) 特种纤维增强聚合物基复合材料。特种纤维如碳纳米管、石墨烯等增强的聚合物复合材料,具有优异的电性能和机械性能,可用于制造超级电容器、电池等。

图7-8 航空发动机涡轮叶片

图7-9 碳陶刹车盘结构示意图

(7) 陶瓷颗粒树脂基复合材料。陶瓷颗粒增强的聚合物复合材料具有高的耐磨性和耐热性,常用于刹车盘(图7-9)、燃气轮机等高温工况。

(8) 热塑性树脂基复合材料。如聚乙烯、聚丙烯、尼龙、聚苯硫醚(PPS)、聚醚醚酮(PEEK)、聚醚酮酮(PEKK)等,这些材料具有良好的加工性能和机械性能。

(9) 热固性树脂基复合材料。如环氧树脂、聚酰亚胺、聚双马来酰亚胺(PBMI)、不饱和聚酯等,这些材料具有良好的粘接性能和耐热性。

(10) 聚合物基纳米复合材料。这类复合材料通过引入纳米级别的填料,可以显著提升聚合物的机械性能、热性能和电性能。

聚合物基复合材料在建筑、化学、交通、机械电器、电子、医疗、国防等领域广泛应用。先进复合材料有三项成果:一是美国全碳纤维复合材料的8座里尔芳2100号商用飞机试飞成功,重567 kg,结构小巧轻盈;二是哥伦比亚号航天飞机大量使用先进复合材料,包括碳纤维/环氧树脂、凯芙拉纤维/环氧树脂、硼/铝、碳/碳、硼纤维增强钛合金、陶瓷基复合材料等用于不同部件;三是波音767大型客机用碳纤维、有机纤维、玻璃纤维增强树脂及混杂纤维复合材料制造机翼前缘等构件,减轻重量并提升飞行性能。先进复合材料研究应用集中于国防工业,高性能聚合物基复合材料(如碳纤维和芳纶纤维增强环氧树脂、多官能团环氧树脂和BMI)性能稳定且大量应用,类似T300/PMR-15性能的已研制成功,一批高性能热塑性聚合物基复合材料(如PEEK、PECK、PPS)正从实验室走向实用。

同时,先进复合材料构件正在由次承力件向主承力件过渡。在成型工艺方面,先进复合材料借助玻璃钢成型技术逐步实现由手糊到机械化自动化的转变。

7.4.2 聚合物基复合材料制造工艺

复合材料是指根据应用的需要进行设计,把两种以上的有机聚合物材料,或无机非金属材料,或金属材料组合在一起,使之互补性能优势,从而制成的一类新型材料。一般由基体组元与增强材料或功能体组元所组成,因此亦属于多相材料范畴。

复合材料的结构通常是一个相为连续相,称为基体;而另一相是以独立的形态分布在整个连续相中的分散相,与连续相相比,这种分散相的性能优越,会使材料的性能显著增强,故常称为增强体(也称为增强材料、增强相等)。在大多数情况下,分散相较基体硬,强度和刚度较基体大。分散相可以是纤维及其编织物,也可以是颗粒状或弥散的填料。在基体与增强体之间存在着界面。聚合物基复合材料的制造工艺主要包括以下几种:

1) 手糊成型

手糊成型为传统复合材料制造工艺,也称湿法铺层或接触成型工艺,主要用于小批量、多样化产品生产。工人手动将玻璃纤维织物和树脂交替铺在模具上固化成型。

(1) 优缺点。

① 优点。成型不受产品尺寸和形状限制,适合大尺寸、小批量、复杂形状制品。设备简单、投资少、见效快,适合乡镇企业。工艺简单,生产技术易掌握,短期培训即可生产。可在产品不同部位增补增强材料,制品树脂含量高、耐腐蚀性能好。

② 缺点。生产效率低、周期长,不适合大批量生产。手工操作导致产品质量不易控制、性能稳定性差。生产环境差,气味大、粉尘多,可能伤害施工人员。

(2) 手糊成型工艺的典型步骤。

① 生产准备。包括场地、模具、树脂胶液配制和增强材料准备。

② 糊制与固化。在模具上刷含固化剂的树脂混合物,铺纤维织物,压挤排泡,反复操作至所需厚度,然后热压或冷压固化成型,最后脱模。

③ 脱模和修整。脱模要保证制品无损,有顶出、压力等脱模方法。大型制品脱模可能需千斤顶、吊车和硬木楔等工具。此工艺虽简单,但需技巧和经验。

2) 喷射成型

喷射成型是一种半机械化的复合材料制造工艺,它是在手糊成型工艺的基础上改进而来的。这种工艺的主要特点是,使用喷枪将混有引发剂和促进剂的两种聚酯分别从喷枪两侧喷出,同时将切断的玻纤粗纱由喷枪中心喷出,使其与树脂均匀混合,沉积到模具上,当沉积到一定厚度时,用辊轮压实,使纤维浸透树脂,排除气泡,固化后成制品。喷射成型工艺示意图如图7-10所示。

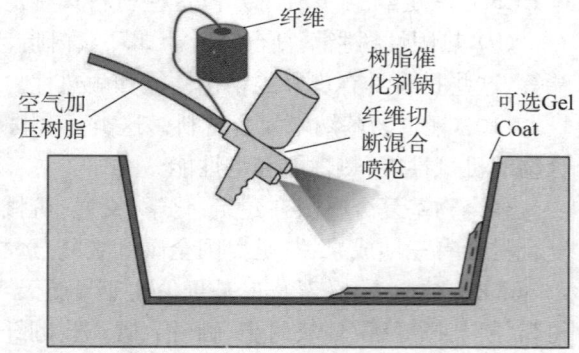

图7-10 喷射成型工艺示意图

喷射成型工艺主要有以下优点：
(1) 使用玻纤粗纱代替织物，可以降低材料成本；
(2) 生产效率比手糊的高 2~4 倍；
(3) 产品整体性好，无接缝，层间剪切强度高，树脂含量高，抗腐蚀，耐渗漏性好；
(4) 可以减少飞边，裁布屑及剩余胶液的消耗；
(5) 产品尺寸、形状不受限制。

然而，喷射成型工艺也有一些缺点，例如：树脂含量高，制品强度低；产品只能做到单面光滑；可能会污染环境，对工人健康有害。总的来说，喷射成型工艺是一种比较高效的复合材料制造工艺，尤其适用于大型船体制造等大规模生产场景。

3) 树脂传递模塑成型

树脂传递模塑(resin transfer moulding，RTM)是将树脂注入闭合模具中浸润增强材料并固化的工艺方法。该项技术可不用预浸料、热压罐，有效降低设备成本、成型成本。该项技术近年来发展很快，在飞机工业、汽车工业、舰船工业等领域应用广泛，并研究发展出 RFI、VARTM、SCRIMP、SPRINT 等多种分支，满足不同领域的应用需求。

RTM 技术起源于 20 世纪 50 年代，是手糊成型工艺改进的一种闭模成型技术，可以生产出两面光的制品。RTM 的基本原理是将玻璃纤维增强材料铺放到闭模的模腔内，用压力将树脂胶液注入模腔，浸透玻纤增强材料，然后固化，脱模成型制品。

RTM 技术的优点包括：
(1) 可以制造两面光的制品；
(2) 成型效率高，适合于中等规模的玻璃钢产品生产(20 000 件/年以内)；
(3) RTM 为闭模操作，不污染环境，不损害工人健康；
(4) 增强材料可以任意方向铺放，容易实现按制品受力状况铺放增强材料；
(5) 原材料及能源消耗少；
(6) 建厂投资少，上马快。

RTM 技术适用范围很广，目前已广泛用于建筑、交通、电信、卫生、航空航天等工业领域。已开发的产品有汽车壳体及部件、娱乐车构件、螺旋桨、8.5 m 长的风力发电机叶片、天线罩、机器罩、小型游艇等。

RTM 技术的研究发展方向将包括微机控制注射机组、增强材料预成型技术、低成本模具、快速树脂固化体系、工艺稳定性和适应性等。

4) 袋压成型

袋压成型是指将纤维预制件铺放在模具中，盖上柔软的隔离膜，在热压下固化，经过所需的固化周期后，材料形成具有一定结构的构件。袋压成型可分为三种：真空袋压成型、压力袋压成型和热压罐成型。

具体来说，袋压成型是借助弹性袋(或其他弹性隔膜)接受流体压力而使介于刚性模和弹性袋之间的增强塑料均匀受压而成为制件的一种方法。加工聚四氟乙烯等材料时的工艺为袋压成型，袋压成型是制备热固性材料以及大型复合材料器件的重要方法之一。按照流体压力的不同，一般可分为加压袋成型、真空袋压成型和热压釜成型等。

袋压成型技术的优点包括：产品两面光滑；能适应聚酯、环氧和酚醛树脂；产品性能比手糊的高。此外，袋压成型不受制品形状、尺寸限制，特别适用于数量少、整体式结构，造型复杂及大型制品的生产和试制。

然而，袋压成型技术也有其局限性，例如对工人技术水平要求较高，生产效率相对较低，劳动条件较差等。尽管如此，袋压成型仍然是一种重要的复合材料制造工艺，被广泛应用于多个领域。

5）真空辅助树脂注射成型

真空辅助树脂注射成型（vacuum assisted resin infusion molding，VARIM）是在 RTM 基础上发展起来的一种高性能、低成本的成型工艺。在真空环境下，树脂可以更好地流动和充填模具，从而减少气泡和缩孔等缺陷。此外，真空环境还可以有效地去除模具表面的油污和杂质，提高产品的表面质量。VARIM 作为一种新型的液体模塑成型技术，在改装汽车、航空航天、国防工程、船舶工业、能源工业、轨道交通等领域有广泛应用。

与传统 RIM、RTM 工艺相比，VARIM 工艺的优势如下：

（1）使用成本。低玻璃钢模具成本大约只有金属模具的 1/5，而且因为轻，不需要昂贵的合模机。设备价格低，改进的进口注射设备大约只有传统设备的 1/10。

（2）制品优秀。真空辅助排气泡，制品缺陷少，力学性能好。

（3）绿色环保节能。燃烧不产生二噁英，属固体燃料。

（4）生产门槛低。生产成本估计为传统 RIM 的 10% 左右，特别适合小批量的产品。

（5）效率高。生产效率高于 FRP、RTM。

（6）使用条件广泛。不惧水汽，可暴露于空气中使用。

6）纤维缠绕成型

纤维缠绕成型是树脂基复合材料的主要制造工艺之一，是指在控制张力和预定线型的条件下，将连续的纤维粗纱或布带浸渍树脂胶液、连续缠绕在相应于制品内腔尺寸的芯模或内衬上，然后在室温或加热条件下使之固化制成一定形状制品的方法。

纤维缠绕技术的发展与增强材料、树脂体系的发展和工艺发明息息相关，尽管在汉代就有在长木杆外加纵向竹丝及环向蚕丝后浸渍大漆制造戈、戟等长兵器杆的工艺，但直到 20 世纪 50 年代纤维缠绕才真正成为一种复合材料制造技术。1945 年首次应用纤维缠绕技术成功制造了无弹簧的车轮悬挂装置，1947 年第一台纤维缠绕机被发明。随着碳纤维、芳纶纤维等高性能纤维的开发和微机控制缠绕机的出现，纤维缠绕作为一种机械化生产程度很高的复合材料制造技术，得到迅速的发展，20 世纪 60 年代开始其在几乎所有可能的领域都得到了应用。

缠绕成型作为一种常用的复合材料成型方法，其特点包括：

（1）优点。

① 易于实现高比强度制品的成型。与其他成型工艺方法相比，以缠绕工艺成型的复合材料制品中纤维伸直和按规定方向排列的整齐和精确度较高，制品能充分发挥纤维的强度，因此比强度和比刚度均较高。

② 易于实现制品的等强度设计。由于缠绕时可以按照承力要求确定纤维排布的方向、层次和数量，因此易于实现等强度设计，制品结构合理。

③ 制造成本低，制品质量高度可重复。缠绕制品所用增强材料大多是连续纤维、无捻粗纱和无纬带等材料，无须纺织，从而减少了工序、降低了成本，同时也避免了布纹交织点与短切纤维末端的应力集中。纤维缠绕工艺容易实现机械化和自动化，产品质量高而稳定，生产率高，便于大批量生产。

④ 适于耐腐蚀管道、储罐和高压管道及容器的制造，这是其他工艺方法所不及的。

(2) 局限性。虽然目前缠绕成型工艺是各种复合材料成型工艺中机械化、自动化程度较高的一种,能制造出性能优良的制品,但是它也存在如下局限性:

① 在湿法缠绕过程中易形成气泡,造成制品内孔隙过多,从而降低层间剪切强度、压缩强度和抗失稳能力。因此,要求在生产过程中尽量采用活性较强的稀释剂,控制胶液黏度,改善纤维的浸润性及适当增大纤维张力等,以便减少气泡和孔隙率。

② 缠绕复合材料制品的开孔周围应力集中程度高,层间剪切强度低。为了连接配件而开口进行的切割、钻孔或开槽等都会降低缠绕结构的强度。因此要求结构设计合理,制品完全固化后尽量避免切割、钻孔等破坏性的加工。对于确需开孔、开槽的复合材料制品,需要采用局部补强措施。

③ 对成型制品的形状有局限性,不太适宜于带凹曲线表面(双负曲率曲线)部件的制造。到目前为止,缠绕制品多为圆柱体、球体及某些正曲率回转体,如管、罐、椭圆运输罐等。对于非回转体或负曲率回转体制品的缠绕规律及缠绕设备比较复杂,尚处于研究阶段。

7.4.3 聚合物基复合材料在航空航天中的应用

聚合物基复合材料因其出色的性能,如高强度、低重量、良好的耐腐蚀性和可设计性,已经成为航空航天领域不可或缺的材料之一。以下是聚合物基复合材料在航空航天领域的一些关键应用。

1) 飞机结构件

聚合物基复合材料在飞机结构件中的应用尤为突出。例如,一些主流的商用飞机(如波音787和空客A350)中大约50%的结构采用了碳纤维增强聚合物基复合材料,其主框架、机身/机翼等部位都由这种材料制成。碳纤维增强聚合物基复合材料(CFRPs)以其优异的强度、重量轻和抗疲劳性能高等特点逐步成为航空航天工业结构的主要材料之一。一些主流的商用飞机(如波音787和空客350)的制造中大约50%的结构采用CFRP,其主框架、机身/机翼等均由CFRP制造。此外,无人飞行器(UAV)制造中CFRP的结构重量已经达到60%~90%。

2) 卫星和航天器

在卫星和航天器方面,聚合物基复合材料同样发挥着重要作用。例如,纳米复合材料在航空航天工业中的应用已经被研究(图7-11),并被用作热阻物质,用作在发射期间保护航天器的结构部件。

图7-11 纳米复合材料在卫星中的应用

3) 航空航天工具和设备

在航空航天工具和设备方面,聚合物基复合材料也被广泛使用。一些新型的模具材料如改性树脂体系复合材料,已经在航空航天工业中被广泛使用(图7-12)。

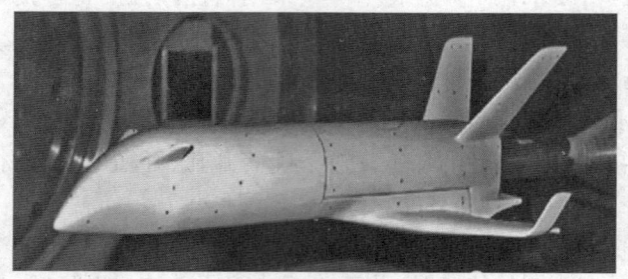

图7-12 航天飞机模具材料

随着科技的进步,聚合物基复合材料在航空航天领域的应用也在不断拓展。例如,纳米复合材料和磁性聚合物纳米复合材料已经开始进入航空航天领域,并展现出广阔的应用前景。聚合物基复合材料以其优异的性能和可设计性,已经成为航空航天领域不可或缺的材料之一。

7.5 金属基复合材料

7.5.1 金属基复合材料概述

金属基复合材料(metal matrix composites,MMCs)是以金属及其合金为基体,与一种或几种金属或非金属增强相人工结合成的复合材料(图7-13)。其增强材料大多为无机非金属,如陶瓷、碳、石墨及硼等,也可以用金属丝。它与聚合物基复合材料、陶瓷基复合材料以及碳/碳复合材料一起构成现代复合材料体系。

图7-13 金属基复合材料

金属基复合材料在力学方面表现为横向及剪切强度较高,韧性及疲劳等综合力学性能较好,同时还具有导热、导电、耐磨、热膨胀系数小、阻尼性好、不吸湿、不老化和无污染等优点。例如碳纤维增强铝复合材料其比强度$(3\sim4)\times10^7$ mm,比模量为$(6\sim8)\times10^9$ mm,又如石墨纤维增强镁不仅比模量可达1.5×10^{10} mm,而且其热膨胀系数几乎接近零。虽然目前还存在一些技术和成本上的挑战,但随着研发的不断深入和市场的逐步开拓,MMCs的未来发展前景广阔。

按照基体材料类型MMCs可以分为铝基、镁基、锌基、铜基、铅基、镍基、耐热金属基、金属间化合物基等多种类型。其中铝基复合材料因其良好的塑性、韧性、易加工及成本相对较低等优势,在工业中应用最为广泛。

7.5.2 金属基复合材料制造工艺

金属基复合材料的复合制备工艺复杂、技术难度较大,但制备技术研究是决定该类材料迅速发展和广泛应用的关键问题。所以,研究开发实用有效的制备方法一直是金属基复合材料的重要问题之一。

目前,尽管科研工作者们已经成功研制出多种复合工艺,然而这些工艺在实际应用中仍然存在一些亟待解决的问题。为了更好地理解和分类这些复合工艺,科研人员根据制备过程中基体材料的温度变化情况,将它们细分为三大类:液相复合工艺,即在制备过程中基体材料处于液态的工艺;固相复合工艺,这种工艺中基体材料始终保持固态;液-固两相复合工艺,这种工艺的特点是在制备过程中基体材料会经历从液态到固态的转变过程。通过对这些工艺的分类和研究,有助于进一步优化复合材料的制备技术,提升其性能和应用范围。

7.5.2.1 液相复合工艺

主要包括搅拌复合工艺(搅拌铸造法)、液态金属浸渗法、液态金属搅拌铸造法、共喷沉积技术等。这些工艺的优点在于能够制备精密复杂的零件,但缺点也很明显,例如可能出现铸造缺陷、颗粒分布不均匀等问题。

7.5.2.2 固相复合工艺

包括粉末冶金法、扩散粘接法(热压和热等静压技术)、变形压力加工法、爆炸焊接法等。这些方法可以在较低的温度下操作,避免了金属在高温下的活泼性问题。

7.5.2.3 液-固两相复合工艺

液-固两相复合工艺是一种独特的制造技术,它巧妙地融合了液相工艺和固相工艺各自的显著特点。通过这种结合,液-固两相复合工艺不仅能够充分利用液相工艺在材料均匀性和流动性方面的优势,还能有效发挥固相工艺在结构稳定性和机械性能上的特长。这种综合性的工艺方法,使得最终产品在性能和品质上得到了显著的提升,满足了更高标准的工业应用需求。常见的液-固两相复合工艺有以下几种:

1) 流变铸造法

对处于固-液两相区的熔体强烈搅拌形成低黏度半固态浆液,同时引入陶瓷颗粒,利用浆液触变特性分散增强相,防止陶瓷颗粒下沉或漂浮,让其在金属熔体中弥散分布。其存在搅拌工艺的问题,只适用于凝固区间较宽的金属,并且有界面反应、颗粒偏析等问题。

2) 固液两相区热压复合工艺

(1) 特性。具有流变性,能进行流变铸造;半固态浆液有触变性,可将流变铸造锭重新加热到要求的固相组分软化度,送到压铸机压铸,压铸时浇口处剪切作用能恢复流变性,从而充满铸型,这被称为触变铸造。

(2) 优势。颗粒或短纤维增强材料加入强烈搅拌的半固态合金中,半固态浆液中的球状碎晶粒子可分散和捕捉添加粒子,防止其上浮、下沉和凝聚,使添加粒子均匀分散,还能改善润湿性,促进界面结合。

7.5.3 铝基复合材料及其应用

铝基复合材料(aluminum matrix composites,AMCs)是一类具有优异性能的材料,因其高强度、轻质、良好的热导率和电导率等特性而备受关注。铝基复合材料通过将增强材料(如陶瓷颗粒、纤维或晶须)嵌入铝基体中,从而显著提高了材料的整体性能。

在航空航天领域,铝基复合材料因其轻质高强度的特性被广泛应用于飞机结构件、发动机部件和航天器的外壳等。这些应用要求材料具有优异的机械性能和耐腐蚀性,铝基复合材料正好满足这些需求。

汽车工业也是铝基复合材料的重要应用领域之一。随着对汽车轻量化要求的提高,铝基复合材料被用于制造汽车的车身、发动机部件和底盘等,以降低汽车的重量、提高燃油效率和行驶性能。

此外,铝基复合材料还在医疗器械、体育器材、电子封装等领域展现出广泛的应用前景。

例如,在医疗器械中,铝基复合材料可以用于制造手术器械、植入物和矫形设备等,并因其良好的生物相容性和耐腐蚀性而受到青睐。

在制备铝基复合材料时,可以选择不同的制备工艺和方法,以满足不同应用场景下的性能要求。例如,对于需要高强度和良好韧性的部件,可以采用粉末冶金法或搅拌铸造法制备;而对于需要复杂几何形状和较高精度的部件,则可以采用熔融浸渍法或喷射沉积法等技术制备。

7.5.4 钛基复合材料及其航空航天应用

钛基复合材料以其高强度、低密度、卓越的抗腐蚀性能以及在高温环境下的稳定性,成为航空航天领域不可或缺的材料。在航空发动机制造中,该材料被广泛应用于高压压气机叶片、涡轮盘等核心组件,显著提升了发动机的性能和可靠性。同时,钛基复合材料在飞机结构部件的制造中也发挥着重要作用,如用于机翼和机身等,有效减轻了飞机的重量,进而提高了燃油效率。随着相关技术的持续发展,钛基复合材料在航空航天领域的应用前景将更加广阔。

7.5.5 其他金属基复合材料

其他金属基复合材料根据基体和增强体材料不同分为多种类型,如镁、铜基等轻质高性能复合材料在航天航空领域广泛应用,不锈钢、镍基合金基等耐腐蚀性强的复合材料适用于苛刻环境。金属基复合材料凭借独特的复合结构,展现出相比基体金属更为卓越的性能。镁基复合材料以镁或镁合金为基体,添加增强相复合而成,兼具镁合金优点,克服其不足,实现结构功能一体化,在多方面性能良好,如高比强度、高比模量等,且耐腐蚀性和抗氧化性强,能在高温下稳定。

7.6 陶瓷基复合材料

在人类不断挑战极限的征途上,无论是追求更高推重比的航空发动机、探索更高效的核能系统,还是发展可重复使用的高超音速飞行器,材料始终是决定性的瓶颈。当传统金属在极端高温下屈服,当单一陶瓷的脆性成为致命弱点,一种兼具陶瓷耐高温、抗腐蚀特性与优异韧性的新材料——陶瓷基复合材料(ceramic matrix composites,CMCs)应运而生,成为突破高温应用极限的希望之星。它不仅是材料科学的重大突破,更是现代尖端科技领域不可或缺的战略性材料。

7.6.1 陶瓷基复合材料概述

陶瓷基复合材料是以陶瓷材料(如 SiC、Al_2O_3、Si_3N_4、ZrO_2 等)为基体,通过特定工艺引入增强体(如碳纤维、碳化硅纤维、氧化铝纤维、晶须或颗粒等)而形成的一类先进复合材料。

1) 结构组成

陶瓷基复合材料具有独特的多相结构,具体组成如下:

(1) 陶瓷基体。提供核心的高温稳定性、高硬度、优异的抗氧化/耐腐蚀性以及高弹性模量。

(2) 增强体。其核心作用是克服单一陶瓷的致命弱点——脆性。它通过多种机制(如纤维拔出、裂纹偏转、界面脱粘等)吸收断裂能量,从而显著提高材料的断裂韧性和抗损伤容限。

(3) 界面相。为基体与增强体之间一个极其关键的微观区域。它调控着应力传递、裂纹扩展行为,并保护增强体(尤其是纤维)免受加工和使用环境中的损伤。理想的界面相需要一定的"弱"度以利于增韧机制发挥,又需足够的稳定性以抵抗高温和环境侵蚀。常用界面材料包括热解碳(PyC)、氮化硼(BN)以及多层复合涂层等。

2) 分类

根据增强体的形态，陶瓷基复合材料主要分为以下几类：

(1) 连续纤维增强陶瓷基复合材料。以长纤维（单向、二维/三维编织织物）为增强体。这是性能最优异、应用潜力最大的一类，具有最高的断裂韧性和损伤容限，能够实现类似金属的"非脆性"断裂行为。代表体系有 SiCf/SiC（碳化硅纤维增强碳化硅基体）、Cf/SiC（碳纤维增强碳化硅基体）、氧化物纤维/氧化物基体。

(2) 晶须/短纤维增强陶瓷基复合材料。以短切纤维或晶须（如 SiC 晶须）为增强体。制备工艺相对简单，成本较低，各向同性较好，但韧性和抗冲击性通常低于连续纤维增强陶瓷基复合材料。

(3) 颗粒增强陶瓷基复合材料。以陶瓷颗粒（如 SiC、TiC 颗粒）为增强体。其主要目的是改善基体的硬度、耐磨性或某些特定性能（如热导率），对韧性的提升相对有限。

3) 性能

陶瓷基复合材料的卓越性能使其在极端环境应用中独树一帜，具体如下：

(1) 超凡的高温稳定性。这是陶瓷基复合材料最突出的性能。SiC 陶瓷基复合材料可在 1 400 ℃ 以上的氧化环境中长期稳定工作（远超镍基高温合金 1 100 ℃ 的极限），氧化物陶瓷基复合材料也能在 1 200 ℃ 左右保持性能。它们的高温强度保持率远高于金属。

(2) 显著的轻量化优势。陶瓷基复合材料的密度通常仅为高温合金的 1/4～1/3（例如，SiCf/SiC 密度为 2.0～2.8 g/cm^3，镍基合金为 8.0～9.0 g/cm^3）。这对于航空航天领域的减重增效至关重要。

(3) 卓越的断裂韧性与损伤容限。通过纤维增强和界面设计，陶瓷基复合材料实现了陶瓷材料梦寐以求的"非脆性"断裂。它们能承受一定程度的损伤而不会灾难性失效，具有更高的可靠性和安全性。

(4) 出色的耐腐蚀与抗氧化性。SiC 和氧化物陶瓷本身具有极强的惰性，使陶瓷基复合材料在高温腐蚀性气体环境（如燃气、熔盐、核辐照环境）中表现出众。

(5) 优异的高温蠕变抗性。在高温长期载荷下，陶瓷基复合材料的变形远小于金属合金，尺寸稳定性更好。

(6) 高硬度与耐磨性。继承了陶瓷基体的高硬度和耐磨性，适用于耐磨部件。

7.6.2 陶瓷基复合材料制备工艺

陶瓷基复合材料的性能高度依赖于其微观结构，而微观结构的形成则由复杂精密的制备工艺决定。主要工艺包括以下几种：

1) 化学气相渗透（chemical vapor infiltration，CVI）

将纤维预制体置于高温反应室内，通入气态前驱体（如甲基三氯硅烷 MTS 用于 SiC），前驱体在纤维表面和孔隙内发生化学反应并沉积出固态陶瓷基体。CVI 特点为：制备温度相对较低（通常<1 200 ℃），对纤维损伤小；能制备高质量、近净成型的复杂构件；基体纯度高、结晶性好；能精确控制界面涂层（如 PyC、BN）。然而，工艺周期非常长（数百小时），成本高昂；材料通常存在残余孔隙（5%～15%），可能需要多次循环或与其他工艺结合；难以制备厚壁或大尺寸部件。

2) 聚合物浸渍裂解（polymer infiltration and pyrolysis，PIP）

将纤维预制体浸渍入液态陶瓷前驱体聚合物（如聚碳硅烷 PCS 用于 SiC、聚硅氧烷用于 SiO$_2$），然后进行高温裂解处理，使聚合物转化为无机陶瓷基体。通常需要多次浸渍-裂解循环以提高致密度。PIP优点是：工艺温度相对较低（1 000~1 400 ℃）；可制备复杂形状；原材料成本较低。缺点是：多次循环导致周期长；裂解过程中产生大量气体和小分子，导致显著收缩和高孔隙率及微裂纹；基体通常为非晶或低结晶度，性能（如抗氧化性、蠕变抗性）常低于CVI基体。

3）熔融金属渗透/反应熔渗（reactive melt infiltration，RMI）

将熔融金属（通常还包括类金属元素Si）渗入含有碳源的纤维预制体（如C纤维或含C界面层）中，熔融金属与碳反应生成所需的陶瓷基体（如$Si+C \longrightarrow SiC$）。RMI特点为：工艺速度快（几小时至几十小时），效率高；材料致密度高（通常>95%），几乎无孔隙；基体接近完全结晶；工艺温度高（>1 400 ℃），可能损伤纤维；反应过程产生残余熔融金属（如SiC_f/SiC中通常含10%~15%游离Si），显著降低了材料的高温性能和抗氧化性（游离Si在>1 400 ℃时易熔化）；难以制备大尺寸或复杂薄壁构件；残余应力较大。

4）其他工艺

（1）纳米浸渍瞬态共晶（NITE process）。为一种改进的浆料浸渍烧结法。指将微米/纳米级陶瓷粉末、烧结助剂与溶剂制成浆料浸渍纤维预制体，然后在高温高压下烧结。能获得较致密、高性能的基体，尤其适用于SiC_f/SiC。

（2）烧结（sintering）。其主要用于颗粒或晶须增强陶瓷基复合材料。指将陶瓷粉末、增强体和烧结助剂混合成型（如干压、等静压），在高温下烧结致密化。工艺相对简单，但易纤维损伤、风险大，难以制备连续纤维复杂构件。

当前趋势是发展复合工艺（如CVI+PIP、PIP+RMI），以结合不同工艺的优点，克服单一工艺的缺点，实现材料性能与成本的优化平衡。

7.6.3 陶瓷基复合材料应用领域

陶瓷基复合材料的应用领域十分广泛。

在航空航天领域，陶瓷基复合材料正引发动力系统的革命性变革。第四代航空发动机的燃烧室衬套、高压涡轮外环和喷嘴导叶已广泛采用SiC_f/SiC复合材料，使其工作温度突破1 300 ℃，较传统镍基合金部件减重达60%。美国GE公司LEAP发动机的CMC涡轮导叶，使燃油效率提升15%，累计飞行时数已超2 000万h。高超音速飞行器的尖锐前缘和热防护系统中，ZrB_2-SiC基陶瓷基复合材料在2 000 ℃气动加热下仍保持结构完整性，支撑着10马赫（1马赫≈1 225.08 km/h）以上持续飞行的技术突破。

在能源领域，第三代核电站的包壳管采用SiC_f/SiC复合材料后，耐中子辐照剂量提升至200 dpa以上，事故工况下可耐受1 700 ℃高温长达72 h。在聚变堆第一壁材料研发中，W纤维增强W基CMC通过自愈性界面设计，将氢同位素滞留率降低两个数量级，成为ITER项目重点攻关方向。太阳能热发电系统的吸热器中，C_f/SiC复合流道在800 ℃熔盐腐蚀环境下展现出超过10万h的设计寿命。

在先进制造领域，陶瓷基复合材料正重塑高端装备的极限性能。五轴联动加工中心的SiC晶须增强Al_2O_3基陶瓷刀具，在切削镍基合金时线速度可达800 m/min，刀具寿命是硬质合金的20倍。重型燃气轮机的燃烧器采用氧化物/氧化物CMC后，大修周期从4 000 h延长至32 000 h，氮氧化物排放降低40%。在半导体制造装备中，超高纯SiC基静电卡盘实现晶圆温控精度±0.1 ℃，支撑着3 nm芯片制程的良率突破。

在国防科技领域，陶瓷基复合材料已成为战略威慑能力的重要支点。高马赫数导弹的制导舱段采用三维编织C/C-SiC复合材料，在25马赫飞行时仍能保证±0.05°的姿态控制精度。舰载电磁轨道炮的发射轨道内衬,通过梯度化设计的 WC-Co/CMC 复合层,将单管寿命从 3 发提升至 1000 发以上。深潜器的耐压壳体创新采用仿生层状结构的 Al_2O_3-ZrO_2 基陶瓷基复合材料,使万米级深潜装备的浮力系数提升 27%。

此外,随着数字孪生技术和人工智能的深度应用,陶瓷基复合材料正进入按需设计的新纪元。NASA 开发的 CMAAD(Composites Multiscale Analysis and Design)平台,通过多物理场耦合仿真将材料研发周期缩短 60%。欧盟"地平线 2020"计划中,基于机器学习的 CMC 缺陷预测模型,使热结构件合格率从 75% 跃升至 98%。中国建立的 CMC 全生命周期数据库,已收录超过 20 万组工艺-结构-性能映射数据,支撑着新一代空天往返飞行器的材料创新。

陶瓷基复合材料主要应用领域与优势见表 7-5。

表 7-5 陶瓷基复合材料主要应用领域与优势

应用领域	典型部件	核心优势体现
航空发动机	燃烧室衬套、涡轮导向叶片、外环	减重、提高效率、降低冷却需求、延长寿命
高超声速飞行器	前缘、鼻锥、控制舵面、燃烧室	极端高温稳定性、低密度
火箭发动机	喷管、喉衬、燃烧室	耐高温烧蚀、减重、提高比冲
核裂变反应堆	燃料包壳管、控制棒组件	耐辐照、高温强度、耐腐蚀、提高安全裕度
核聚变反应堆(候选)	第一壁、包层、偏滤器	耐高温、耐辐照、低活化性
地面燃气轮机	透平叶片、燃烧室、导叶	提高进口温度、效率、降低冷却需求
刹车系统	飞机/赛车刹车盘	高温摩擦性能稳定、重量轻、磨损小、寿命长
高温热处理	炉膛内衬、导轨、坩埚	耐高温、抗热震、长寿命
半导体制造	晶圆托盘、热场部件、外延反应器件	高纯度、高温稳定性、抗热震、低污染

7.7 计算机技术在复合材料中的应用

7.7.1 计算材料学的兴起与现状

随着计算机的发展,计算材料学兴起,促使材料研发模式转变。传统材料研发依赖试验试错,周期长、成本高(平均耗时 10~20 年)。计算材料学的兴起,借助高性能计算(HPC)和量子化学方法,将研发周期缩短至 3~5 年。在材料计算与数据库建设方面,国外如美国能源部主导的超级计算机平台,集成超 20 万种材料数据,包括碳纤维/陶瓷基复合材料界面能数据,2023 年新增 AI 预测模块,误差率低于 5%。美国杜克大学的 AFLOW 数据库成效显著,实现高通量第一性原理计算,每日可生成 10 万组材料热力学数据,支撑 NASA 新型耐高温复合材料开发;中国的科研团队和公司也积极开展相关工作,如国家超级计算天津中心的 CNMGE 平台实现多种计算,整合中国 60 余家科研机构数据,涵盖 5 万组复合材料性能参数,支持国产大飞机 C919 机翼碳纤维铺层优化;民族品牌华为的盘古材料大数据模型基于千卡 GPU 集群训练,可预测复合材料的湿热老化行为,在比亚迪电池包封装材料设计中实现了 97% 的置信度。

计算机技术在复合材料中的应用依旧有一些技术瓶颈,例如在跨尺度建模的衔接难题(如原子尺度与宏观断裂力学的耦合),需开发新型多层级算法,从原子尺度(10^{-10} m)到宏观尺度(10^{-2} m)的跨维度建模存在显著鸿沟。

此外,计算材料学在复合材料的设计与优化中也发挥了关键作用。通过模拟复合材料的微观结构和性能,科学家和工程师能够更准确地预测材料的宏观行为,从而优化材料的组成、结构和工艺,提高其综合性能。例如,在陶瓷基复合材料的研发中,计算材料学可以帮助设计更合理的纤维排列和界面结构,以提高材料的强度和韧性。同时,通过模拟复合材料在不同环境下的性能变化,可以评估其耐久性和可靠性,为航空航天设备的安全运行提供有力保障。

7.7.2 材料学科领域计算机技术的演进

材料学科领域计算机技术的演进大致可分为以下几个阶段:

1) 早期阶段

(1) 数值计算与物理场模拟。计算机开始被用于材料科学中的数值计算,求解复杂的数学物理方程,如有限差分法、有限元法等被用于计算材料中的温度场、应力场和浓度场等物理场。这使得研究人员能够更准确地分析材料在不同条件下的物理行为,为材料的设计和性能优化提供了理论支持。

(2) 材料数据库建立。开始构建材料数据库,用于存储和管理材料的各种性能数据、试验结果等。这些数据库为材料研究提供了丰富的信息资源,方便研究人员查询和对比不同材料的性能,为材料的选择和设计提供参考。

2) 发展阶段

(1) 微观结构模拟。随着计算机性能的提升,分子动力学、蒙特卡洛等方法被广泛应用于材料微观结构的模拟。可以模拟材料中原子、分子的运动和相互作用,研究材料的相变、扩散、晶体生长等微观过程,帮助理解材料性能的微观机制。

(2) 材料设计与优化。计算机辅助设计(CAD)技术在材料领域得到应用,帮助设计材料的成分、结构和制备工艺。通过建立材料的理论模型,结合数值计算和模拟,预测材料的性能,并对材料进行优化设计,减少了试验试错的次数,提高了材料研发的效率。

3) 现阶段

(1) 人工智能(AI)应用。机器学习、深度学习等人工智能技术在材料学科中得到广泛应用。可以对大量的材料数据进行分析和挖掘,建立材料结构与性能之间的关系模型,用于预测材料性能、筛选新材料、优化材料制备工艺等。例如,通过训练神经网络模型,可以快速预测材料的力学性能、电学性能等,为材料研发提供有力的支持。

(2) 高通量计算与试验。结合高通量计算和高通量试验技术,实现材料的快速筛选和优化。高通量计算可以在短时间内对大量的材料体系进行理论计算和模拟,筛选出具有潜在优异性能的材料;高通量试验则可以快速合成和测试大量的材料样品,获取材料的性能数据,与计算结果相互验证和补充,加速材料的研发进程。

(3) 多尺度建模与模拟。发展了多尺度建模与模拟方法,将材料的微观尺度(如原子、分子尺度)与宏观尺度(如材料部件尺度)联系起来。通过耦合不同尺度的模型,更全面、准确地描述材料的性能和行为,为复杂材料体系的研究提供了有效的手段。

未来,计算机技术将推动材料学科从经验驱动转向数据与模型驱动,加速新材料的发现,进一步重塑材料研发的底层逻辑,推动材料科学进入"设计—验证—制造"一体化的智能时代。

7.7.3 应用案例

1) 材料设计与模拟

计算机模拟技术能够精准预测新材料的特性,帮助科研人员深入理解复合材料的微观结构与宏观性能之间的关系。通过虚拟建模与仿真分析,可提前预测复合材料在不同工况下的表现,从而优化材料设计与制造工艺,降低研发成本,缩短研发周期。例如在航空航天工业中,碳纤维复合材料因其高强度、低密度的特性而被广泛应用于飞机机翼、机身结构等部件。科研人员利用计算机模拟技术,对碳纤维和树脂基体组成的复合材料进行虚拟建模。通过模拟不同纤维取向、纤维含量以及界面结合状态下复合材料的力学性能,预测其在飞行过程中承受的各种载荷(如空气动力、重力等)工况下的表现。根据模拟结果优化纤维铺层设计和制造工艺参数,不仅提高了复合材料部件的性能和可靠性,还大幅降低了因反复试验带来的高昂研发成本,缩短了新型航空材料的研发周期。例如,波音777X和波音787客机大量使用了碳纤维复合材料,在其研发过程中计算机模拟技术功不可没。新型复合材料宽翼展验证如图7-14所示。

图7-14 新型复合材料宽翼展验证

2) 数据库与知识库建设

这是复合材料领域的重要基础工作之一。通过建立复合材料数据库,能够实现海量数据的高效存储与便捷查询功能。这一举措不仅极大地方便了研究人员在科研过程中快速获取所需的各类材料参数,避免了烦琐的数据查找过程,还能为开发先进的信息处理系统提供坚实的数据基础。与此同时,结合专家系统的智能化分析与决策支持,可以进一步提升复合材料设计工作的效率与准确性。专家系统通过整合领域内专家的知识和经验,能够对数据库中的数据进行深度挖掘和智能推理,从而为复合材料的优化设计提供强有力的技术支持和理论依据。这种综合性的数据库与知识库建设,无疑将为复合材料领域的创新发展奠定坚实的基础。

3) 制造工艺的优化与实时监控

通过借助先进的模拟场设计、有限元分析等一系列数值模拟技术手段,能够对复合材料的整个制造工艺流程进行极为精准和细致的优化调整。具体而言,通过对复合材料在加工过程中所涉及的关键参数,如温度分布、压力变化、成型速度等,进行详尽的模拟分析与研究,不仅能够及时发现并解决潜在的问题,还能有效提升最终产品的质量与整体生产效率。此外,这些数值模拟技术还可以用于优化基体材料的配方设计,通过科学合理的配方调整,进一步显著提升复合材料的综合性能,使其在力学性能、耐热性、耐腐蚀性等方面达到更优异的表现。

4) 3D打印技术和专用软件算法

美国Arevo Labs公司开发的复合材料增材制造技术,为复合材料制造领域带来了前所未有的革命性变革。这项技术通过精确控制材料在打印过程中的沉积路径以及成型参数,不仅大幅提高了复合材料的制造效率,使得生产周期显著缩短,同时还显著提升了最终产品的质量与性能,确保了每一件产品都能达到高标准的性能要求。此外,3D打印技术还为复杂结构件的制造提供了全新的解决方案,使得以往难以实现的复杂结构和功能得以轻松实现,从而极大地拓宽了复合材料在各个领域的应用前景。图7-15所示为3D打印高质量的碳纤维复合材料部件。

5) 材料性能表征与检测

这是复合材料研发和应用过程中至关重要的环节。通过建立一套完善的性能数据库,能够系统地记录复合材料在不同环境条件下的各项性能数据,包括但不限于力学性能、热学性能、电学性能等。这些数据不仅涵盖了材料的基

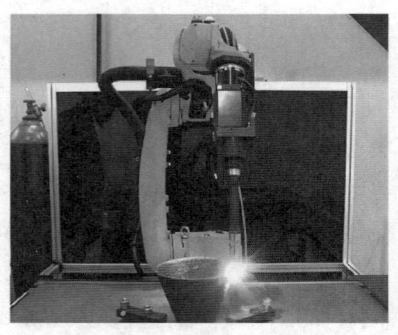

图7-15 3D打印高质量的碳纤维复合材料部件(图片来源:ArevoLabs)

本属性,还反映了材料在不同应力、温度、湿度等复杂工况下的表现。借助先进的专家系统,对数据库中积累的海量数据进行深度挖掘和精准分析,可以为材料研制者提供全方位、多维度的设计优化建议,从而有效指导材料配方的调整和生产工艺的改进,助力复合材料性能的持续提升和稳定可靠。

随着人工智能、大数据、物联网等前沿技术的迅猛发展和广泛应用,计算机技术在复合材料领域的渗透将更加深入和广泛。未来,从材料的初始研发阶段到最终产品应用的全生命周期管理,将逐步实现智能化和信息化。通过智能化的数据采集、分析和决策支持系统,复合材料行业将能够实现更高效的材料筛选、更精准的性能预测和更优化的生产控制。这不仅将大幅提升复合材料产品的质量和性能,还将为行业的创新发展和高质量发展注入强大的技术动力,推动复合材料行业迈向更高水平的智能化和现代化。

参考文献

[1] 龚江宏. 陶瓷材料断裂力学[M]. 北京:清华大学出版社,2001.
[2] 穆柏春,等. 陶瓷材料的强韧化[M]. 北京:冶金工业出版社,2002.
[3] Lange F F. Fracture mechanics of ceramics [M]. New York:Plenum Press, 1974.
[4] 孙庆平,黄克智. 结构陶瓷增韧研究述评[J]. 力学进展,1990, 20(3):289-302.
[5] 徐永东,成来飞,张立同,等. 连续纤维增韧碳化硅陶瓷基复合材料研究[J]. 硅酸盐学报,2002, 30(2):184-188.
[6] Chen X M, Yang B. A new approach for toughening of ceramics [J]. Materials Letters, 1997, 33(3):237-240.

责任编辑·高军晓
封面设计·房惠平

航空材料与热处理

秉承"新工科"指导思想

遵循课程思政和工程教育理念

补充材料改性技术，增加交叉学科内容

金属材料·陶瓷材料·高分子材料·复合材料

航空材料发展历程·中国大飞机的梦想与实践

上海科学技术出版社
www.sstp.cn

上架建议
一般工业技术·航空、航天

ISBN 978-7-5478-7207-9

定价：65.00元